高职高专计算机任务驱动模式教材

信息技术基础
（微课版）

主　编／黄林国　黄颖欣欣　牟维文

清华大学出版社
北京

内 容 简 介

本书按照《高等职业教育专科信息技术课程标准(2021年版)》的要求,从现代办公应用中所遇到的实际问题出发,基于"项目引导、任务驱动"的项目化专题教学方式编写而成,体现"基于工作过程""教、学、做"一体化的教学理念和实践特点。本书以 Windows 10 和 Office 2019 为平台,内容划分为5个学习情境,共有16个工程项目,具体内容包括:认识你的计算机,Windows 10 的文件管理与环境设置,学生宿舍局域网的组建及应用,自荐书的制作,艺术小报排版,毕业论文排版,批量制作信封和成绩单,学生成绩分析与统计,工资表数据分析,水果超市销售数据分析,论文答辩稿制作,"学院简介"演示文稿制作,电子相册制作,新一代信息技术概述,信息检索,信息素养与社会责任。每个项目案例按照"项目导入"→"项目分析"→"相关知识点"→"项目实施"→"总结与提高"→"拓展知识"六部分内容展开。读者能够通过项目案例完成相关知识的学习和技能的训练。每个项目案例来自企业工程实践,具有典型性、实用性、趣味性和可操作性。

本书可作为职业本科院校、高等职业院校和高等专科院校"信息技术"课程的教学用书,也可作为成人高等院校、各类培训、计算机从业人员和爱好者的参考用书。

本书封面贴有清华大学出版社防伪标签,无标签者不得销售。
版权所有,侵权必究。举报:010-62782989,beiqinquan@tup.tsinghua.edu.cn。

图书在版编目(CIP)数据

信息技术基础:微课版/黄林国,黄颖欣欣,牟维文主编. —北京:清华大学出版社,2023.5
高职高专计算机任务驱动模式教材
ISBN 978-7-302-62898-9

Ⅰ.①信… Ⅱ.①黄… ②黄… ③牟… Ⅲ.①电子计算机-高等职业教育-教材 Ⅳ.①TP3

中国国家版本馆 CIP 数据核字(2023)第 035317 号

责任编辑:张龙卿
封面设计:薛茗兮　徐巧英
责任校对:袁　芳
责任印制:丛怀宇

出版发行:清华大学出版社
网　　址:http://www.tup.com.cn,http://www.wqbook.com
地　　址:北京清华大学学研大厦 A 座　邮　编:100084
社 总 机:010-83470000　邮　购:010-62786544
投稿与读者服务:010-62776969,c-service@tup.tsinghua.edu.cn
质量反馈:010-62772015,zhiliang@tup.tsinghua.edu.cn
课件下载:http://www.tup.com.cn,010-83470410
印 装 者:三河市天利华印刷装订有限公司
经　　销:全国新华书店
开　　本:185mm×260mm　印　张:22　字　数:501 千字
版　　次:2023 年 5 月第 1 版　印　次:2023 年 5 月第 1 次印刷
定　　价:59.80 元

产品编号:100719-01

前言

党的二十大报告明确指出:"深入实施科教兴国战略、人才强国战略、创新驱动发展战略。""培养造就大批德才兼备的高素质人才,是国家和民族长远发展大计。加快建设国家战略人才力量,努力培养造就更多大师、战略科学家、一流科技领军人才和创新团队、青年科技人才、卓越工程师、大国工匠、高技能人才。"

"信息技术"是高职院校的计算机公共基础课,所涉及的学生人数多、专业面广、影响大,是后继课程学习的基础。利用计算机进行信息的提炼获取、分析处理、传递交流和开发应用的能力是 21 世纪高素质人才所必须具备的技能。

随着高等职业教育的迅速发展,项目导向、任务驱动、基于工作过程系统化课程开发等理念普遍得到高职教育界的认同。为了全面贯彻党的教育方针,落实立德树人根本任务,及时反映新时代课程教学改革的成果,本书做了较多的探索和创新。本书具有以下特点。

1. 落实立德树人根本任务

将"课程思政"贯穿教育、教学全过程,提升育人成效。本书进行了精心设计,在课程内容的讲解中融入科学精神和爱国情怀,通过讲解中国龙芯、国家最高科学技术奖获得者王选院士、华为鸿蒙操作系统等中国计算机领域的重要事件和人物,引导学生树立正确的社会主义世界观、人生观和价值观,弘扬精益求精的专业精神、职业精神和工匠精神,培养学生的创新意识,激发学生的爱国热情。

2. 全面反映新时代教学改革成果

本书按照《高等职业教育专科信息技术课程标准(2021 年版)》的要求,以《教育部关于职业院校专业人才培养方案制定与实施工作的指导意见》(教职成〔2019〕13 号)、教育部关于印发《职业院校教材管理办法》的通知(教材〔2019〕3 号)为指导,以课程建设为核心,全面反映新时代课程思政、产教融合、校企合作、创新创业教育、工作室教学、现代学徒制和教育信息化等方面的教学改革成果,以培养职业能力为主线,将探究学习、与人交流、与人合作、解决问题、创新能力的培养贯穿教材始终,充分适应不断创新与发展的工学结合、工学交替、教学做合一和项目教学、任务驱动、案例教学、现场教学和顶岗实习等"理实一体化"教学组织与实施形式。

3. 以"做"为中心的"教、学、做"合一教材

从实际应用出发,从工作过程出发,从项目出发,以现代办公应用为主线,采用"项目引导、任务驱动"的方式,项目案例按照"项目导入"→"项目分析"→"相关知识点"→"项目实施"→"总结与提高"→"拓展知识"六部分展开。以学到实用技能及提高职业能力为出发点,以做为中心,教和学都围绕着做,在做中学,在学中做,在做中教,体现"教、学、做"合一理念,从而完成知识学习、技能训练和提高职业素养的教学目标。

4. 编写体例、形式和内容适合职业教育特点

全书设有 5 个学习情境,16 个项目案例,每一个项目案例还明确若干操作任务。教学内容安排由易到难、由简单到复杂,层层推进,循序渐进。学生通过项目学习,能够完成相关知识的学习和技能的训练。

5. 作为新形态一体化教材,实现教学资源共建共享

发挥"互联网+教材"的优势,教材配备二维码学习资源,实现了"纸质教材+数字资源"的完美结合,体现"互联网+"新形态一体化教材理念。学生通过扫描书中二维码即可观看相应资源,随扫随学,便于学生即时学习和个性化学习,有助于教师借此创新教学模式。

6. 作为校企"双元"合作开发教材,实现校企协同"双元"育人

本书紧跟产业发展趋势和行业人才需求,及时将产业发展的新技术、新工艺、新规范纳入教材内容,反映典型岗位(群)职业能力要求,并吸收行业企业技术人员、能工巧匠等深度参与本书的编写。本书在编写团队深入企业调研的基础上开发完成,许多项目案例都来源于企业真实业务。

本书由黄林国、黄颖欣欣、牟维文担任主编,全书由黄林国统稿。

为了便于读者学习,本书配有学习视频,读者扫描书中相应的二维码即可用微课的方式进行在线学习。编者还为本书配备了 PPT 课件、电子教案、微课视频、练习素材文件、习题答案等教学资源,读者可以在清华大学出版社网站(www.tup.com.cn)免费下载。

由于编者的学识和水平有限,书中难免存在不足之处,敬请广大读者不吝指正。

编 者
2023 年 1 月

目 录

学习情境一　学习计算机基础知识

项目 1　认识你的计算机 …………………………………… 2

1.1　项目导入 …………………………………………………… 2
1.2　项目分析 …………………………………………………… 2
1.3　相关知识点 ………………………………………………… 4
　　1.3.1　计算机的发展和分类 ……………………………… 4
　　1.3.2　计算机硬件 ………………………………………… 6
　　1.3.3　计算机软件 ………………………………………… 11
　　1.3.4　计算机病毒 ………………………………………… 12
　　1.3.5　各种进制及其之间的相互转换 …………………… 14
1.4　项目实施 …………………………………………………… 16
　　1.4.1　任务 1：认识主机箱接口 ………………………… 16
　　1.4.2　任务 2：计算机的启动与关闭 …………………… 17
　　1.4.3　任务 3：熟悉鼠标和键盘的使用方法 …………… 19
　　1.4.4　任务 4：查看计算机软、硬件配置 ……………… 21
　　1.4.5　任务 5：使用反病毒软件查杀计算机病毒 ……… 24
　　1.4.6　任务 6：使用计算器程序验证数制转换 ………… 26
1.5　总结与提高 ………………………………………………… 27
1.6　拓展知识：我国的第一台电子计算机 …………………… 29
1.7　习题 ………………………………………………………… 30

项目 2　Windows 10 的文件管理与环境设置 …………… 32

2.1　项目导入 …………………………………………………… 32
2.2　项目分析 …………………………………………………… 32
2.3　相关知识点 ………………………………………………… 33
　　2.3.1　Windows 10 简介 …………………………………… 33
　　2.3.2　Windows 文件系统及文件管理 …………………… 35

2.3.3 磁盘管理 …… 36
2.4 项目实施 …… 37
   2.4.1 任务1：中文输入法（"微软拼音"输入法） …… 37
   2.4.2 任务2：文件管理 …… 38
   2.4.3 任务3：磁盘管理 …… 42
   2.4.4 任务4：Windows 环境设置 …… 44
2.5 总结与提高 …… 48
2.6 拓展知识：国产操作系统"银河麒麟" …… 50
2.7 习题 …… 51

项目3 学生宿舍局域网的组建及应用 …… 53

3.1 项目导入 …… 53
3.2 项目分析 …… 53
3.3 相关知识点 …… 54
   3.3.1 网络的分类 …… 54
   3.3.2 网络的组成 …… 56
   3.3.3 网络协议和体系结构 …… 59
   3.3.4 Internet 基础 …… 60
   3.3.5 浏览器 …… 65
   3.3.6 电子邮件 …… 66
3.4 项目实施 …… 66
   3.4.1 任务1：网络硬件连接 …… 66
   3.4.2 任务2：网络设置 …… 68
   3.4.3 任务3：网络应用 …… 69
   3.4.4 任务4：网络维护 …… 77
3.5 总结与提高 …… 79
3.6 拓展知识：量子科学实验卫星"墨子号" …… 80
3.7 习题 …… 80

学习情境二　学习文字处理（Word 2019）

项目4 自荐书的制作 …… 84

4.1 项目导入 …… 84
4.2 项目分析 …… 84
4.3 相关知识点 …… 86
4.4 项目实施 …… 88
   4.4.1 任务1：页面设置 …… 88

	4.4.2	任务2：制作封面	89
	4.4.3	任务3：制作自荐信	90
	4.4.4	任务4：制作表格简历	93
	4.4.5	任务5：打印输出	100
4.5	总结与提高		101
4.6	拓展知识：国产办公软件 WPS Office		102
4.7	习题		102

项目5 艺术小报排版 105

5.1	项目导入		105
5.2	项目分析		105
5.3	相关知识点		107
5.4	项目实施		108
	5.4.1	任务1：版面设置	108
	5.4.2	任务2：版面布局	110
	5.4.3	任务3：报头艺术设计	111
	5.4.4	任务4：正文格式设置	113
	5.4.5	任务5：插入形状和图片	114
	5.4.6	任务6：分栏设置和文本框设置	115
5.5	总结与提高		118
5.6	拓展知识：国家最高科学技术奖获得者王选院士		118
5.7	习题		119

项目6 毕业论文排版 121

6.1	项目导入		121
6.2	项目分析		121
6.3	相关知识点		124
6.4	项目实施		126
	6.4.1	任务1：设置页面和文档属性	126
	6.4.2	任务2：设置标题样式和多级列表	128
	6.4.3	任务3：添加题注和脚注	134
	6.4.4	任务4：自动生成目录和论文分节	136
	6.4.5	任务5：添加页眉和页脚	139
	6.4.6	任务6：添加论文摘要和封面	143
	6.4.7	任务7：使用批注和修订	144
6.5	总结与提高		149
6.6	拓展知识：图灵奖获得者姚期智院士		150
6.7	习题		150

项目7　批量制作信封和成绩单 ·· 154
　　7.1　项目导入 ·· 154
　　7.2　项目分析 ·· 155
　　7.3　相关知识点 ··· 157
　　7.4　项目实施 ·· 158
　　　　7.4.1　任务1：批量制作信封 ·· 158
　　　　7.4.2　任务2：批量制作成绩单 ··· 161
　　7.5　总结与提高 ··· 165
　　7.6　拓展知识：863计划 ·· 165
　　7.7　习题 ·· 166

学习情境三　学习电子表格处理（Excel 2019）

项目8　学生成绩分析与统计 ·· 168
　　8.1　项目导入 ·· 168
　　8.2　项目分析 ·· 169
　　8.3　相关知识点 ··· 170
　　8.4　项目实施 ·· 174
　　　　8.4.1　任务1：利用公式和函数计算"考勤分"、作业"平均分"
　　　　　　　　和"总评分" ·· 174
　　　　8.4.2　任务2：根据"总评分"计算相应的"评级"，并统计
　　　　　　　　"期末成绩"各分数段的学生人数 ·· 177
　　　　8.4.3　任务3：设置表格格式 ·· 179
　　　　8.4.4　任务4：筛选"期末成绩"不及格的同学，并降序排列 ················· 180
　　　　8.4.5　任务5：用图表显示"期末成绩"各分数段的学生人数 ················ 181
　　8.5　总结与提高 ··· 183
　　8.6　拓展知识：中国龙芯 ·· 184
　　8.7　习题 ·· 184

项目9　工资表数据分析 ·· 187
　　9.1　项目导入 ·· 187
　　9.2　项目分析 ·· 188
　　9.3　相关知识点 ··· 190
　　9.4　项目实施 ·· 192
　　　　9.4.1　任务1：利用公式和函数计算"计件工资" ······························· 192
　　　　9.4.2　任务2：利用公式计算"应发工资"和"实发工资" ······················ 194

目录

- 9.4.3 任务3：筛选出"实发工资"为3000～4000元的员工信息 …… 196
- 9.4.4 任务4：按"产品名称"分类汇总 …… 197
- 9.4.5 任务5：使用数据透视表统计各车间各产品的生产量 …… 199
- 9.4.6 任务6：统计各车间的员工人数、总产值、人均产值及其排名 …… 200
- 9.5 总结与提高 …… 202
- 9.6 拓展知识：中国计算机事业奠基人夏培肃院士 …… 202
- 9.7 习题 …… 203

项目10 水果超市销售数据分析 …… 206

- 10.1 项目导入 …… 206
- 10.2 项目分析 …… 207
- 10.3 相关知识点 …… 209
- 10.4 项目实施 …… 210
  - 10.4.1 任务1：计算进价、售价、销售额和毛利润 …… 210
  - 10.4.2 任务2：对销售额和毛利润进行分类汇总 …… 213
  - 10.4.3 任务3：使用数据透视表统计各个区各种水果的销售情况 …… 216
  - 10.4.4 任务4：使用数据透视图统计各个区各种水果的销售情况 …… 219
  - 10.4.5 任务5：设置数据验证 …… 220
  - 10.4.6 任务6：锁定单元格和保护工作表 …… 223
- 10.5 总结与提高 …… 224
- 10.6 拓展知识：中国巨型计算机事业开拓者金怡濂院士 …… 229
- 10.7 习题 …… 230

学习情境四 学习演示文稿制作（PowerPoint 2019）

项目11 论文答辩稿制作 …… 234

- 11.1 项目导入 …… 234
- 11.2 项目分析 …… 234
- 11.3 相关知识点 …… 236
- 11.4 项目实施 …… 237
  - 11.4.1 任务1：制作8张幻灯片 …… 237
  - 11.4.2 任务2：添加超链接和动作按钮 …… 243
  - 11.4.3 任务3：设置页眉页脚、动画效果和主题 …… 245
  - 11.4.4 任务4：设置放映方式和打印演示文稿 …… 248
- 11.5 总结与提高 …… 250
- 11.6 拓展知识：华为鸿蒙操作系统 …… 251
- 11.7 习题 …… 252

项目12 "学院简介"演示文稿制作 ... 254

- 12.1 项目导入 ... 254
- 12.2 项目分析 ... 254
- 12.3 相关知识点 ... 256
- 12.4 项目实施 ... 258
  - 12.4.1 任务1：设置母版 ... 258
  - 12.4.2 任务2：制作9张幻灯片 ... 258
  - 12.4.3 任务3：插入超链接和动作按钮 ... 267
  - 12.4.4 任务4：插入日期和幻灯片编号 ... 268
  - 12.4.5 任务5：设置动画 ... 269
- 12.5 总结与提高 ... 271
- 12.6 拓展知识：量子计算机"九章" ... 272
- 12.7 习题 ... 272

项目13 电子相册制作 ... 275

- 13.1 项目导入 ... 275
- 13.2 项目分析 ... 275
- 13.3 相关知识点 ... 277
- 13.4 项目实施 ... 277
  - 13.4.1 任务1：创建相册 ... 277
  - 13.4.2 任务2：添加背景音乐 ... 280
  - 13.4.3 任务3：插入视频动画 ... 280
  - 13.4.4 任务4：控制放映 ... 283
  - 13.4.5 任务5：打包输出 ... 284
- 13.5 总结与提高 ... 287
- 13.6 拓展知识：中国软件事业铺路人杨芙清院士 ... 287
- 13.7 习题 ... 288

学习情境五 新一代信息技术概述和信息素养

项目14 新一代信息技术概述 ... 292

- 14.1 项目导入 ... 292
- 14.2 项目分析 ... 292
- 14.3 相关知识点 ... 292
  - 14.3.1 云计算 ... 292
  - 14.3.2 大数据 ... 295
  - 14.3.3 人工智能 ... 298

  14.3.4 物联网 ·············· 300
 14.4 项目实施 ·············· 303
  14.4.1 任务1：使用百度网盘 ·············· 303
  14.4.2 任务2：体验讯飞AI ·············· 305
  14.4.3 任务3：二维码分享 ·············· 306
 14.5 总结与提高 ·············· 308
 14.6 拓展知识：5G网络 ·············· 309
 14.7 习题 ·············· 309

项目15 信息检索 ·············· **311**

 15.1 项目导入 ·············· 311
 15.2 项目分析 ·············· 311
 15.3 相关知识点 ·············· 311
  15.3.1 信息检索概述 ·············· 311
  15.3.2 常用信息检索方法 ·············· 313
  15.3.3 搜索引擎 ·············· 315
  15.3.4 专用检索平台 ·············· 316
 15.4 项目实施 ·············· 318
  15.4.1 任务1：百度搜索引擎的使用 ·············· 318
  15.4.2 任务2：专用平台的信息检索 ·············· 320
 15.5 总结与提高 ·············· 323
 15.6 拓展知识：加快构建大科普发展格局 ·············· 324
 15.7 习题 ·············· 324

项目16 信息素养与社会责任 ·············· **326**

 16.1 项目导入 ·············· 326
 16.2 项目分析 ·············· 326
 16.3 相关知识点 ·············· 326
  16.3.1 信息素养 ·············· 326
  16.3.2 信息技术发展史 ·············· 328
  16.3.3 信息安全 ·············· 329
  16.3.4 信息伦理与职业行为自律 ·············· 331
 16.4 项目实施 ·············· 332
  16.4.1 任务1：新时代大学生九大信息素养标准 ·············· 332
  16.4.2 任务2：与信息伦理相关的法律法规 ·············· 333
 16.5 总结与提高 ·············· 335
 16.6 拓展知识：网络安全清单 ·············· 335
 16.7 习题 ·············· 336

参考文献 ·············· **337**

学习情境

学习计算机基础知识

- 项目1　认识你的计算机
- 项目2　Windows 10 的文件管理与环境设置
- 项目3　学生宿舍局域网的组建及应用

项目 1　认识你的计算机

电子计算机的发明是现代人类文明进入高速发展时期的重要标志之一，它对人类的政治、经济、文化和生活方式等方面所产生的巨大影响是不言而喻的。21 世纪是信息社会，电子计算机已进入老百姓家里，并且正以前所未有的速度向前发展，不懂信息技术就会逐渐成为现代文明的新"文盲"。

本项目以"认识你的计算机"为例，介绍计算机硬件、软件以及计算机病毒等方面的相关知识。

1.1　项目导入

小李同学经过十多年的寒窗苦读，今年终于考上了某职业技术学院信息管理专业。小李同学了解到，学习信息管理专业知识和技能需要经常使用计算机，计算机将会一直伴随他度过自己的职业人生，帮助他极大地提高工作质量和工作效率，并丰富他的日常生活。于是，在朋友的帮助下，在假期小李同学购买了一台台式计算机。可是，小李同学对计算机相关知识所知不多，为了用好这台计算机，节省自己的宝贵时间，他需要尽快掌握计算机常用知识和基本技能。今天是考上大学后第一次上计算机课，渴望学习计算机知识的小李找到了任课教师，并提出以下问题。

(1) 计算机机箱背面的各种接口是什么？有什么用？
(2) 如何正确开关机？
(3) 键盘和鼠标的各个按键有什么用？
(4) 如何查看计算机的软硬件配置？
(5) 如何做好计算机安全防护？

1.2　项目分析

小李的计算机如图 1-1 所示。从外观上看，计算机硬件主要有主机箱、键盘、鼠标和显示器等，从逻辑功能上可以分为控制器、运算器、存储器、输入设备、输出设备 5 个部分。主机箱内还装有很多硬件设备。为了计算机能安全、稳定地运行，人们把所有不需要或不宜裸露在外面的设备安装在主机箱中，主要有中央处理器(CPU)、主板、内存储器、硬盘、光盘驱动器、声卡、网卡、显示卡等设备。

主机箱正面除了有电源（Power）按钮、重启（Reset）按钮外，还有各种状态指示灯。主机箱背面主要是各种接口，用于连接各种外接设备。

为了更好地保护主机免受瞬间电流冲击，开机时应先开外部设备电源（如显示器电源等），再开主机电源，关机时则刚好相反。

键盘和鼠标是常用的输入设备，各种计算机操作都离不开它们。显示器是常用的输出设备，主要用于显示操作界面和操作结果。

图 1-1　台式计算机

如今的计算机，由于工作、学习、娱乐等方面的需要，大多需要接入互联网。可是，互联网上陷阱重重，危机四伏，木马病毒、流氓软件、无德黑客祸害很深，稍不留神就会中招——系统瘫痪，账号被盗，让人欲哭无泪。因此，计算机上一般需要安装一款安全性较高的反病毒软件，如瑞星、江民、卡巴斯基、金山毒霸、360 杀毒等反病毒软件。

由于计算机内的信息都是以二进制数的形式来表示，但我们习惯的毕竟是十进制数，因此想要熟练运用计算机，就需掌握二进制数与十进制数之间的转换。

由以上分析可知，"认识你的计算机"可以分解为以下六大任务：认识主机箱接口；计算机的启动与关闭；熟悉鼠标和键盘的使用；查看计算机软、硬件配置；使用反病毒软件查杀计算机病毒；使用计算器程序验证数制转换。

其操作流程如图 1-2 所示。

图 1-2　"认识你的计算机"操作流程图

1.3 相关知识点

1.3.1 计算机的发展和分类

1. 计算机的发展

1946年2月15日,世界上第一台电子计算机ENIAC(electronic numerical integrator and calculator)诞生于美国宾夕法尼亚大学。ENIAC(见图1-3)有几间房间那么大,占地170m²,使用了1500个继电器,18800个电子管,重达30多吨,每小时耗电150kW,耗资40万美元,真可谓庞然大物。至今人们公认,ENIAC的问世标志着计算机时代的到来,它的出现具有划时代的历史意义。

图1-3 第一台电子计算机ENIAC一角

在此后70多年的发展历程中,计算机的发展已经历了四代,并正在向第五代过渡。习惯上,人们根据计算机所用的电子元件的变化来划分计算机的"代"。

(1) 第一代计算机(1946—1958年):组成计算机的基本电子元件是电子管。其特点是体积大、功耗高、存储容量小、运算速度在每秒数千次到数万次之间,主要使用机器语言,并开始使用符号语言。第一代计算机通常用于科学计算。

(2) 第二代计算机(1958—1964年):组成计算机的基本电子元件是晶体管,计算机主存储器大量使用磁性材料制成的磁芯,并开始使用磁盘作为外存储器。计算机的体积缩小了,功耗降低了,存储容量增大了,稳定性提高了,运算速度也提高到每秒几十万次。开始使用操作系统及高级程序设计语言。第二代计算机主要应用领域从以前的以科学计算为主转向以数据处理为主。

(3) 第三代计算机(1964—1972年):组成计算机的主要电子元件是集成电路,半导体存储器取代了沿用多年的磁芯存储器。与晶体管电路相比,集成电路计算机的体积、重量、功耗都进一步减小,而稳定性、运算速度和逻辑运算功能都进一步提高,运算速度也提高到每秒几百万次。所使用的操作系统得到了进一步发展,且出现了多种高级程序设计语言。第三代计算机主要应用于科学计算、数据处理及过程控制等领域。

（4）第四代计算机(1972年至今)：组成计算机的主要电子元件是大规模集成电路与超大规模集成电路；磁盘的存取速度和存储容量大幅度上升；开始使用光盘作为外存储介质；计算机的运算速度可达每秒几千万次至上百亿次；体积、重量和耗电量进一步减少；微处理器的出现,使计算机实现了微型化；多媒体技术、数据存储技术、并行处理技术、多机系统、分布式系统和计算机网络都得以迅猛发展；软件工程的标准化、多种计算机高级语言、Windows操作系统、各类数据库管理系统的使用,使计算机的应用渗透到几乎所有的领域。

我国计算机工业从1956年起步,1958年第一台电子管计算机DJS-1型试制成功。1964年,我国制成了第一台全晶体管电子计算机441-B型。1974年起步开始研制微型机,主要有长城、东海、联想、方正等系列产品。

在研制大型机及巨型机方面,国防科技大学研制的巨型计算机有"银河"系列和"天河"系列,而曙光信息产业有限公司和国家智能计算机研究开发中心研制推出了"曙光"系列。

2022年5月31日,全球超级计算机500强榜单公布,榜单显示,在全球浮点运算性能最强的500台超级计算机中,中国部署的超级计算机数量继续位列全球第一,达到173台,占总体份额的34.6%；"神威·太湖之光"和"天河二号"分列榜单第六位、第九位,如图1-4所示。上海交通大学部署的"思源一号"排名第138位,在全球高校部署的超算系统中独占鳌头。从制造商看,联想集团交付161台,是目前世界最大的超级计算机制造商。可以说,超级计算机代表了一个国家科技实力的最高水平,是国家基础研究能力的体现。在短短的30多年时间里,我国的超级计算机从一穷二白到傲视全球,这样的发展速度令人振奋。相信在不久的将来,中国一定会成长为真正的科技强国。

图1-4 "神威·太湖之光"和"天河二号"超级计算机

由我国研制的"神威·太湖之光"超级计算机以每秒9.3亿亿次的浮点运算速度位列前十。"神威·太湖之光"超级计算机全部采用中国国产处理器构建,安装了40960个中国自主研发的"神威26010"众核处理器。依托"神威·太湖之光",在气候测量、航空航天、海洋科学、新药创制、先进制造、新材料等重要领域取得了一批应用成果。

2. 计算机的分类

计算机发展到今天,已是品种繁多,功能各异,可以从不同的角度对它们进行分类。

(1) 计算机按使用范围分类,可以分为通用计算机和专用计算机。通用计算机适用于一般科学运算、学术研究、工程设计和数据处理等,通常所说的计算机均指通用计算机;专用计算机是为适应某种特殊应用而设计的计算机,它的运行程序不变,效率较高,速度较快,精度较好,但只能专用,如飞机的自动驾驶仪、坦克上火控系统中用的计算机,都属于专用计算机。

(2) 计算机按性能分类,可分为巨型机、大型机、中型机、小型机、工作站和微型机。巨型机是目前功能最强、速度最快、价格最贵的计算机,一般用于诸如气象、航天、能源、医药等领域中的尖端科学研究和战略武器研制中的复杂计算。这类机器价格昂贵,是国家级资源,体现了一个国家的综合科技实力。微型机简称微机,又称为个人计算机(personal computer,PC),是随着大规模集成电路的发展而发展起来的,它以微处理器为核心。微型计算机又可分为台式微型计算机、笔记本电脑、平板电脑、嵌入式计算机等。性能介于巨型机和微型机之间的就是大型机、中型机、小型机和工作站,它们的性能指标和结构规模相应依次递减。

从发展趋势看,今后计算机将继续朝着巨型化、微型化、网络化、智能化和多媒体各个方向发展。

计算机之所以在信息处理中起了至关重要的作用,是与其处理问题的特点密不可分,其主要特点有:①处理速度快;②存储容量大,存储时间长;③计算精确度高;④具有逻辑判断能力;⑤应用领域广泛。

计算机的应用领域非常广泛,其中最主要的应用包括科学计算、信息处理、过程控制、计算机辅助系统(计算机辅助教学 CAI、计算机辅助设计 CAD、计算机辅助制造 CAM、计算机辅助测试 CAT)、人工智能和计算机网络等。

1.3.2 计算机硬件

一个完整的计算机系统由硬件系统和软件系统两大部分组成,如图 1-5 所示。硬件系统和软件系统是一个有机的结合体,是组成计算机系统两个不可分割的部分,两者相辅相成,缺一不可。

计算机的硬件系统是看得见且摸得着的有形实体,是计算机进行工作的物质基础。随着计算机功能的不断增强及应用范围的不断扩展,计算机硬件系统也越来越复杂,但是其基本组成和工作原理还是大致相同的。

至今,计算机硬件体系结构基本上还是采用冯·诺依曼结构,即由运算器、控制器、存储器、输入设备和输出设备五大部件组成,其中运算器和控制器构成了中央处理器(CPU)。它们之间的关系如图 1-6 所示,其中细线箭头表示由控制器发出的控制信息的流向,粗线箭头为数据信息的流向。冯·诺依曼结构的基本思想是程序存储和程序控制,即程序和数据一样进行存储,然后按程序编排的顺序一步一步地取出指令,自动完成指令规定的操作。

常见的计算机硬件设备如下。

图 1-5　计算机系统的组成

图 1-6　计算机硬件的体系结构

（1）中央处理器。中央处理器（central processing unit，CPU）是计算机最核心的部件，负责统一指挥、协调计算机所有的工作，它的速度决定了计算机处理信息的能力，其品质的优劣决定了计算机的系统性能，如图 1-7 所示。中央处理器由运算器和控制器组成。目前市面上流行的品牌主要有 Intel、AMD 等。

图 1-7　Intel 中央处理器

（2）主板。主板（mainboard）是计算机中最大的电路板，相当于计算机的躯干，是计算机最基本、最重要的部件之一，如图 1-8 所示。主板为中央处理器、内存条、显卡、硬盘、网卡、声卡、鼠标、键盘等部件提供了插槽和接口,计算机的所有部件都必须与它结合才能运行,它对计算机所有部件的工作起着统一协调的作用。目前,大部分主板上都集成了声卡和网卡。常见的主板品牌有华硕、技嘉、微星等。

图 1-8　主板

（3）内存储器（内存条）。内存储器是计算机的记忆中心,主要用于存放当前计算机运行所需的临时程序和数据,如图 1-9 所示。根据作用不同,内存储器分为只读存储器（ROM）和随机存储器（RAM）。只读存储器只能读取信息,而不能写入信息,断电或关机后存储的信息不会丢失；随机存储器既可读取信息,又可写入信息,但断电或关机后存储的信息会丢失。常见的内存条品牌有三星、金士顿、威刚、英睿达等。

图 1-9　内存条

存储器存储容量的基本单位为字节 B(byte),1B＝8bit,由于存储器的容量一般都较大,因此常用 KB、MB、GB、TB 等来表示。

$1KB=2^{10}B=1024B$

1MB＝2^{20}B＝1024×1024B＝1048576B＝1024KB

1GB＝2^{30}B＝1024×1024×1024B＝1024MB

1TB＝2^{40}B＝1024×1024×1024×1024B＝1024GB

（4）硬盘。硬盘(hard disk)是计算机中最重要的数据存储设备，计算机中的文件都存储在硬盘中。硬盘通常被固定在主机箱内部，其性能直接影响计算机的整体性能。其特点是速度快、容量大、可靠性高。常见的机械硬盘（见图1-10）接口有SATA、IDE和SCSI接口，转速通常为7200（或5400）转/分钟，容量一般有500GB、1TB、2TB、3TB等。常见品牌有希捷、西部数据等。

图1-10 机械硬盘

还有一种固态硬盘(solid state drive，SSD)，采用固态电子存储芯片阵列而制成，由控制单元和存储单元(FLASH芯片、DRAM芯片)组成，常见的接口有SATA、M.2、PCI-E等，如图1-11所示。固态硬盘具有体积小、重量轻、速度快、防震动、低功耗等优点，但有价格高、容量小、寿命有限等缺点。

(a) SATA接口　　　　(b) M.2接口　　　　(c) PCI-E接口

图1-11 固态硬盘

（5）光盘驱动器。光盘驱动器主要用于读取光盘，如图1-12所示。光盘具有价格低、寿命长、存储量大、可靠性高等特点。光盘有CD光盘和DVD光盘，CD光盘的容量约为680MB；单面单层DVD光盘的容量约为4.7GB。光盘驱动器分为CD-ROM与DVD-ROM。

刻录机是指能将数据刻录在光盘上的一种光盘驱动器。DVD光盘刻录机是时下比较流行的装机选择，这种刻录机既能读又能写，不仅能刻录CD-R光盘、CD-RW光盘，还能刻录

图1-12 光盘驱动器

DVD光盘。

其他外接存储设备主要还有U盘、移动硬盘等。

（6）键盘和鼠标。键盘是计算机系统中的基本输入设备，用户通过键盘给计算机下达各种命令、输入各种数据；鼠标是另一个使用频繁的输入设备，因其外形像一只拖着长尾巴的老鼠而得名，它利用自身的移动来改变光标在显示器上的位置，以实现各种操作。

（7）显示器。显示器是计算机最重要的输出设备，可使用户方便地查看输入的内容和经过计算机处理后的各种信息，如图1-13所示。液晶显示器大小一般有19英寸（1英寸＝2.54厘米）、21.5英寸、23.6英寸、27英寸等，长宽比例有4∶3和16∶9（宽屏）两种；常见的品牌有三星、LG、飞利浦、宏碁（Acer）、冠捷（AOC）等。

（8）显卡。显卡又称显示卡、显示适配器。显卡是主机与显示器之间连接的"桥梁"，用于控制计算机的图形输出，它的质量和性能决定了计算机的显示质量。显卡可分为独立显卡（见图1-14）和集成显卡。独立显卡是块独立芯片，常用于3D游戏和对图形显示要求较高的场合；而集成显卡是在CPU中集成了显示芯片，以实现普通的显示要求。

图1-13　液晶显示器

图1-14　独立显卡

（9）声卡。声卡是多媒体技术中最基本的组成部分，是实现声波和数字信号相互转换的一种硬件。声卡常集成在主板中，一般有音频输出接口（line out）、音频输入接口（line in）、麦克风接口（mic）等。

（10）网卡。计算机主要通过网卡连接网络，实现计算机和网络之间的双向数据传输。网卡通常集成在主板中。

（11）机箱及电源。机箱是计算机的外壳，从外观上可分为卧式和立式两种。机箱一般包括外壳，用于固定软硬盘驱动器的支架，面板上必要的开关和指示灯等。配套的机箱内还有电源。

（12）打印机。打印机是计算机系统最基本的输出形式，可以把文字或图形在纸张上输出，供用户阅读和长期保存，如图1-15所示。

打印机按工作原理可分为击打式打印机和非击打式打印机两类。

针式打印机是典型的击打式打印机，它将字模通过色带和纸张直接接触而打印出来。针式打印机打印速度慢，噪声大，但特别适合打印票据。

非击打式打印机主要有喷墨打印机和激光打印机。喷墨打印机具有打印质量高、体积小、噪声低、可打印彩色内容的特点,但打印的墨水价格昂贵;激光打印机打印效果清晰,质量高,而且速度快、噪声低,它是目前打印速度最快的一种打印机。随着价格的下降和出色的打印效果,已经被越来越多的人所接受。

图 1-15　针式打印机、喷墨打印机、激光打印机(从左到右)

1.3.3　计算机软件

计算机只有硬件并不能工作,必须配备软件才能运行,没有软件支持的计算机称为"裸机"。计算机软件是计算机程序及其相关文档的总和。软件虽然看不见且摸不着,但它是控制、管理计算机工作的"灵魂"。通常,计算机软件可以分为系统软件和应用软件两大类。用户、软件和硬件之间的关系如图 1-16 所示。

图 1-16　用户、软件和硬件之间的关系

(1) 系统软件。系统软件是负责管理、控制、维护、开发计算机的软硬件资源,提供给用户一个便利的操作界面,也提供编制应用软件的资源环境。系统软件主要包括操作系统、程序设计语言及其处理程序、数据库管理系统和服务程序。

① 操作系统。操作系统是管理计算机硬件和软件资源,为用户提供方便的操作环境的程序集合。它有两个基本职能:管理、控制、协调整个计算机系统的运行;为用户提供上机操作界面,是用户使用计算机的桥梁与接口。操作系统是计算机运行的总指挥,是一切其他软件的支撑软件。启动计算机时,首先将操作系统装入内存并激活计算机,在它的管理与控制下,计算机才能正常运行。操作系统是系统软件的核心,主要负责任务管理、存储管理、设备管理、文件管理和作业管理。目前常用的操作系统有 Windows、UNIX、Linux 系统等。

② 程序设计语言及其处理程序。程序设计语言按其级别可以分为机器语言、汇编语言和高级语言三大类。除机器语言外,其他语言编写的程序都不能直接在计算机上执行,需要语言处理程序对其进行翻译,按不同的翻译处理方法,翻译程序分为汇编程序、解释程序和编译程序。

机器语言采用二进制指令代码形式,是计算机唯一可以直接识别、直接运行的语言。机器语言依赖于计算机的指令系统,因此不同类别的计算机,其机器语言是不同的,存在兼容性问题。机器语言的执行效率高,不需要任何解释,但人们很难编写、阅读、记忆、调试和修改,所以现在很少直接用机器语言编写程序。

汇编语言是用能反映指令功能的助记符描述的计算机语言,也称符号语言,它实际上

是一种符号化的机器语言。用汇编语言编写的程序称为源程序,机器无法直接执行,必须用相应的汇编程序把它翻译成目标程序(即机器语言)才能执行。完成这个翻译过程的是汇编程序。用汇编语言编写的程序比用机器语言编写的程序易写、易读、易记忆,由于它能控制计算机内部最底层的操作,因此目前很多系统软件的核心部分仍然需要用汇编语言来描述。

机器语言和汇编语言都是低级语言,与人类的自然习惯相差较远,编程效率低。于是另一种新的近似于人类的自然语言和数学语言的、不用关心计算机指令系统如何运作的且易于书写和掌握的语言——高级语言诞生了。用高级语言编写的程序也称为源程序,同汇编语言编写的程序一样,机器无法直接执行,必须将其翻译成目标程序后机器才能执行。高级语言有两种翻译方式:一种是逐条指令边解释边执行,运行结束后目标程序并不保存,完成这种处理过程的程序称为解释程序;另一种是先把源程序全部一次性翻译成目标程序,然后执行目标程序,完成这种处理过程的程序称为编译程序。早期带行号的 BASIC 语言的翻译程序属于解释程序,而 Fortran、C、Pascal、QBasic 等属于编译程序。在运用这些语言编写程序时,需要把每一步操作都描述下来,是一种面向过程的程序设计。目前的 Visual Basic、Visual C++ 等虽然是面向对象的程序设计,但也属于编译范畴。

③ 数据库管理系统。数据库管理系统也是十分重要的一个系统软件。大量的应用软件都需要数据库的支持,如信息管理系统、电子商务等。目前比较流行的数据库管理系统主要有 Microsoft SQL Server、Oracle、MySQL、Sybase 和 Informix 等。

④ 服务程序。服务程序,又称为辅助程序、支持软件、工具软件等,它为计算机用户提供各种控制分配和使用计算机资源的方法。服务程序有两种形式:一种就是包含在操作系统之中,如 Windows 磁盘管理工具等;另一种是软件开发商开发的独立软件包,如各种驱动程序、数据压缩软件、磁盘分区软件、数据备份与恢复工具,以及反病毒软件等。

(2)应用软件。应用软件是指为解决某一领域的具体问题而编制的软件产品,如办公软件、图像处理软件、各类信息管理系统等。应用软件因其应用领域的广泛而丰富多彩。

1.3.4　计算机病毒

"病毒"一词源于生物学,人们通过分析研究发现,计算机病毒在很多方面与生物学病毒有相似之处,因此借用了生物学病毒的概念。《中华人民共和国计算机信息系统安全保护条例》第二十八条对计算机病毒进行了定义:计算机病毒,是指编制或者在计算机程序中插入的破坏计算机功能或者毁坏数据,影响计算机使用,并且能够自我复制的一组计算机指令或者程序代码。可见,计算机病毒实际上是人为编制的特殊的计算机指令或程序代码。

近几年来,计算机病毒的种类不断增多,并且随着互联网使用的普及,破坏性也越来越大,对计算机系统造成极大的干扰和破坏,使程序不能正常运行,数据被更改或摧毁,严重的甚至导致系统瘫痪。

(1) 计算机病毒的分类。计算机病毒通常可分为以下 6 类。

① 引导型病毒。会在软盘或者硬盘的引导区、主引导记录(MBR)中插入指令。此时，如果计算机从被感染的磁盘引导启动时，病毒就会感染计算机，并把病毒代码调入内存。触发引导区病毒的典型事件是系统日期和时间。

② 文件型病毒。通过在程序执行进程中插入指令把自己依附在可执行文件(.com 和.exe 文件)上。此种病毒感染文件，并寄生在文件中，进而造成文件损坏。

③ 混合型病毒。此种病毒具有引导型和文件型两种病毒的特性，不但能够感染和破坏硬盘的引导区，而且能感染和破坏文件。

④ 宏病毒。宏病毒是一种寄存在 Office 文档或模板的宏中的计算机病毒。一旦打开感染了宏病毒的文档，其中的宏就会被执行，于是宏病毒就会被激活，转移到计算机上，并驻留在 Normal 模板上。从此以后，所有自动保存的文档都会"感染"上这种病毒。宏病毒主要感染 Word、Excel 等 Office 文档。

⑤ 特洛伊木马。特洛伊木马是一个看似正当的程序，但当程序执行时会进行一些恶性及不正当的活动。特洛伊木马常用作黑客工具去窃取用户的密码资料或破坏硬盘内的程序、数据。与其他计算机病毒的区别是，特洛伊木马不会复制自己。它的传播伎俩通常是诱骗计算机用户把特洛伊木马植入计算机内，例如通过电子邮件中的附件等。

⑥ 蠕虫。蠕虫是一种能自我复制并经由网络扩散的程序。它与其他计算机病毒有些不同，蠕虫是专注于利用网络去扩散病毒。随着互联网的普及，蠕虫常利用电子邮件系统传播扩散。有些蠕虫(如"红色代码")更会利用软件上的漏洞来扩散和进行破坏。

计算机病毒一般通过某个入侵点进入系统。最明显也是最常见的入侵点是工作站的硬盘或 U 盘；在网络系统中，可能的入侵点包括服务器、E-mail 附件部分、因特网上供下载的文件、网站、共享的网络文件及常规的网络通信、盗版软件、示范软件、计算机实验室以及其他共享设备等。

(2) 计算机病毒的特征。计算机病毒的特征主要有传染性、隐蔽性、潜伏性、触发性、破坏性和不可预见性。

① 传染性。计算机病毒会通过各种媒介从已被感染的计算机扩散到未被感染的计算机。这些媒介可以是程序、文件、存储介质、网络等。

② 隐蔽性。不经过程序代码分析或计算机病毒代码扫描，计算机病毒程序与正常程序是不容易区分的。在没有安全防护措施的情况下，计算机病毒程序一经运行并取得系统控制权后，可以迅速感染给其他计算机或程序，而在此过程中计算机屏幕上没有任何异常显示。这种现象就是计算机病毒传染的隐蔽性。

③ 潜伏性。病毒具有依附其他媒介寄生的能力，它可以在硬盘、U 盘或其他介质上潜伏几天，甚至几年。不满足其触发条件时，除了感染其他文件以外不做破坏；触发条件一旦得到满足，病毒就四处繁殖、扩散、破坏。

④ 触发性。计算机病毒发作往往需要一个触发条件，其可能利用计算机系统时钟、病毒体自带计数器、计算机内执行的某些特定操作等。如 CIH 病毒在每年 4 月 26 日发作，而一些邮件病毒在打开附件时发作。

⑤ 破坏性。当触发条件满足时，病毒在被感染的计算机上开始发作。根据计算机病

毒的危害性不同,病毒发作时表现出来的症状和破坏性可能有很大差别。从显示一些令人讨厌的信息,到降低系统性能、破坏数据(信息),直到永久性摧毁计算机硬件和软件,造成系统崩溃、网络瘫痪等。

⑥ 不可预见性。病毒相对于杀毒软件永远是超前的,从理论上讲,没有任何杀毒软件可以杀除所有的病毒。

(3) 计算机病毒的防治。采取防护措施是对付计算机病毒的积极而有效的方法,比等待计算机病毒出现后再去杀毒更能保护计算机系统。虽然会出现新病毒,但只要在思想上有防病毒的警惕性,再加上反病毒技术和管理措施,也可以使新病毒不被广泛传播。采取的防治措施主要有以下三个方面。

① 提高警惕。重视计算机病毒的危害性,加强防范意识,以便及时发现计算机病毒感染后留下的蛛丝马迹,并及时采取补救措施。

② 加强管理。定期检查敏感文件和敏感部位;采取必要的病毒检测和监控措施;加强教育和宣传工作,合理设置杀毒软件。

③ 使用反病毒工具。对新购的硬盘、光盘、软件等资源,使用前要进行查杀毒;不使用来路不明的软件;上网时开启病毒防火墙;不要打开来路不明的邮件;及时给系统打补丁;定期备份重要文件等。

对付计算机病毒的有效方法是利用流行的反病毒工具。国内著名的反病毒软件有360、金山毒霸等;国外著名的反病毒软件有赛门铁克(Symantec Anti-Virus)、卡巴斯基(Kaspersky Anti-Virus)等。

1.3.5 各种进制及其之间的相互转换

计算机要处理各种信息,首先要将信息表示成具体的数据形式。计算机内的信息都是以二进制数的形式来表示,这是因为二进制数在电路上具有容易实现、可靠性高、运算规则简单、可直接进行逻辑运算等优点。人们生活中习惯使用的是十进制数,为了简化二进制数的表示,又引入了八进制和十六进制。二进制数与其他进制数之间存在一定的联系,相互之间也能进行转换。

1. 进位计数制

所谓进位计数制,就是按进位的方法进行计数。下面主要介绍人们习惯使用的十进制数以及与计算机密切相关的二进制数和十六进制数。

(1) 十进制。十进制是人们十分熟悉的计数体制。它用 0、1、2、3、4、5、6、7、8、9 十个数字符号,按照一定规律排列起来表示数值的大小。采用的计数规则是"逢十进一"。各相邻数位之间的权之比是 10,十进制数权的一般形式为 10^n (n 为整数)。每个十进制数都可以表示成按权展开的多项式。例如:

$$3468.795 = 3 \times 10^3 + 4 \times 10^2 + 6 \times 10^1 + 8 \times 10^0 + 7 \times 10^{-1} + 9 \times 10^{-2} + 5 \times 10^{-3}$$

(2) 二进制。与十进制类似,二进制的基数为 2,即二进制中只有两个数字符号(0 和 1)。二进制的基本运算规则是"逢二进一",各数位的权为 2^n。例如:

$$1101.101 = 1×2^3 + 1×2^2 + 0×2^1 + 1×2^0 + 1×2^{-1} + 0×2^{-2} + 1×2^{-3}$$

（3）十六进制。在十六进制中，基数为16。它有0、1、2、3、4、5、6、7、8、9、A(10)、B(11)、C(12)、D(13)、E(14)、F(15)十六个符号。十六进制的基本运算规则是"逢十六进一"，各数位的权为 16^n。例如：

$$2CB.D8 = 2×16^2 + 12×16^1 + 11×16^0 + 13×16^{-1} + 8×16^{-2}$$

为了区分一个数是几进制表示的数，可以使用两种方法：一种方法是在数的后面加一个大写字母，其中，B表示二进制，D表示十进制，O表示八进制，H表示十六进制，如101B表示一个二进制数；另一种方法是将要表示的数用圆括号括起来，然后用一个下标表示是几进制数，如 $(1011.101)_2$ 表示一个二进制数。除特别指明外，没有任何标记的数默认为十进制数。

2. 不同进制数间的转换

（1）二进制数、十六进制数转换成十进制数。要将一个二进制数或十六进制数转换成十进制数，只要将其按位权展开成多项式，即可计算得到对应的十进制数。例如：

$$(10110111)_2 = 1×2^7 + 0×2^6 + 1×2^5 + 1×2^4 + 0×2^3 + 1×2^2 + 1×2^1 + 1×2^0 = (183)_{10}$$

$$(3D.B)_{16} = 3×16^1 + 13×16^0 + 11×16^{-1} = (61.6875)_{10}$$

（2）十进制数转换成二进制数。整数部分的转换采用"除2取余法"，即用2多次除被转换的十进制数，直至商为0；将每次相除所得余数，按照第一次除2所得的余数是二进制数的最低位，最后一次相除所得的余数是最高位的顺序排列起来，便是对应的二进制数。如将十进制数13转换成二进制数是1101，转换过程如图1-17所示。

小数部分的转换采用"乘2取整法"，即用2多次乘被转换的十进制数的小数部分，每次相乘后，排列所得乘积的整数部分作为对应的二进制数，第一次乘积所得的整数部分首先是二进制数小数部分的最高位，其次为次高位，最后一次是最低位。如将十进制纯小数0.8125转换成二进制小数，结果为0.1101。算式如下：

$$0.8125×2 = 1.625 \quad\quad 1$$
$$0.625×2 = 1.25 \quad\quad 1$$
$$0.25×2 = 0.5 \quad\quad 0$$
$$0.5×2 = 1.0 \quad\quad 1$$

图1-17 除2取余法示例

（3）二进制数与十六进制数之间的相互转换。一个二进制数要转换成十六进制数时，以小数点为界，分别向左向右每四位分为一组，一组一组地转换成对应的十六进制数字。若最后不足四位时，整数部分在最高位前面加0，补足四位后再转换；小数部分在最低位之后加0，补足四位后再转换，然后按原来的顺序排列就得到十六进制数了。

例如，将二进制数1111010010.01101转换成十六进制数，结果为3D2.68。对应关系如下：

```
0011  1101  0010. 0110  1000
 ↓     ↓     ↓     ↓     ↓
 3     D     2  .  6     8
```

相反,由十六进制数转换成二进制数时,只要将每位十六进制数字写成对应的四位二进制数,再按原来的顺序排列起来就可以了。

1.4 项目实施

1.4.1 任务1：认识主机箱接口

计算机外接设备都必须正确连接到主机箱的相应接口上才能正常工作,这些接口形状、大小不一,要注意识别,防止接错(大部分接口具有防接错设计)。

步骤1：主机箱前面板接口如图1-18(a)所示,主要包含有光驱、电源开关(Power)、电源指示灯(Power LED)、硬盘指示灯(HD LED)、复位键(Reset)、USB接口、音频输出接口、麦克风接口等。虽然在主机箱后面板(见图1-18(b))上也有USB接口、音频输出接口和麦克风接口,如果前面板上也有,用户使用更方便。

图1-18 主机箱前面板和后面板接口

- 电源开关：按此按钮可以打开或关闭计算机。
- 电源指示灯：此灯亮时表示计算机电源已经接通。
- 硬盘指示灯：此灯亮时表示计算机正在读/写数据。
- 复位键：按下此键,将强制计算机重新启动。建议不要轻易使用此操作。

步骤2：在你的主机箱前面板上找出以上接口。

步骤3：主机箱后面板接口如图1-18(b)所示,主要包含220V电源接口、鼠标接口、键盘接口、串行口、并行口、USB接口、网卡接口、麦克风接口、音频输出接口、音频输入接口、显卡接口等。

- 220V电源接口：用于向主机供电。

- 鼠标接口：用于接 PS/2 接口的鼠标，绿色。
- 键盘接口：用于接 PS/2 接口的键盘，紫色。
- 串行口：用于接串行接口设备。
- 并行口：用于接并行接口设备。
- USB 接口：用于接 USB 接口设备。
- 网卡接口：用于连接局域网或宽带上网设备。
- 麦克风接口：用于接麦克风，可以将麦克风接收到的音频信号输入计算机中。一般为粉红色。
- 音频输出接口：用于接音箱或耳机，需要接耳机时，将音箱的接头拔下，换上耳机接头。一般为草绿色。
- 音频输入接口：用于将 CD 机、MP3、录像机等的音频信号输入计算机中。一般为浅蓝色。
- 显卡接口：用于输出显示信号到显示器，接显示器的信号线。

步骤 4：在计算机后面板上找出以上接口。

说明

(1) 各个接口旁边一般均有相应图标，便于识别。

(2) 键盘接口和鼠标接口均为 PS/2 接口，它们形状类似，因此应注意它们的位置、可识别图标和颜色。

(3) 麦克风接口、音频输出接口、音频输入接口的形状也类似，应注意它们的位置、可识别图标和颜色。

1.4.2 任务 2：计算机的启动与关闭

1. 计算机的启动

要使用计算机，必须先启动计算机。

步骤 1：开机前先按下显示器电源开关，显示器指示灯亮，则表明显示器已接通电源。

步骤 2：找到主机箱前面板上的电源开关并按下，电源指示灯变亮，可看到硬盘指示灯亦变亮，显示器指示灯的颜色由黄色变为黄绿色，并伴随机箱里发出的一声"嘀"声，表明主机已接通电源。

这种启动方式称为"冷启动"，系统首先进行自检(power on self test, post)，然后启动操作系统。注意计算机的启动顺序及屏幕上的显示信息。

步骤 3：正常情况下，稍后便会看到 Windows 10 的登录界面，输入正确的用户名和密码(或指纹等)后，将进入 Windows 10 的桌面。至此，计算机已启动完毕，可以进入下一步的工作。

说明

(1) 开机顺序是先开显示器和其他外接设备电源，再开主机电源。而关机顺序与开机顺序刚好相反。

（2）在计算机启动过程中或在 DOS 环境下，按下 Ctrl＋Alt＋Delete 组合键，可让计算机重新启动，这种启动方式称为"热启动"。如果计算机进入了 Windows 10 的界面，再按 Ctrl＋Alt＋Delete 组合键，则不会重新启动计算机，而是打开 Windows 10 的管理界面，如图 1-19 所示。

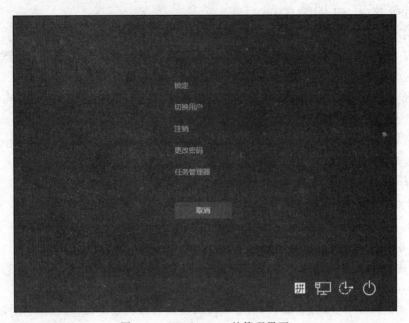

图 1-19　Windows 10 的管理界面

（3）在计算机运行过程中，按主机箱上的 Reset 按钮，可以重新启动机器，这种启动方式称为"复位启动"。

复位启动与热启动的区别是：复位启动要运行自检程序；而热启动不运行自检程序，因此热启动速度较快。一般来说，为避免反复开关主机而影响机器的工作寿命，只有在热启动无效的情况下才用复位启动。

2. 计算机的关闭

使用计算机完成工作后，应关闭计算机。

步骤 1：选择"开始"→"电源"→"关机"命令，计算机就会自动执行关机过程，稍后机箱电源会自动关闭。

步骤 2：关闭显示器电源。

说明

（1）一般关机前要先保存重要资料，否则可能会损坏甚至丢失有关资料。

（2）关机后，不宜立即再次启动计算机，一般应至少过 20 秒后才可再次启动计算机。

（3）如果计算机在使用过程中出现死机（计算机停止工作，键盘和鼠标都没有任何反应），此时无法使用常规关机操作，可按住机箱上的电源按钮约 5 秒后松开，计算机会自动关闭，这种方法称为"软关机"。

1.4.3 任务 3：熟悉鼠标和键盘的使用方法

1. 熟悉鼠标的使用方法

鼠标已成为操作计算机最基本的工具,学习计算机操作首先必须学会鼠标操作。基本的鼠标操作方法有指向、单击、双击、拖动和右击 5 种,不同的操作方法完成不同的操作任务。

步骤 1：鼠标按外形分,可分为两键式、三键式、带滚轮三种,如图 1-20 所示。若按工作原理和部件分,可分为机械式鼠标和光电式鼠标。请观察你手中的鼠标是属于哪种类型。

微课：熟悉鼠标和键盘的使用方法

图 1-20 两键式、三键式、带滚轮的鼠标

步骤 2：显示器上鼠标指针的形状反映了不同的操作状态,操作时要注意指针形状的变化。请对照表 1-1,看看你的鼠标指针是什么形状,处于什么操作状态。

表 1-1 鼠标指针形状及含义

鼠标指针形状	含 义	鼠标指针形状	含 义
⌖	正常选择	↕	拖动鼠标可以在垂直方向调整对象大小
⌖?	帮助选择	↔	拖动鼠标可以在水平方向调整对象大小
⧖	忙(表示系统忙)	⤡	拖动鼠标可以在 135°方向调整对象大小
✛	精确定位(可在屏幕上精确选择一个区域)	⤢	拖动鼠标可以在 45°方向调整对象大小
⌖⧖	后台运行	✥	表示对象可以移动
I	选定文本(表示当前在文本区域)	↑	候选(待用)
✎	手写	☝	超链接指示
⊘	不可用		

下面练习 5 种基本的鼠标操作方法：指向、单击、双击、拖动和右击。

步骤 3：指向并单击桌面上的"计算机"图标,此时"计算机"图标处于选中状态。

步骤 4：拖动"计算机"图标至任一空白处,该图标会停留在目标处。

步骤 5：右击"计算机"图标,会弹出一快捷菜单,该快捷菜单中包含有针对当前项目的常用命令,用户可选择相应命令实现快速操作。

步骤 6：双击"计算机"图标,可打开"计算机"窗口。

说明

(1) 指向操作就是把鼠标指针移到某一操作对象上。

(2) 单击操作就是按下并松开鼠标左键一次。

(3) 双击操作就是快速连续按下并松开鼠标左键两次,用于启动程序或打开文档窗口。

(4) 拖动操作就是按住鼠标左键不松开并移动鼠标。

(5) 右击操作就是按下鼠标右键并快速松开。使用鼠标右击任何项目,都将弹出一个"快捷菜单",其中包含可用于该项目的常用命令。

2. 熟悉键盘的使用方法

尽管鼠标可以代替键盘的部分工作,但文字和数据的输入必须靠键盘来完成,而且即使有了鼠标,很多功能的快捷方法还是要靠操作键盘来完成。因此,键盘也是计算机系统最基本的输入设备之一,有关它的使用非常基础,也非常重要,必须熟练掌握它的使用方法。

步骤1:当前常用的键盘有104键的(见图1-21)的,也有107键的。请观察你的键盘上有多少个键,了解104键和107键相比差哪3个键。

图1-21 键盘(104键)

步骤2:键盘布局可分为5个分区:主键盘区、功能键区、数字小键盘区、光标控制键区(编辑键区)和状态指示灯区。在你的键盘上找出这5个分区。

下面练习一些常用键的操作。在"记事本"窗口中输入如图1-22所示的内容。

步骤3:选择"开始"→"Windows 附件"→"记事本"命令,打开"记事本"窗口。

图1-22 "记事本"窗口

步骤4:先输入 a,再按 Tab 键一次,观察光标往后移动多少格。

步骤5:同时按住 Shift 和 2 键输入"@",再按 Tab 键一次,然后按 Caps Lock 键,此时 Caps Lock 指示灯亮,输入 T。

步骤6:再次按 Caps Lock 键,此时 Caps Lock

指示灯灭,按 Enter 键换行。

步骤 7：观察 Num Lock 指示灯状态,如果不亮,按 Num Lock 键,启动数字小键盘。

步骤 8：在数字小键盘区用数字键输入数字 1,按 Tab 键一次,输入 5。按 Tab 键一次,同时按住 Shift 和 = 键,输入"＋"。

步骤 9：把光标放置在 5 前面,按 Delete 键一次,删除 5；或者把光标放置在 5 后面,按 BackSpace 键一次,也可删除 5。

说明

- Enter 键：回车键。表示命令的结束或段落的结束。
- Shift 键：上档控制键。辅助输入双字符键的上档字符。
- Ctrl 键：控制键。经常与其他键联合使用,起某种控制作用。如 Ctrl＋C 组合键表示复制选中的内容。
- Alt 键：转换键。经常与其他键联合使用,起某种转换或控制作用。
- Tab 键：跳格键。每按一次,光标向右跳到指定位置(8 格的整数倍),在表格中,跳到下一单元格。
- Delete 键：删除键。每按一次,删除光标右边的一个字符。
- BackSpace 键：退格键。每按一次,删除光标左边的一个字符。
- Insert 键：插入与改写状态转换键。
- Caps Lock 键：大小写字母转换键。注意 Caps Lock 指示灯的变化。
- Space 键：空格键。
- Num Lock 键：数字/光标转换键。注意 Num Lock 指示灯的变化。
- Esc 键：取消键。取消当前正在进行的操作。
- Print Screen 键：屏幕打印键。将整个屏幕截图,以图像方式存到剪贴板中。若同时按住 Alt 和 Print Screen 键,则可将当前窗口(不是整个屏幕)截图,以图像方式存到剪贴板中。
- ←、→、↑、↓ 键：方向键。控制光标向左、向右、向上、向下移动。
- Home、End、PgUp、PgDn 键：光标快速移动键。控制光标移至行首、行尾和向上翻页、向下翻页。
- 字母键：直接按键输入。可以通过 Caps Lock 键进行大、小写字母转换。
- 数字键：直接按键输入。通过数字小键盘区中的数字键也可输入数字(此时 Num Lock 指示灯亮)。双字符键的上档字符可借助 Shift 键输入。

1.4.4 任务 4：查看计算机软、硬件配置

1. 查看计算机硬件配置

查看计算机的各硬件及其型号、参数等,可以将计算机主机箱打开,逐一查看计算机的各个硬件。但这种做法太麻烦,可以借助 Windows 操作系统中的工具软件来查看软硬件配置。

微课：查看计算机软、硬件配置

步骤1：右击桌面上的"**此电脑**"图标，在弹出的快捷菜单中选择"**属性**"命令，打开"系统"界面，如图1-23所示。

图1-23　"系统"界面

步骤2：在"系统"界面中，可以查看以下内容。
- 所用的操作系统及其版本。
- CPU的型号及速度。
- 内存的大小。
- 计算机名和工作组名。

步骤3：单击"系统"界面左侧的"设备管理器"链接，打开"设备管理器"窗口，如图1-24所示。

步骤4："设备管理器"窗口中列出了所有的硬件，只要单击某硬件设备项前的"〉"（此时"〉"变为"〞"），即可查看该硬件的型号。

步骤5：查看你的计算机中各硬件的型号。

2．查看计算机软件配置

计算机的硬件是计算机进行工作的物质基础。计算机的硬件需要在软件的支持下，才能发挥作用。

步骤1：在"系统"界面中，查看操作系统的版本。

要查看其他已安装的软件及其版本，可通过"Windows设置"窗口中的"应用"选项来查看。

步骤2：选择"开始"→"设置"命令，打开"Windows设置"窗口，如图1-25所示。

步骤3：单击"应用"选项，打开"应用和功能"窗口，如图1-26所示，该窗口中列出了

项目 1　认识你的计算机

图 1-24　"设备管理器"窗口

图 1-25　"Windows 设置"窗口

所有已安装的软件。

图1-26 "应用和功能"窗口

步骤4：如果要卸载某软件，在"应用和功能"窗口的程序列表中单击该软件的名称，在打开的选项中选择"卸载"命令，可卸载该软件。

1.4.5 任务5：使用反病毒软件查杀计算机病毒

下面介绍如何使用360杀毒软件查杀计算机病毒。

步骤1：从"360安全中心"网站（www.360.cn）下载360杀毒软件5.0版本并安装，安装后的主界面如图1-27所示。

步骤2：单击主界面中的"快速扫描"按钮，360杀毒软件即开始对"系统设置""常用软件""内存活跃程序""开机启动项""系统关键位置"等对象进行快速扫描，如图1-28所示。

微课：使用反病毒软件查杀计算机病毒

步骤3：单击如图1-27所示主界面中的"全盘扫描"按钮，360杀毒软件对"系统设置""常用软件""内存活跃程序""开机启动项""所有磁盘文件"等对象进行全盘扫描，花费时间比"快速扫描"更多，扫描也更彻底。

步骤4：单击如图1-27所示主界面右下方的"自定义扫描"按钮，打开"选择扫描目录"对话框，如图1-29所示，选中某个扫描对象（如本地磁盘C）进行扫描。扫描过程中如发现计算机病毒，会及时报告并采取相应措施（如清除病毒或隔离染毒文件）。

项目 1　认识你的计算机

图 1-27　360 杀毒软件主界面

图 1-28　快速扫描

图 1-29 "选择扫描目录"对话框

1.4.6 任务 6：使用计算器程序验证数制转换

数制之间的转换可通过手工进行，但手工转换既麻烦，又容易出错。Windows 操作系统中的计算器程序可实现整数的数制转换，下面举例说明如何使用计算器程序验证数制转换。

步骤 1：选择"开始"→"计算器"命令，打开标准计算器面板。

步骤 2：选择面板左上角的"打开导航"→"程序员"命令，将标准计算器面板转换成程序员计算器面板，如图 1-30 所示。

微课：使用计算器程序验证数制转换

(a) 标准计算器面板　　　　(b) 程序员计算器面板

图 1-30　标准型和程序员计算器

步骤 3：先在草稿纸上计算"$98=(\quad)_2=(\quad)_8=(\quad)_{16}$"。

步骤 4：在程序员计算器面板中输入十进制数 98，则会同时显示相应的二、八、十、十六进制数，验证显示值与自己的计算值是否一致。

说明 计算器中只能进行整数的数制转换。如果一个数既有整数部分又有小数部分，如 98.75，可先在程序员计算器中对整数部分（98）进行数制转换，而对小数部分（0.75）进行手工转换。

1.5 总结与提高

计算机硬件一般由主机、输入设备（键盘、鼠标等）、输出设备（显示器、打印机等）等构成。一台计算机性能的高低，不仅取决于各配件的性能，更重要的是各配件间的配合是否协调。由高性能配件构成的计算机的整体性能未必高。

计算机软件一般包括系统软件和应用软件。系统软件一般包括操作系统和工具软件，而工具软件包括屏幕保护程序、反病毒程序、数据备份程序、数据压缩程序、文件碎片整理程序等；应用软件一般指通用应用软件，如微软公司开发的 Office 办公套件、Adobe Systems 公司发布的 Reader 系列软件等。根据需要，可配置相关专用软件或定制软件。

1. 计算机性能指标

计算机性能高低涉及体系结构、软硬件配置、指令系统等多种因素，一般主要有下列三种技术指标。

（1）字长。字长（word length）是字的长度，又称为"数据宽度"，是指计算机运算部件一次能同时处理的二进制数据的位数。字长越长，计算机的运算精度就越高，数据处理能力就越强。通常，字长总是 8 的整倍数，如 8、16、32、64 位等。与字长相对应的术语有以下几个。

位（bit）：是一个二进制数码。其值只有 0 或 1。位是数据的最小单位，简称为 b，一个位所包含的信息是 1 比特。

字节（byte）：一个字节由 8 个二进制位组成。字节是数据的基本单位，简称为 B。

字（word）：一个字由若干二进制位组成。它一般是字节的整数倍，例如 8 位、16 位、32 位，现在的微型机已达 64 位。字一般是指运算器处理数据的单位。

（2）运算速度。计算机的运算速度通常是指每秒钟所能执行的加法指令数目，常用百万次/秒（MIPS）来表示。计算机的运算速度可用时钟频率和运算速度两个指标评价。

时钟频率也称主频，用来表示 CPU 的运算速度，它的高低在一定程度上决定了计算机速度的高低；主频通常以 GHz 为单位，主频越高，通常速度越快。

（3）存储容量。存储容量包括内存容量和外存容量，但主要指内存储器的容量。显然，内存容量越多，计算机所能运行的程序就越多，处理能力就越强。尤其是当前计算机应用大多涉及图像信息处理，要求的存储容量越来越大，甚至没有足够大的内存容量就无法运行某些软件。

2. 二进制编码

由于计算机中采用二进制编码存储信息,所以输入计算机中的所有数字、字符、符号、汉字、图形、图像、声音、动画等信息最终都要转换成二进制编码来表示。

(1) ASCII码。由于计算机只能直接接受、存储和处理二进制数,对于数值信息可以采用二进制数码表示,对于非数值信息可以采用二进制编码表示。编码是指用少量基本符号并根据一定规则组合起来,以表示大量复杂多样的信息。一般来说,需要用二进制代码表示哪些文字、符号,取决于人们要求计算机能够"识别"哪些文字、符号。为了能将文字、符号也存储在计算机里,必须将文字、符号按照规定的编码转换成二进制数代码。目前,计算机中一般都采用国际标准化组织规定的 ASCII 码(American standard code for information interchange,美国标准信息交换码)来表示英文字母和符号。基本 ASCII 码的最高位为 0,其可表示范围用二进制($0b_7b_6b_5b_4b_3b_2b_1$)表示为 00000000~01111111,用十进制表示为 0~127,共 128 种。基本 ASCII 码字符编码表如表 1-2 所示。

表 1-2 基本 ASCII 码字符编码表

$b_4b_3b_2b_1$	$b_7b_6b_5$							
	000	001	010	011	100	101	110	111
0000	NUL	DLE	SP	0	@	P	`	p
0001	SOH	DC1	!	1	A	Q	a	q
0010	STX	DC2	"	2	B	R	b	r
0011	ETX	DC3	#	3	C	S	c	s
0100	EOT	DC4	$	4	D	T	d	t
0101	ENQ	NAK	%	5	E	U	e	u
0110	ACK	SYN	&	6	F	V	f	v
0111	BEL	ETB	'	7	G	W	g	w
1000	BS	CAN	(	8	H	X	h	x
1001	HT	EM	)	9	I	Y	i	y
1010	LF	SUB	*	:	J	Z	j	z
1011	VT	ESC	+	;	K	[	k	{
1100	FF	FS	,	<	L	\	l	|
1101	CR	GS	-	=	M	]	m	}
1110	SO	RS	.	>	N	^	n	~
1111	SI	US	/	?	O	_	o	DEL

从表 1-2 中可以看出,字符 ASCII 码的大小规律是:基本 ASCII 字符表按代码值的

大小排列,数字的代码小于字母;在数字的代码中,0 的代码最小,9 的代码最大;大写字母的代码比小写字母小;在字母中,代码的大小按字母顺序递增;A 的代码最小,z 的代码最大。其中,0 的代码为 48,A 的代码为 65,a 的代码为 97,其他数字和字母的代码可以依次推算出来。扩充 ASCII 码的最高位为 1,其范围用二进制表示为 10000000～11111111,用十进制表示为 128～255,也共有 128 种。ASCII 码目前已被国际标准化组织 ISO 和国际电报电话咨询委员会 CCITT 采纳为一种国际通用的信息交换标准代码。

(2) 汉字编码。对于英文,大小写字母总计只有 52 个,加上数字、标点符号和其他常用符号,128 个编码基本够用,所以 ASCII 码基本上满足了英文信息处理的需要。我国使用的汉字不是拼音文字,而是象形文字,常用的汉字有 6000 多个,因此使用 7 位二进制编码是不够的,必须使用更多的二进制位。

1980 年我国国家标准总局颁布的《信息交换用汉字编码字符集 基本集》(GB 2312—80),收录了 6763 个汉字和 619 个图形符号。在 GB 2312—80 中规定用 2 个连续字节,即 16 位二进制代码(国标码)表示一个汉字。由于每个字节的最高位规定为 0(只用低 7 位),这样就可以表示 128×128＝16384 个汉字。在 GB 2312—80 中,根据汉字使用频率分为两级:第一级有 3755 个,按汉语拼音字母的顺序排列;第二级有 3008 个,按部首排列。

图 1-31 GB 2312—80 字符集区位分布

GB 2312—80 国标字符集构成一个二维平面,由 94 行和 94 列组成,其中的行号称为区号,列号称为位号,如图 1-31 所示。区号和位号构成了字符的区位码,如"中"字的区号为 54,位号为 48,则 5448 就是"中"字的区位码。

1.6 拓展知识:我国的第一台电子计算机

20 世纪 50 年代中期,我国在制订"十二年科学规划"时,时任中国科学院数学研究所所长华罗庚提出,要研发我国自己的计算机。当时,我国电子计算机领域还是一片空白。华罗庚招揽了闵乃大、夏培肃和王传英三位科研人员在中国科学院数学所内建立了我国第一个电子计算机科研小组,并于 1956 年筹建了中国科学院计算技术研究所。

从 1957 年,中国科学院计算技术研究所开始研制通用数字电子计算机。1958 年 8 月 1 日,这台计算机完成了四条指令的运行,标志着我国第一台电子计算机诞生。该计算机定名为"八一"型数字电子计算机,在工业生产时定名为 103 机。

103 机的研制成功,标志着我国计算技术这门学科已经建立起来。之后,我国又研制成功了 104 机、119 机,这些第一代电子计算机承担了"两弹一星"研制过程中的大量关键运算,是"两弹一星"事业的幕后英雄。

1.7 习　　题

一、选择题

1. 世界上第一台电子计算机是于_____诞生在_____。
   A. 1946 年　法国 B. 1946 年　美国
   C. 1946 年　英国 D. 1946 年　德国
2. 从第一台计算机诞生到现在的几十年中,按计算机采用的_____来划分,计算机的发展经历了 4 个阶段。
   A. 存储器   B. 计算机语言   C. 电子器件   D. 体积
3. 计算机最主要的工作特点是_____。
   A. 存储程序与程序控制 B. 高速度与高精度
   C. 可靠性与可用性 D. 有记忆能力
4. 在计算机应用中,"计算机辅助制造"的英文缩写是_____。
   A. CAD   B. CAM   C. CAI   D. CAT
5. 计算机的 CPU 是指_____。
   A. 内存储器和控制器 B. 控制器和运算器
   C. 内存储器和运算器 D. 内存储器、控制器和运算器
6. 微型计算机通常是由_____等几部分组成。
   A. 运算器、控制器、存储器和输入/输出设备
   B. 运算器、外部存储器、控制器和输入/输出设备
   C. 电源、控制器、存储器和输入/输出设备
   D. 运算器、放大器、存储器和输入/输出设备
7. 1MB 等于_____字节。
   A. 100000   B. 1024000   C. 1000000   D. 1048576
8. 计算机的驱动程序属于_____。
   A. 应用软件   B. 图像软件   C. 系统软件   D. 编程软件
9. 十进制数 36.875 转换成二进制数是_____。
   A. 110100.011 B. 100100.111 C. 100110.111 D. 100101.101
10. 以下对计算机病毒的描述,_____是不正确的。
    A. 计算机病毒是人为编制的一段恶意程序
    B. 计算机病毒不会破坏计算机硬件系统
    C. 计算机病毒的传播途径主要是数据存储介质的交换以及网络的链路
    D. 计算机病毒具有潜伏性

二、实践操作题

在购置计算机之前要制订配置方案,不能在选购配件时一味追求高性能和新产品,否

则配置出来的计算机很可能会造成资源浪费,超出资金预算。在购买计算机之前,应注意总结以下几个问题。

(1)购买计算机的目的是什么?如处理文档,娱乐,玩游戏,上网,做多媒体处理等。不同的需求需要不同的配置,一定要量身定做。

(2)购买计算机的预算是多少?在预算之内,合理选择品牌、配置,追求性价比。

(3)根据自身需要,合理搭配各种配件。

通过搜索、阅读 IT 行业最新信息和对当地计算机市场的实地调查,根据自身需要组装 4000 元左右的学习型 MPC(多媒体个人计算机),填写装机配置清单(见表 1-3),并简述你的配置策略。

表 1-3 装机配置清单

序号	配件名称	配 件 型 号	价格/元	备 注
1	CPU			
2	主板			
3	内存			
4	硬盘			
5	显卡			
6	显示器			
7	机箱			
8	电源			
9	键盘			
10	鼠标			
11	音箱			
12				
13				

配置策略:

项目 2 Windows 10 的文件管理与环境设置

利用计算机完成各项任务需要借助一个平台——操作系统。目前广泛使用的是微软公司出品的 Windows 10,该系统旨在让人们的日常计算机操作更加简单和快捷,为人们提供高效易行的工作环境。Windows 10 是由美国微软公司开发的应用于计算机和平板电脑的操作系统,于 2015 年 7 月 29 日发布正式版。Windows 10 操作系统在易用性和安全性方面有了极大的提升,除了针对云服务、智能移动设备、自然人机交互等新技术进行融合外,还对固态硬盘、生物识别、高分辨率屏幕等硬件进行了优化完善与支持。

本项目以"Windows 10 的文件管理与环境设置"为例,介绍在 Windows 10 环境下如何进行文件管理、磁盘管理、系统环境设置等方面的相关知识。

2.1 项目导入

小李同学临近大学毕业,需要撰写一篇毕业论文(设计),题目是《图书信息资料管理系统的研究与设计》。小李上网搜集下载了各种与论文有关的信息资料,但论文的进度不够理想。

小李的论文指导老师张老师,见小李论文进展有些缓慢,便去询问,两人经过一番讨论后,张老师发现小李存在以下几个问题。

(1) 小李的文字输入速度比较慢,对中文输入法的用法不够熟悉。

(2) 下载的大量文件没有进行合理的分门别类,导致文件管理混乱。

(3) 原本 50GB 的系统盘(一般默认为 C 盘),只剩下 2GB 的可用空闲空间,计算机的运行速度变得十分缓慢。

(4) 系统中只有一个小李自己使用的账户,而其他同学也偶尔使用该账户共用小李的计算机,因此缺乏安全性和隐私性。

2.2 项 目 分 析

张老师对这些问题进行了详细的分析,并向小李进行了详细讲解。

对于论文的中文文字输入,比较常用的是利用汉语拼音进行文字输入。汉语拼音输入简单易学,有较高的输入效率,并且还支持输入一些特殊的符号。

Windows 10 文件管理采用了类似图书管理的多级目录(文件夹)的组织形式,多级目录也称为树形目录,就是把目录按照一定的类型进行分组,而每个分组下又可以划分为小组,层层细化,最后整个文件目录看上去像一棵倒置的树。我们要将各种文件分门别类地存放在各自的文件夹中,而且文件和文件夹的命名要做到"见名知意",这样既不会显得杂乱无章,也方便用户很快找到需要的文件。

关于计算机运行速度变慢的问题,张老师说,计算机在运行过程会产生很多临时文件,这些文件会挤占计算机系统盘的可用空间,导致系统盘中的空闲空间越来越小,降低运行速度。Windows 10 系统提供了一些专门管理磁盘的工具软件,使用它可以有效提高系统运行速度。

计算机管理员(Administrator 账户)可以设立新的账户,做到一人一个账户,不同的账户有不同的操作环境,各账户之间互不干扰,可提高计算机的安全性。

可以将张老师上述所说的内容归纳为四大任务:中文输入法("微软拼音"输入法)的用法、文件管理、磁盘管理、Windows 环境设置。

其操作流程图如图 2-1 所示。

图 2-1 "Windows 10 的文件管理与环境设置"操作流程图

2.3 相关知识点

2.3.1 Windows 10 简介

Windows 10 是由微软公司最新推出的新一代跨平台及设备应用的操作系统,涵盖 PC、平板电脑、智能手机和服务器等,共有家庭版(Home)、专业版(Professional)、企业版

（Enterprise）、教育版（Education）、移动版（Mobile）、移动企业版（Mobile Enterprise）和物联网核心版（IoT Core）七个版本。

Windows 10结合了Windows 7和Windows 8系统的优点，将传统风格和现代风格有机结合，兼顾了老版本用户的使用习惯，并且完美支持平板电脑。在Windows 10中，增加了智能助理小娜（Cortana），它可以帮助用户更加方便地使用计算机。另外，Windows 10提供了一种新的上网浏览器Edge，来代替原来的IE浏览器；增加了云存储OneDrive，用户可以将文件保存在云盘中，方便在不同设备中访问；还增加了通知中心，可以查看各应用推送的信息。

Windows 10启动之后可以看到整个计算机屏幕的桌面，如图2-2所示。桌面由桌面背景、桌面图标和任务栏组成。桌面背景是Windows 10的背景图片，用户可以根据个人喜好进行设置。桌面图标一般由文字和图片组成，代表某些应用程序或文件，新安装的系统只有一个"回收站"图标。任务栏一般是位于桌面最底部的长条区域，由"开始"按钮、搜索框、任务视图、快速启动区、系统图标显示区、通知区等组成。桌面图标主要包括以下几个元素。

图 2-2 Windows 10 桌面

此电脑：即指用户使用的这个计算机，计算机管理员用户可以查看并管理计算机中的所有资源。

Administrator：管理员用户个人文件默认的存放区，是一个文件夹。

回收站：用于暂时存放被删除的文件或其他对象，只要不是彻底删除，一般删除的文件都是先存放在回收站里，回收站中的文件可以复原。

网络：查看活动网络和更改网络设置。

Microsoft Edge浏览器：以一个"e"字图标显示，主要用于浏览网站信息。

各个应用程序的快捷方式图标：快捷方式有很多种，桌面上出现的左下角带有黑色箭头的图标属于桌面快捷方式,实际上是与它所对应的对象建立了一个链接关系。删除或者移动快捷方式不会影响对象本身的内容和位置。如果想打开程序,只要用鼠标双击该程序的"快捷方式"图标即可。"开始"菜单中出现的属于菜单快捷方式,桌面左下角出现的图标属于快速启动快捷方式。一般安装完一个软件程序之后,会在桌面默认地建立一个快捷方式,用户也可以自己为某些程序文件建立快捷方式。

2.3.2 Windows 文件系统及文件管理

(1) 文件系统。文件是相关信息的集合,文件是操作系统用来存储和管理信息的基本单位,计算机所有信息均存放在文件中。文件系统是操作系统对文件命名、存储和组织的总体结构,尽管也支持 FAT32 文件系统,Windows 10 推荐用户使用的是 NTFS(new technology file system)文件系统,因为 NTFS 更为安全、可靠。

(2) Windows 10 文件目录组织。Windows 10 文件目录采用了类似图书管理的多级目录组织形式,如图 2-3 所示。

磁盘的第一级目录称为根目录,即磁盘的分区编号。用户新买计算机后,在安装操作系统时往往首先要对磁盘进行分区,即把硬盘分成若干个驱动器,如 C 盘、D 盘、E 盘等,每个驱动器的名称、空间大小可以自己定义。系统盘 C 盘必须独立出来,因为一旦系统崩溃,存放在 C 盘中的文件可能会全部丢失,一般情况下不要将重要文件存放在系统盘里。以下是某学生的计算机容量为 500GB 硬盘的分区和使用情况。

图 2-3 文件组织形式

C 盘:系统盘,容量为 50GB,主要用于存放 Windows 10 操作系统文件和一些临时不重要的文件。

D 盘:工具盘,容量为 200GB,存放一些从网上下载下来的软件和自己工作用的文件等。

E 盘:娱乐盘,容量为 200GB,安装一些游戏软件或者存放电影、音乐文件等。

F 盘:备份盘,容量为 50GB,存放系统的备份文件,以便在系统崩溃时还原系统。

(3) 文件的命名。每个文件都有名称,文件名称由文件主名和扩展名(也称后缀名)组成,文件主名与扩展名之间用"."分隔开,如"setup.exe""通信录.docx"等。Windows 系统对文件和文件夹的命名作了限制,当输入非法的名称时,Windows 会出现如图 2-4 所示的提示,即在文件名中不能使用"\ / : * ? " < > |"这 9 个字符。主文件名可以使用最大达 255 个字符的长文件名(可以包含空格)。除了文件夹没有扩展名外,文件夹的命名规则与文件的命名规则相同。

图 2-4 文件的命名

扩展名标明了文件的类型,不同的类型的文件用不同的应用程序打开,常见文件类型如表 2-1 所示。

表 2-1 常见文件扩展名

扩展名	文件类型	扩展名	文件类型	扩展名	文件类型
.exe	可执行程序文件	.pptx	PowerPoint 2019 演示文稿	.hlp	帮助文件
.htm	超文本网页文件	.mp3	一种音乐文件	.txt	文本文件
.docx	Word 2019 文档	.jpeg	一种图片文件	.rar	WinRAR 压缩文件
.xlsx	Excel 2019 电子表格	.accdb	Access 2019 数据库文件	.c	C 语言源程序文件

此外,操作系统为了便于对一些标准的外部设备进行管理,已经对这些设备作了命名,因此用户不能使用这些设备名作为文件名。常见的设备名如表 2-2 所示。

表 2-2 常见的设备名

设备名	含义	设备名	含义
CON	控制台:键盘/显示器	LPT1/PRN	第 1 台并行打印机
COM1/AUX	第 1 个串行接口	COM2	第 2 个串行接口

在 DOS 或 Windows 中,允许使用文件通配符表示文件主名或扩展名,文件通配符有"*"和"?","*"表示任意一串字符(≥0 个字符),而"?"表示任意一个字符。

同一文件夹中不能有同名的文件或者子文件夹,但在不同的文件夹中可以有同名的文件,在不同的驱动器里也可以有同名的文件。

(4)剪贴板的作用。在计算机中,复制是不需要成本的,这跟现实世界有很大的区别。那么复制是如何实现的呢?当执行复制操作时,复制的信息被临时性地存放到剪贴板中,剪贴板是计算机内存中的一块区域;当执行粘贴操作时,将剪贴板中的信息存放到指定位置。

在 Windows 系统中剪贴板无处不在,剪贴板中的信息在被其他信息替换或者退出 Windows 前,一直保留在剪贴板中,因此剪贴板上的内容可以多次粘贴。

2.3.3 磁盘管理

Windows 10 操作系统附带了一些专门用来管理磁盘的工具,其功能主要包括以下几个方面。

(1)格式化。格式化的作用是在磁盘上建立标准的磁盘记录格式,划分磁道(track)和扇区(sector),检查坏块等。磁盘格式化将清除磁盘中保存的所有信息,因此要不可轻易执行。

(2)磁盘信息查看。其主要功能是查看各个磁盘分区的相关信息,如磁盘的文件系统、已用空间、可用空间、磁盘容量等。

(3)磁盘清理。它主要用于清理诸如回收站、临时文件夹等里面的内容或对其进行压缩,起到回收磁盘空间的作用。

(4)磁盘碎片整理。当磁盘内的文件被反复进行增、删操作之后,在磁盘里会留下众多大小不一的空白区域。此后,当一个较大容量的文件需要储存到磁盘中时,文件会被不连续地存储在这些空白区域中,从而使访问磁盘的速率大大降低。磁盘碎片整理的功能就是把原本存储在不连续空间区域中的文件集中存放,有利于提高磁盘读取速度。磁盘碎片整理需要耗费较长时间。

2.4 项目实施

2.4.1 任务1:中文输入法("微软拼音"输入法)

在"记事本"窗口中,用"微软拼音"输入法输入以下文字内容,如图2-5所示。

图2-5 文字输入

步骤1:选择"开始"→"Windows附件"→"记事本"命令,打开"记事本"窗口,再单击桌面右下角的输入法图标,选择"微软拼音"输入法。

步骤2:按Shift+Space组合键,切换到中文全角状态,依次输入如图2-5所示的文字。

说明

(1) 输入单个字符时,一般采用全拼(即将该文字的拼音全部输入)。如输入"址"字,输入拼音zhi,按Space键,在输入法候选提示框首页中没有出现该字,按两次"+"键,翻到第3页,在第5个位置出现"址"字,按5键,即可完成该字的输入。

(2) 输入中文词组时,一般采用"首字全打+其余字打首字母"的做法。如输入"计算机",则输入拼音"jisj",按Space键,即出现"计算机"3字,再按Space键,完成该词组的输入。输入其他如"出版社""爱因斯坦""系统"等词组时可一样处理。

(3) 其中的"computer"是英文全角字符串,需要事先按中英文切换键Shift切换到英文状态,并按Shift+Space组合键切换到全角状态,在输入法状态条中出现 英⚪ 提示符后再输入该字符串。

(4) 输入中文标点符号(如"。、《》、￥"等)时,需要事先按 Ctrl+"."组合键切换到中文标点符号状态,否则出现的是英文标点符号。

(5) 按 Ctrl+Space 组合键可快速实现中文输入法与英文输入法之间的切换。

(6) 中文标点符号的输入见表 2-3。

表 2-3　中文标点符号的输入

符　号	对应的键	符　号	对应的键
、	\	……	Shift+6
。	Shift+2 或~	《	Shift+<
￥	Shift+4	——	Shift+-

2.4.2　任务 2：文件管理

1. 新建文件夹和文件

使用"此电脑"窗口,在 D 盘根目录下建立一个文件夹,命名为"毕业论文",并分别建立如图 2-6 所示的各文件夹;完成之后,在"毕业论文"文件夹中新建一个 Word 文档,命名为"图书信息资料管理系统的研究与设计.docx";再在"技术参考"文件夹中新建一个 PowerPoint 文档,命名为"数据管理系统的要求.pptx"。

微课：文件管理

步骤 1：双击桌面上的"此电脑"图标,打开"此电脑"窗口,在窗口左侧的导航窗格中,单击"本地磁盘(D:)"选项,进入 D 盘根目录;右击右侧窗格的空白区域,在弹出的快捷菜单中选择"新建"→"文件夹"命令,出现如图 2-7 所示的界面,在"新建文件夹"的框内输入中文"毕业论文"即可。

图 2-6　文件夹树形结构

图 2-7　文件夹命名

步骤 2：同步骤 1 一样的方法,建立如图 2-6 所示的各文件夹。

步骤 3：在"毕业论文"文件夹中,右击空白处,在弹出的快捷菜单中选择"新建"→"Microsoft Word 文档"命令,输入文件名称："图书信息资料管理系统的研究与设计.docx"。

步骤 4：打开"技术参考"文件夹,右击空白处,在弹出的快捷菜单中选择"新建"→

"Microsoft PowerPoint 演示文稿"命令,输入文件名称:"数据管理系统的要求.pptx"。

说明 Windows 10 系统默认不显示文件扩展名,如想要显示文件扩展名,在"查看"选项卡中选中"文件扩展名"复选框即可。

对于新建文件,还可以通过先打开文件的应用程序,编辑内容后再保存的方法来建立相应文件。

2. 复制、剪切、粘贴文件和文件夹

将文件"图书信息资料管理系统的研究与设计.docx"复制到子文件夹"论文参考"内;再将文件夹"论文参考"剪切到文件夹"毕业论文"中;然后把文件夹"论文参考"的名称更改为"论文版本";最后将"需求分析"下的 2 个子文件夹移动到"参考资料"文件夹内。

步骤 1:在"毕业论文"文件夹中,单击选择"图书信息资料管理系统的研究与设计.docx"文件,按 Ctrl+C 组合键复制;然后打开文件夹"论文参考",按 Ctrl+V 组合键粘贴。

步骤 2:在"参考资料"文件夹中,选择"论文参考"文件夹,在"主页"选项卡中,单击"剪切"按钮,打开"毕业论文"文件夹,在空白处右击,在弹出的快捷菜单中选择"粘贴"命令。

步骤 3:右击"论文参考"文件夹,在弹出的快捷菜单中选择"重命名"命令,将文件夹的名称改为"论文版本"。

步骤 4:打开"需求分析"文件夹,按住 Ctrl 键,连续选择内含的 2 个子文件夹,按住鼠标左键拖动到"此电脑"左侧导航窗格中的"参考资料"文件夹上,释放鼠标。

说明

(1) 在 Windows 中,对文件和文件夹的操作必须遵循的原则是"先选择,后操作"。一次可以选择一个或多个文件或文件夹,选择后的文件或文件夹以突出方式显示。

(2) 选择一个文件夹或磁盘下的连续多个文件,方法是:先单击第一个要选择的文件,再按住 Shift 键,然后单击最后一个要选择的文件,这样就能快速选择这两个文件之间(含这两个文件)的多个文件。如果是选择任意几个不连续的文件,则采用步骤 4 的方法,按住 Ctrl 键,然后用鼠标依次单击想要选择的文件。若是直接按 Ctrl+A 组合键,则自动将该文件夹或磁盘内的所有文件(或文件夹)全部选择。另外,"主页"选项卡中还有一种"反向选择"功能,请读者自己试做。

(3) 除了采用组合键以及"主页"选项卡中的相关选项来进行剪切、复制、粘贴外,还可以通过右击对象,在快捷菜单中选择相关命令来进行。

3. 删除文件与回收站操作

将"毕业论文"文件夹下的 Word 文件和文件夹"需求分析"删除放到回收站内,将文件夹"可行性分析"永久性地删除;然后打开回收站,查看已删除文件,并将文件夹"需求分析"还原。

步骤1：在"毕业论文"文件夹中，选择文件"图书信息资料管理系统的研究与设计.docx"，按 Delete 键，则该文件被删除（放在回收站中），按相同方法删除文件夹"需求分析"；选择文件夹"可行性分析"，按 Shift＋Delete 组合键，弹出"删除文件夹"对话框，单击"是"按钮确认删除，则永久性地删除此文件夹（不放在回收站中）。

步骤2：双击打开桌面上的"回收站"图标，可以看到"回收站"中有刚被删除的一个文件夹和一个 Word 文档，选择"需求分析"文件夹，在"回收站工具"选项卡中，单击"还原选定的项目"按钮，即可将该文件夹还原。

说明　按 Shift＋Delete 组合键直接删除文件，则该文件不可还原；若将回收站里的文件删除，则该文件也不可还原。

4. 设置文件夹属性

将文件夹"毕业论文"的属性设置为"隐藏"，再将此文件夹恢复可见。

步骤1：选择文件夹"毕业论文"，右击，在弹出的快捷菜单中选择"属性"命令，在"常规"选项卡中选中"隐藏"复选框，如图 2-8 所示，单击"确定"按钮。

步骤2：在弹出的"确认属性更改"对话框中，选中"将更改应用于此文件夹、子文件夹和文件"单选按钮，如图 2-9 所示，再单击"确定"按钮，此时"毕业论文"文件夹就见不到了（已隐藏）。

图 2-8　设置"隐藏"属性

图 2-9　"确认属性更改"对话框

步骤3：在"查看"选项卡中选中"隐藏的项目"复选框，如图 2-10 所示，即可显示隐藏的文件或文件夹（图标颜色变淡）。

说明　在如图 2-10 所示的对话框中，可设置显示已知文件类型的扩展名。

图 2-10　设置文件和文件夹隐藏可见

5. 搜索文件与建立快捷方式

在 C 盘中搜索"计算器"程序文件 calc.exe，然后为文件 calc.exe 建立一个桌面快捷方式，命名为"我的计算器"；再搜索"记事本"程序文件 notepad.exe，然后建立一个快捷方式，命名为"My 记事本"，放到"开始"→"所有程序"→"启动"程序组中。

步骤 1：在"此电脑"窗口中打开"本地磁盘(C:)"，在窗口右上角的"搜索"栏中输入 calc.exe 后，按 Enter 键，稍等一会儿便出现搜索结果，如图 2-11 所示。

图 2-11　搜索结果

步骤 2：在搜索结果中，先选中搜索到的文件 calc.exe，再右击，在弹出的快捷菜单中选择"发送到"→"桌面快捷方式"命令，如图 2-12 所示，然后在桌面上重命名快捷方式名称为"我的计算器"。

步骤 3：与步骤 1 和步骤 2 类似，为文件 notepad.exe 创建一个桌面快捷方式，并命名为"My 记事本"。

步骤 4：打开文件夹 C:\ProgramData\Microsoft\Windows\Start Menu\Programs\StartUp，拖动快捷方式"My 记事本"到该文件夹中。

说明　C:\ProgramData\Microsoft\Windows\Start Menu\Programs\StartUp 是

图 2-12　发送到桌面快捷方式

"启动"文件夹,该文件夹中的程序或快捷方式在计算机开机时会自动运行。

2.4.3　任务3:磁盘管理

1. 查看磁盘信息与磁盘清理

查看 C 盘信息,观察磁盘的文件系统及空间大小;清理 C 盘中的垃圾文件。

步骤1:在"此电脑"窗口中选择"本地磁盘(C:)"选项,然后右击,在弹出的快捷菜单中选择"属性"命令,打开"本地磁盘(C:)属性"对话框,如图 2-13 所示。在"常规"选项卡中可以看到 C 盘的文件系统(NTFS)、已用空间、可用空间和容量等磁盘信息。

微课:磁盘管理

步骤2:在如图 2-13 所示的对话框中单击"磁盘清理"按钮,打开"(C:)的磁盘清理"对话框,如图 2-14 所示。

步骤3:选中要删除的文件选项(如"已下载的程序文件""Internet 临时文件"等),单击"确定"按钮,在弹出的磁盘清理确认对话框中,单击"删除文件"按钮,确认要永久删除这些文件,然后会执行磁盘清理操作。磁盘清理操作需要花费一定的时间。

2. 磁盘碎片整理与格式化

分析 D 盘的磁盘碎片状况,并对 D 盘进行磁盘碎片整理;对 E 盘进行格式化操作。

图 2-13　查看磁盘信息

图 2-14　磁盘清理

步骤 1：在如图 2-13 所示的对话框中选择"工具"选项卡，如图 2-15 所示。再单击"优化"按钮，打开"优化驱动器"对话框，如图 2-16 所示。

图 2-15　"工具"选项卡

图 2-16 "优化驱动器"对话框

步骤 2：选择磁盘 D,单击"分析"按钮,经过分析之后,会显示该磁盘碎片所占的百分比(如 5%碎片)。再单击"优化"按钮,即对该磁盘进行碎片整理。

磁盘碎片整理非常消耗时间,磁盘空间越大,碎片越多,费时越久。注意,经常进行磁盘碎片整理,会影响硬盘寿命。

步骤 3：在"此电脑"窗口中右击"本地磁盘(E:)",在弹出的快捷菜单中选择"格式化"命令,在打开的对话框中选择"文件系统"为 NTFS,"分配单元大小"为 4096 字节,然后选中"快速格式化"复选框,如图 2-17 所示,最后单击"开始"按钮,执行磁盘格式化操作。

磁盘格式化将使该盘内的所有信息全部清除,因此不可轻易执行。

2.4.4 任务 4：Windows 环境设置

1. 桌面背景与屏幕保护设置

图 2-17 磁盘格式化

微课：Windows
环境设置

设置计算机的桌面背景为图片"视窗",显示方式为"拉伸";设置屏幕保护程序为"彩带",设置等待时间 10 分钟后再恢复时,显示登录屏幕。

步骤 1：右击桌面空白处,在弹出的快捷菜单中选择"个性化"命令,打开"个性化"窗口。找到并选中背景图片"视窗","选择契合度"为"拉伸",如图 2-18 所示。

图 2-18 "个性化"窗口

步骤 2：在窗口左侧导航栏中选择"锁屏界面"选项，在右侧窗格中单击"屏幕保护程序设置"链接，如图 2-19 所示。

图 2-19 锁屏界面

步骤3：在打开的"屏幕保护程序设置"对话框中，在"屏幕保护程序"下拉列表中选择"彩带"选项，在"等待"微调器上输入10分钟，并选中"在恢复时显示登录屏幕"复选框，如图2-20所示，最后单击"确定"按钮。

图2-20 "屏幕保护程序设置"对话框

2. "区域"格式设置

"区域"格式设置为：小数位数为2，货币格式为￥1.1，长时间格式为H:mm:ss，短日期格式为yyyy-M-d。

步骤1：选择"开始"→"Windows 系统"→"控制面板"命令，在打开的"控制面板"窗口中单击"更改日期、时间或数字格式"链接，打开"区域"对话框，如图2-21所示。

步骤2：在"格式"选项卡中单击"其他设置"按钮，打开"自定义格式"对话框，如图2-22所示。

步骤3：分别在"数字""货币""时间""日期"选项卡中设置小数位数为2，货币格式为"￥1.1，长时间格式为H:mm:ss，短日期格式为yyyy-M-d，设置完成后单击"确定"按钮。

3. 账户管理

为计算机新增一个本地账户，账户名称为student，密码为123456。

步骤1：右击桌面上的"此电脑"图标，在弹出的快捷菜单中选择"管理"命令，打开"计算机管理"窗口，展开左侧窗格中的"本地用户和组"→"用户"选项，在中央窗格中的空白处右击，在弹出的快捷菜单中选择"新用户"命令，如图2-23所示。

项目 2　Windows 10 的文件管理与环境设置

图 2-21　"区域"对话框

图 2-22　"自定义格式"对话框

图 2-23　"计算机管理"窗口

步骤 2：在打开的"新用户"对话框中，输入用户名（student）和密码（123456），如图 2-24 所示。单击"创建"按钮完成创建，然后单击"关闭"按钮。

步骤 3：在"开始"菜单中单击本地账户头像 ，在打开的菜单中可选择新用户（student），如图 2-25 所示，即可切换新用户登录（原用户未注销）。

在图 2-25 中，如果选择"注销"选项，则先退出原用户，再选择某一用户（原用户或新

47

图 2-24 "新用户"对话框　　　　图 2-25 切换账户界面

用户)登录系统。

2.5 总结与提高

  Windows 10 是微软公司发布的一款视窗操作系统,简单易学,深受用户的欢迎。要熟练掌握 Windows 10 的操作,必须勤学多练。同时,Windows 对于同样的任务提供了多种操作方法,用户可以根据个人喜好采取适合的方法完成操作。Windows 10 的基本操作主要有两大块,分别是文件管理和系统环境设置。

  对于文件的管理,用户必须先明白所要操作文件的名称、类型、所在文件夹,接着进行打开、重命名、复制、剪切、删除、移动等操作;对于粘贴操作,必须先对文件进行复制或者剪切之后方可进行,并且每次粘贴的文件都是最近一次复制或者剪切的文件。在进行这些操作时应掌握一些键盘快捷键,可以加快操作的速度。如 Ctrl+C 组合键表示复制,Ctrl+X 组合键表示剪切,Ctrl+V 组合键表示粘贴,Ctrl+Z 组合键表示撤销。

  Windows 系统环境设置主要包括显示设置、账户设置等,通过系统设置可以帮助用户完成对系统的各项性能参数的修改,使系统更加符合用户的要求。

  另外,Windows 10 附带了许多实用小软件,下面介绍几个常用的软件工具。

1. 记事本

  记事本存放在"开始"→"Windows 附件"中,是个简单的文本编辑器,其文件扩展名为".txt"。记事本不提供复杂的排版与打印格式,不包含任何格式符、控制符和图形,只存放最基本的字符,功能比较简单,适用于最基本的文本编辑。

2. 画图软件

画图是 Windows 中的一项功能,使用该功能可以绘制、编辑图片以及为图片着色。可以像使用数字画板那样使用画图来绘制简单图片、有创意的设计,或者将文本和设计图案添加到其他图片,如那些用数码相机拍摄的照片。

画图软件存放于和记事本相同的目录下,是 Windows 中简单实用的图形处理软件,其文件扩展名默认为".png",也可以保存为 bmp、jpg、gif、tif 等其他类型的图形格式。

"画图"窗口的功能区中包括了绘图工具的集合,使用起来非常方便。可以使用这些工具创建徒手画并向图片中添加各种形状,如图 2-26 所示。需要使用某个工具时,首先用鼠标选中(鼠标光标会根据选择的工具而改变形状),再将鼠标移入绘图区并开始画图。

图 2-26　"画图"窗口

3. Windows Media Player

可以使用 Windows Media Player 查找和播放计算机或网络上的数字媒体文件,播放 CD 和 DVD,以及来自 Internet 的数据流。还可以从音频 CD 翻录音乐,将自己喜爱的音乐刻录成 CD,与便携设备同步媒体文件,以及通过在线商店查找和购买 Internet 上的内容。

可通过以下两种模式来享受媒体:"媒体库"模式和"正在播放"模式。

使用 Windows Media Player,可以在以下两种模式之间进行切换:"媒体库"模式(此模式可以全面控制播放机的大多数功能)、"正在播放"模式(提供最适合播放的简化媒体视图)。

若要从"媒体库"转至"正在播放"模式,只需单击播放机右下角的"切换到正在播放"按钮,如图 2-27 所示;若要返回到媒体库,单击播放机右上角的"切换到媒体库"按钮。

图 2-27　媒体库

2.6　拓展知识:国产操作系统"银河麒麟"

当前市场中 PC 操作系统以微软公司的 Windows 和苹果公司的 Mac OS 为主,不过我国的国产操作系统也在不断改进和完善。

银河麒麟是由国防科技大学、中软公司、联想公司、浪潮集团和民族恒星公司合作研制的闭源服务器操作系统。此操作系统是"863 计划"重大攻关科研项目,目标是打破国外操作系统的垄断,研发一套中国自主知识产权的服务器操作系统。银河麒麟完全版共包括实时版、安全版、服务器版三个版本,简化版是基于服务器版简化而成的。

麒麟软件有限公司被称为操作系统"国家队",2019 年年底由天津麒麟科技有限公司和中标软件有限公司整合而来,该公司发布的"银河麒麟"操作系统 V10 被评为"2020 年度央企十大国之重器"。2022 年,麒麟软件有限公司相继与龙芯中科技术股份有限公司、兆芯电子科技有限公司、中国联通、浪潮集团、新华三技术有限公司等企业展开合作,适配产品数量突破 70 万。

2.7 习　　题

一、选择题

1. 操作系统是_____的接口。
   A. 用户与软件　　　　　　　　　B. 系统软件与应用软件
   C. 主机与外设　　　　　　　　　D. 用户与计算机
2. Windows 是一个_____的操作系统。
   A. 单用户多任务　　　　　　　　B. 单用户单任务
   C. 多用户单任务　　　　　　　　D. 多用户多任务
3. 记录在磁盘上的一组相关信息的集合称为_____。
   A. 数据　　　　B. 外存　　　　C. 文件　　　　D. 内存
4. Windows 提供了长文件命名方法，一个文件名的长度最多可达到_____个字符。
   A. 200 多　　　B. 不超过 200　　C. 不超过 100　　D. 8
5. 根据文件命名规则，下列字符串中合法文件名是_____。
   A. ADC＊.fnt　　B. ♯ASK％.sbc　　C. CON.bat　　D. SAQ/.txt
6. Windows 的文件夹组织结构是一种_____。
   A. 表格结构　　B. 树形结构　　C. 网状结构　　D. 线形结构
7. 在 Windows 中，文件夹中包含_____。
   A. 只有文件　　B. 根目录　　　C. 文件和子文件夹　　D. 只有子文件夹
8. 在 Windows 中，桌面是指_____。
   A. 计算机桌　　　　　　　　　　B. 活动窗口
   C. "资源管理器"窗口　　　　　　D. 窗口、图标、对话框所在的屏幕
9. 退出 Windows 时，直接关闭计算机电源可能产生的后果是_____。
   A. 可能破坏尚未存盘的文件　　　B. 可能破坏临时设置
   C. 可能破坏某些程序的数据　　　D. 以上都对
10. 使用计算机的不好习惯是_____。
    A. 将用户文件建立在所用系统软件的子目录内
    B. 对重要的数据常做备份
    C. 关机前退出所有应用程序
    D. 使用标准的文件扩展名

二、实践操作题

1. 设置任务栏属性：自动隐藏任务栏，锁定任务栏，使用小图标，始终合并任务栏按钮。

2. 窗口排列：先打开多个窗口，然后通过右击任务栏空白处，实现窗口的3种排列方式，即层叠窗口、堆叠显示窗口、并排显示窗口。

3. 打开一个窗口，练习窗口最小化、最大化、向下还原、移动、调整窗口大小等操作。

4. 将屏幕分辨率设置为800像素×600像素或1024像素×768像素，观察结果；改换桌面背景，选择契合度为"拉伸"；选择屏幕保护程序为"变幻线"，在恢复时显示登录屏幕，等待时间为"5分钟"。

5. 搜索文件calc.exe，观察该文件的路径，然后建立其桌面快捷方式，命名为"我的计算器"。

6. 在"开始"→"Windows附件"中找到"画图"图标，并将其固定到"开始"屏幕。

7. 在D盘中建立一个用自己姓名命名的文件夹，并新建一个AA.txt文件，然后将AA.txt文件剪切粘贴到这个文件夹里。

8. 在D盘中建立一个用自己班级名字命名的文件夹，并将第7题中的文件夹复制粘贴到该文件夹中。

9. 建立一个本地账户，命名为AA，密码为123。

10. 设置系统的长时间格式为H:mm:ss，货币符号为$。

11. 将第7题中的文件夹属性设置为"隐藏"，然后将它显示出来，并取消其"隐藏"属性。

12. 查看Windows 10中有哪些常用快捷键，并对几个常用的快捷键进行操作试用。

项目3 学生宿舍局域网的组建及应用

本项目以"学生宿舍局域网的组建及应用"为例,介绍计算机网络硬件连接,TCP/IP协议设置,信息浏览与搜索,保存网页,网页收藏,IE设置,电子邮件收发,常用网络命令的使用等方面的相关知识。

3.1 项目导入

新生入学不久,出于学习、工作、生活和娱乐等方面的需要,同学们都已陆续购置了计算机。学生宿舍的校园网接口数有限,已经不够同学们使用,为此,同学们迫切要求解决联网问题。求人不如求自己,小李作为寝室长,与同学们商量之后,决定集资组建一个学生宿舍局域网,以便共享资源,相互学习。当然,还需要上网搜索资料,看看新闻,跟朋友聊天,收发电子邮件等。为此,他找到了计算机老师张老师,提出了以下4个问题。

(1) 组建学生宿舍局域网需要添置哪些设备?如何进行网络硬件的连接?
(2) 如何进行网络设置?
(3) 网络有哪些常规应用?
(4) 如何维护网络?

3.2 项目分析

张老师针对这些问题向小李同学一一做了详细的分析和讲解。

学生宿舍局域网一般只有几台计算机,属于小型局域网,可采用星形拓扑结构,除了已有的几台计算机(已配置网卡)外,另需添置一台交换机和若干根网线(两端带水晶头),通过网线把各台计算机连接至交换机的RJ-45端口,把接入外网的网线也连接至交换机的RJ-45端口,从而完成网络硬件的连接。

网络硬件连接好后,还需对各台计算机进行一些设置才能相互访问,这些设置主要包括TCP/IP协议的设置、计算机名和工作组名的设置等。

网络设置完成后,就可开始网络应用,如设置文件夹共享、局域网游戏等。如果已连通因特网,还可上网浏览网页,搜索资料,跟朋友聊天,收发电子邮件等。

局域网运行一段时间后,就需要对网络进行维护,网络维护主要通过一些常用工具软件来进行。

可以将上述张老师所说的内容归纳为以下四大任务:网络硬件连接;网络设置;网络应用;网络维护。

其操作流程图如图3-1所示。

图3-1 "学生宿舍局域网的组建及应用"操作流程图

3.3 相关知识点

3.3.1 网络的分类

计算机网络是将地理上分散且具有独立功能的计算机通过通信设备及传输媒体连接起来,在通信软件的支持下,实现计算机间资源共享、信息交换或协同工作的系统。

计算机网络的分类标准很多,不同的分类可以从不同角度体现网络的构成和应用特点。

(1)按网络覆盖范围分。按网络覆盖的地理范围划分,计算机网络可分为局域网、城域网和广域网。

① 局域网(local area network,LAN)。网络覆盖的地理范围有限,最大仅为几千米之内,覆盖范围可以是一个实验室、一幢大楼、一个校园、一个单位或一个企业等。局域网传输速率高,具有高可靠性和低误码率。

② 城域网(metropolitan area network,MAN)。网络覆盖的地理范围大约在几十千

米,覆盖范围是一个城市里的企业、公司、学校、机关等。城域网数据传输速率较高,误码率较低,容纳站点数较多。

③ 广域网(wide area network,WAN)。网络覆盖的地理范围很大,大约在几十至几千千米,覆盖范围可以是一个地区、省或国家,甚至跨越洲际,Internet 就是典型的广域网。广域网的数据传输速率相对较慢,信道容量相对较低。

(2) 按网络拓扑结构分。计算机网络的拓扑结构是引用拓扑学(topology)中研究与大小、形状无关的点、线关系的分析方法,把网络中的计算机和通信设备抽象为一个点,把传输介质抽象为一条线,网络就是由点和线组成的几何图形。最基本的网络拓扑结构有星形、总线型、环形和树形结构。

① 星形结构。星形结构是每个节点都由一条单独的通信线路与控制中心节点连接,采用集中控制方式的网络结构,如图 3-2 所示。其优点是:结构简单,容易实现,易于监控,便于管理,连接点的故障容易监测和排除;缺点是各站点的信息交换都需中心站点中转或控制,中心站点成为全网络的可靠性瓶颈,中心站点出现故障会导致网络的瘫痪。因此,对中心站点的配置要求很高,小型局域网常采用星形结构,网络扩充容易,维护方便。

图 3-2　星形结构

② 总线型结构。总线型结构是用一根主干线(总线)连接所有节点的拓扑结构,如图 3-3 所示。任何一个节点发送信号,沿主干线进行广播式传输,其他所有节点都能接收。其优点是:结构简单、可靠性高、易于安装和扩充,是局域网常采用的拓扑结构,某个节点的故障不会影响整个网络;缺点是:所有的数据都需要经过总线传送,总线成为整个网络的瓶颈,会因总线的故障导致整个网络瘫痪,不易管理,难以检测和定位故障。

③ 环形结构。环形结构是由线缆连接所有节点构成的一个闭合环路,如图 3-4 所示。环中数据只沿一个方向(顺时针或逆时针)传输,因此适宜使用光纤从而构成高速局域网。其优点是:传输距离远,传输延迟确定;缺点是:环中的每个节点均成为网络可靠性的瓶颈,任意节点出现故障都会造成网络瘫痪,另外,故障诊断也较困难。

图 3-3　总线型结构

图 3-4　环形结构

④ 树形结构。树形结构是从星形结构或总线型结构演变而来的,形状像一棵倒置的树,顶端是树根,树根以下带分支,每个分支还可再带分支,如图 3-5 所示。树根接收各站点发送的数据,然后根据 MAC 地址发送到相应的分支,树形拓扑结构在中小型局域网中应用较多。

图 3-5　树形结构

此外,还有网状形、混合型拓扑结构等,这些可以看成上述 4 种基本结构的某种派生。

3.3.2　网络的组成

计算机网络的硬件系统通常由服务器、工作站、传输介质、网卡、路由器、集线器、中继器、调制解调器等组成。

(1) 服务器。服务器(server)是网络运行、管理和提供服务的中枢,它影响网络的整体性能,一般在大型网络中采用大型机、中型机或小型机作为网络服务器;对于网点不多、网络通信量不大、数据安全要求不高的网络,可以选用高档微机作为网络服务器。

服务器按提供的服务被冠以不同的名称,如数据库服务器、邮件服务器、打印服务器、WWW 服务器、文件服务器等。

(2) 工作站。工作站(workstation)也称客户机(client),由服务器进行管理和提供服务的、连入网络的任何计算机都属于工作站,其性能一般低于服务器。个人计算机接入 Internet 后,在获取 Internet 的服务的同时,其本身就成为一台 Internet 网上的工作站。

服务器或工作站中一般都安装了网络操作系统,网络操作系统除具有通用操作系统的功能外,还应具有网络支持功能,能管理整个网络的资源。常见的网络操作系统主要有 Windows、Netware、UNIX、Linux 等。

(3) 传输介质。传输介质是网络中信息传输的物理通道,通常在有线网络中计算机通过光缆、双绞线、同轴电缆等传输介质连接;无线网络中则通过无线电、微波、红外线、激光和卫星信道等无线介质进行连接。

① 光缆(见图 3-6)。光缆又称光纤电缆,具有很高的带宽,是目前常用的传输介质。光缆是由许多细如发丝的玻璃纤维外加绝缘护套组成的,光束在玻璃纤维内传输,具有防电磁干扰、传输稳定可靠、传输带宽高等特点,适用于高速网络和骨干网络。利用光缆连接网络,除每端必须连接光/电转换器外还需要其他辅助设备。

图 3-6 光缆

② 双绞线(见图 3-7)。双绞线是布线工程中最常用到的一种传输介质,由不同颜色的 4 对 8 芯线(每根芯线加绝缘层)组成,每两根芯线按一定规则交织在一起,成为一个芯线对。双绞线可分为非屏蔽双绞线(UTP)和屏蔽双绞线(STP),平时接触到的大多是非屏蔽双绞线。双绞线最远传输距离是 100m。

使用双绞线组网时,双绞线和其他设备必须使用 RJ-45 接头(俗称水晶头)连接,如图 3-8 所示。

图 3-7 双绞线　　　　　　　　图 3-8 RJ-45 接头

③ 同轴电缆(见图 3-9)。同轴电缆有粗缆和细缆之分,在实际中有广泛应用,比如,有线电视网中使用的就是粗缆。无论是粗缆还是细缆,其中央都是一根铜线,外面包有绝缘层。同轴电缆由内部导体环绕绝缘层以及绝缘层外的金属屏蔽网和最外层的护套组成,这种结构的金属屏蔽网可防止中心导体向外辐射电磁场,也可用于防止外界电磁场干扰中心导体中的信号。

图 3-9 同轴电缆

(4) 网卡。网卡的正式名称是网络适配器,如图 3-10 所示,它是计算机局域网中最重要的连接设备。计算机主要通过网卡连接网络,它负责在计算机和网络之间实现双向数据传输。每块网卡均有不同的 48 位二进制网卡地址(MAC 地址),如 00-23-5A-69-7A-3D(十六进制)。

(5) 集线器。集线器(hub)是单一总线共享式设备,提供很多网络接口,负责将网络中多个计算机连在一起,如图 3-11 所示。所谓共享是指集线器所有端口共用一条数据总线,因此平均每用户(端口)传递的数据量、速率等受活动用户(端口)总数量的限制。它的主要性能参数有总带宽、端口数、智能程度(是否支持网络管理)、扩展性(可否级联和堆叠)等。

图 3-10　网卡

图 3-11　集线器

(6) 交换机。交换机(switch)又称以太网交换机,外观和集线器类似,功能比集线器强。它同样具备许多接口,提供多个网络节点互连。但它的性能却较共享集线器大为提高:相当于拥有多条总线,使各端口设备能独立地作数据传递而不受其他端口设备的影响,表现在用户面前即是各端口有独立、固定的带宽。此外,交换机还具备集线器所没有的功能,如数据过滤、网络分段、广播控制等。

(7) 中继器。在计算机网络中,信号在传输介质中传递时,由于传输介质的阻抗会使信号越来越弱,导致信号衰减失真,当网线的长度超过一定限度后,若想再继续传递下去,必须将信号整理放大,恢复成原来的强度和形状。中继器的主要功能就是将收到的信号重新整理,使其恢复到原来的波形和强度,然后继续传递下去,以实现更远距离的信号传输。

(8) 路由器。广域网通信过程是根据 IP 地址来选择到达目的地的路径,这个过程在广域网中称为路由(routing)。路由器(router)负责在各段广域网和局域网间根据 IP 地址建立路由,将数据送到最终目的地,常见的家用无线路由器如图 3-12 所示。

图 3-12　家用无线路由器

(9) 调制解调器。调制解调器是计算机与电话线之间进行信号转换的装置,由调制器和解调器两部分组成,调制器把计算机的数字信号调制成可在电话线上传输的模拟信号,在接收端,解调器再把电话线上的模拟信号转换成计算机能接收的数字信号。通过调制解调器和电话线就可以实现计算机间的数据通信。

3.3.3 网络协议和体系结构

(1) 计算机网络协议。在计算机网络中为实现计算机之间的正确数据交换,必须制订一系列有关数据传输顺序、信息格式和信息内容等的约定,这些规则、标准或约定称为计算机网络协议(protocol)。计算机网络协议一般至少包括3个要素。

① 语义:用来解释控制信息每个部分的意义。它规定了需要发出何种控制信息,以及完成的动作与做出什么样的响应。

② 语法:用来规定用户数据与控制信息的结构或格式。

③ 时序:用来说明事件实现顺序。也可称为同步或规则。

人们形象地把这3个要素描述为:语义表示要做什么,语法表示怎么做,时序表示做的顺序。

(2) 计算机网络的体系结构。在计算机网络产生之初,每个计算机厂商都有一套自己的网络体系结构,它们之间互不兼容。为此,国际标准化组织(ISO)在1979年建立了一个分委员会专门研究一种用于开放系统互联的体系结构(open systems interconnection, OSI)。"开放"这个词表示:只要遵循 OSI 标准,一个系统可以和位于世界上任何地方的、也遵循 OSI 标准的其他任何系统进行连接。这个分委员会提出了开放系统互联,即 OSI 参考模型(reference model,RM),它定义了异质系统互联的标准框架。OSI/RM 模型分为7层,从下往上分别是物理层、数据链路层、网络层、传输层、会话层、表示层和应用层,如图3-13所示。在这个 OSI 7层模型中,每一层都为其上一层提供服务,并为其上一层提供接口。当接收数据时,数据是自下而上传输;当发送数据时,数据是自上而下传输。

图3-13 OSI/RM 模型

下面简要介绍这几个层次。

① 物理层。这是整个 OSI 参考模型的最底层，它的任务就是提供网络的物理连接。物理层的传输单位为比特(bit)，即一个二进制位(0 或 1)。物理层是建立在物理介质上(而不是逻辑上)的，它提供的是机械和电气接口，其作用是使原始的数据比特流能在物理媒体上传输。

② 数据链路层。建立在物理传输能力的基础上，以帧为单位传输数据。数据链路层的主要作用是通过校验、确认和反馈重发等手段，将不可靠的物理链路改造成对网络层来说无差错的数据链路。数据链路层还要协调收发双方的数据传输速率，即进行流量控制，以防止接收方因来不及处理发送方传来的高速数据而导致缓冲器溢出及线路阻塞等问题。

③ 网络层。网络层负责由一个站到另一个站间的路径选择，它解决的是网络与网络之间，即网际的通信问题，而不是同一网段内部的事。网络层的主要功能是提供路由，即选择到达目标主机的最佳路径，并沿该路径传送数据包(分组)。此外，网络层还具有流量控制和拥塞控制的能力。

④ 传输层。传输层负责提供两站之间数据的传送。当两个站已确定建立了联系后，传输层即负责监督，以确保数据能正确无误地传送，提供可靠的端到端数据传输。

⑤ 会话层。会话层主要负责控制每一站究竟什么时间可以传送与接收数据。例如，如果有许多使用者同时进行消息的传送与接收，此时会话层的任务就要去决定是要接收消息或是传送消息，才不会有"碰撞"的情况发生。

⑥ 表示层。表示层负责将数据转换成使用者可以看得懂的有意义的内容。可能的操作包括字符转换、数据压缩与解压缩、数据加密与解密等。

⑦ 应用层。应用层负责网络中应用程序与网络操作系统间的联系，包括建立与结束使用者之间的联系，监督并管理相互连接起来的应用系统以及系统所用的各种资源。

3.3.4 Internet 基础

国际互联网又称因特网(Internet)，最早起源于 ARPAnet，是以 TCP/IP 为基础，把各个国家、各个部门、各个机构的网络互联起来的网络。Internet 将全球已有的各种通信网络，如市话交换网(PSTN)、数字数据网(DDN)、分组数据交换网等互联起来，构成一条贯通全球的"信息高速公路"。

(1) Internet 的主要服务功能。Internet 是一个最大的信息资源集散场所，它提供的信息服务功能，适应了当今社会向信息时代发展的需要。Internet 提供了多种服务功能，其中"电子邮件""WWW 浏览"和"文件传送"为用户当前使用最广泛的 3 个主要功能。

① 电子邮件 E-mail(electronic mail)。它的功能类似邮政局的功能，网上的任何用户之间可以收发电子邮件，它是网络用户之间快速、简便、高效、价廉的通信工具。与国内、国际长途电话的费用相比，电子邮件可以大大降低用户间的通信费用，因而受到广大用户的喜爱，E-mail 也已成为 Internet 诸项功能中使用频率最高的一个。

② 信息查阅(Gopher)。帮助用户查找所需要的信息，其上面存有大量的可分类检索的文字信息。Gopher 是基于菜单驱动的 Internet 信息检索工具。用户在一级级菜单的

引导下,浏览自己感兴趣的信息资源。Gopher 以文本方式展示信息,将 FTP、Telnet、Archie(文件查找服务)和 WAIS(广域网信息服务)等功能有机地链接在菜单中。Gopher 在 WWW 产生之前是最好的信息检索工具,有了 WWW 之后,很多 Gopher 服务器疏于维护,故在使用 Gopher 时要注意其中信息的准确性。

③ 万维网 WWW(world wide web)。WWW 提供一种图文并茂的信息,采用"客户机/服务器"工作方式,遵循 HTTP 协议,是 Internet 上最重要的资源。客户机上访问各种信息所使用的程序称为 Web 浏览器,例如 Internet Explorer。浏览器用于在 Web 上查看、搜索和下载各种信息。浏览器中所看到的画面称为网页,也称 Web 页。多个相关的 Web 页结合在一起便组成一个 Web 站点,放置 Web 站点的计算机称为 Web 服务器。Web 页采用超文本格式,它除了包含有文本、图像、声音、视频等信息外,还可能含有指向其他 Web 页或网页本身某特定位置的超链接。

一个 Web 站点上存放了许许多多页面,其中最引人注意的是主页(home page)。主页是指一个 Web 站点的首页,从该页出发可以链接到本站点的其他页面,也可以链接到其他站点,这样就可以方便地链接到世界上任何一个 Internet 节点。主页文件名一般为 index.htm,有时也用 default.htm 来表示。为了使用户能找到位于整个 Internet 范围的某个网页,WWW 中使用统一资源定位器 URL(uniform resource locator)或网页地址表示一个网页。URL 或网页地址由三部分组成:协议名、主机域名、网页路径及文件名。例如,某个 WWW 网站中的某个网页的地址如图 3-14 所示。

图 3-14　网页地址

用户只要在浏览器中输入网页地址,就可以看到该网页的内容。

④ 文件传输(file transfer protocol,FTP)。FTP 是由文件传送协议支持的,用于连接到 Internet 网上的两台计算机之间文件的互传。使用 FTP 几乎可以传送任何类型的文件,如文本文件、二进制文件、图像文件、声音文件、压缩文件等。只要用户登录到某个 FTP 服务器,就可以把它当作自己远方的一个"大硬盘",其上的文件可以复制到自己的本地计算机上,称为下载;如果对方允许,还可以把自己的文件传到对方的磁盘上,称为上传。FTP 实现了不同结构的网络之间计算机与 FTP 服务器的双向文件传送。

⑤ 新闻组(Usenet,又称 Newsgroup)。这里所谓的"新闻"是指大家共同关心和讨论的问题。Usenet 拥有许多新闻组,用于发布公告、新闻及文章,供大家共享。同时还提供了可供大众交流思想、信息和看法的论坛。新闻组以纯文本的方式展示信息,有至少两周的存活期。与 WWW 相比,用户在发表观点时,由于有公共的服务器为用户服务,所以信息上载到网络中的实现速度比 WWW 快,但是不能以多媒体的方式展示信息。

⑥ 电子公告栏 BBS(bulletin board system,电子公告板系统)。现在国内统称为论坛。

⑦ 远程登录 Telnet。远程登录在网络通信协议 Telnet 的支持下,使用户的计算机

暂时成为远程计算机的一个终端。要在远程计算机上登录,首先要成为远程计算机系统的合法用户,并拥有相应的用户名和口令。一旦登录成功后,用户便可以实时使用远程计算机对外开放的相应资源。

(2) TCP/IP。TCP/IP(传输控制协议/网际协议)是一种网络通信协议,它规范了网络上的所有通信形式,尤其是一个主机与另一个主机之间的数据往来格式以及传送方式。TCP/IP 是 Internet 的基础协议,也是一种计算机数据打包和寻址的标准方法。而 TCP 协议和 IP 协议是保证数据完整传输的两个基本的重要协议。

TCP(transmission control protocol)保证传输的信息是正确的,IP(Internet protocol)负责按地址在计算机之间传输信息。TCP/IP 协议簇把整个协议分成网络接口层、网络层、传输层、应用层 4 个层次,它和 OSI 分层之间的关系如表 3-1 所示。

表 3-1 TCP/IP 分层模式与 OSI 分层模式对比

OSI 分层模式	TCP/IP 分层模式	TCP/IP 常用协议
应用层	应用层	DNS、HTTP、SMTP、POP、Telnet、FTP、NFS
表示层		
会话层		
传输层	传输层	TCP、UDP
网络层	网络层	IP、ICMP、IGMP、ARP、RARP
数据链路层	网络接口层	Ethernet、ATM、FDDI、ISDN、TDMA
物理层		

TCP/IP 包括两个子协议:一个是 TCP,另一个是 IP。虽然从名字上看 TCP/IP 只包括两个协议,但 TCP/IP 实际上是一组协议(协议簇),它包括上百个各种功能的协议,如远程登录 Telnet、文件传输 FTP 和电子邮件等。在 TCP/IP 中,TCP 和 IP 各有分工。TCP 是 IP 的高层协议,TCP 在 IP 之上提供了一个可靠的连接。TCP 用于处理大量数据,也用于处理传输中某处损坏了的数据,能保证数据包的传输以及正确的传输顺序,并且它可以确认数据包头和包内数据的正确性。如果在传输期间出现丢包或错包的情况,TCP 负责重新传输出错的数据包,这样的可靠性使得 TCP/IP 在会话式传输中得到充分应用。IP 为 TCP/IP 协议簇中的其他所有协议提供"包传输"功能,IP 仅为计算机上的数据提供一个最有效的无连接传输系统,也就是说,IP 数据包不能保证到达目的地,接收方也不能保证按顺序收到 IP 数据包,它仅能确认 IP 包头的完整性。最终确认数据包是否到达目的地,还要依靠 TCP,因为 TCP 是一种可靠的面向连接的协议。总之,IP 保证数据的传输,TCP 保证数据传输的质量。

(3) Internet 的地址和域名。

① IP 地址。根据 TCP/IP,连接在 Internet 上的每个设备都必须有一个 IP 地址,它是一个 32 位的二进制数,可以用十进制数字形式书写,每 8 个二进制位为一组,用一个十进制数来表示,即 0~255。每组之间用"."隔开,如 168.192.43.10。

IP地址包括网络号和主机号两部分,如图3-15所示,这样做是为了方便寻址。实际上,Internet是由许多不同的各种小网络互联而成的,这些小网络分属于不同的企业或公司,这些小网络称为子网。每个子网络都连接着若干个主机。IP地址中的网络号部分用于标明这些不同的子网,而主机号部分用于标明每一个子网中的主机地址。IP地址主要分为A、B、C、D、E这5类,如图3-16所示。

| 网络号 | 主机号 |

图3-15 IP地址结构

A类	0	网络号(7位)	主机号(24位)
B类	10	网络号(14位)	主机号(16位)
C类	110	网络号(21位)	主机号(8位)
D类	1110	多播地址(28位)	
E类	11110	保留用于将来和实验使用(27位)	

图3-16 IP地址分类

- A类大型网。高8位代表网络号,后3个8位代表主机号,网络号的最高位必须是0。十进制的第1组数值所表示的网络号范围为0~127,由于0和127有特殊用途,因此,有效的地址范围是1~126。每个A类网络可连接16777214($=2^{24}-2$)台主机。
- B类中型网。前2个8位代表网络号,后2个8位代表主机号,网络号的最高位必须是10。十进制的第1组数值范围为128~191。每个B类网络可连65534($=2^{16}-2$)台主机。
- C类小型网。前3个8位代表网络号,低8位代表主机号,网络号的最高位必须是110。十进制的第1组数值范围为192~223。每个C类网络可连接254($=2^8-2$)台主机。
- D类为特殊地址,前4位必须是1110,用于多播传送,十进制的第1组数值范围为224~239。
- E类也为特殊地址,前5位必须是11110,保留用于将来和实验使用,十进制的第1组数值范围为240~247。

另外,还有几种特殊用途的IP地址。

- 主机号全为0的IP地址称为网络地址,如129.5.0.0就是B类网络地址。
- 主机号全为1(即255)的IP地址称为广播地址,如129.5.255.255就是B类的广播地址。
- 网络号不能以十进制的127作为开头,在地址中数字127保留给系统作诊断用,如127.0.0.1用于回路测试。网络号全为0和全为1的IP地址被保留使用。

只能在局域网中使用、而不能在Internet上使用的IP地址称有私有IP地址,私有IP地址有:

10.0.0.0~10.255.255.255,表示1个A类地址。

172.16.0.0～172.31.255.255，表示 16 个 B 类地址。

192.168.0.0～192.168.255.255，表示 256 个 C 类地址。

子网掩码的作用是识别子网和判别主机属于哪一个网络。子网掩码是用来判断任意两台计算机的 IP 地址是否属于同一子网络的依据。最简单的理解就是两台计算机各自的 IP 地址与子网掩码进行"与"(and)运算后，如果得出的结果是相同的，则说明这两台计算机是处于同一个子网络上的，可以直接进行通信。子网掩码也用 32 位二进制数表示，采用十进制记数法。设置子网掩码的规则是：与 IP 地址的网络号部分相对应的位用"1"表示，与 IP 地址的主机号部分相对应的位用"0"表示。如 A 类的子网掩码为 255.0.0.0，B 类的子网掩码 255.255.0.0，C 类的子网掩码为 255.255.255.0。

② Internet 的域名。在 Internet 上，对于众多以数字表示的一长串 IP 地址，人们记忆起来是很困难的。为此，Internet 引入了一种字符型的主机命名机制即域名系统 DNS（domain name system），用来表示主机的 IP 地址。Internet 设有一个分布式命名体系，它是一个树状结构的 DNS 服务器网络。每个 DNS 服务器保存有一张表，用来实现域名和 IP 地址的转换，当有计算机要根据域名访问其他计算机时，它就自动执行域名解析，根据这张表，把已经注册的域名解析为 IP 地址。如果此 DNS 服务器在表中查不到该域名，它会向上一级 DNS 服务器发出查询请求，直到最高一级的 DNS 服务器返回一个 IP 地址或返回未查到的信息。

Internet 的域名采用分级的树形结构，此结构称为"域名空间"，如图 3-17 所示。

图 3-17 Internet 的域名结构

计算机域名的命名方法是：以圆点(.)隔开的若干级域名，从左到右，从计算机名开始，域的范围逐步扩大，典型的结构如下。

计算机名.三级域名.二级域名.顶级域名

例如，www.tsinghua.edu.cn 指的是中国（cn）、教育网（edu）、清华大学（tsinghua）、Web 主机（www）。

为保证域名系统的通用性，Internet 规定了一些正式的通用标准，从最顶层至最下层，分别称为顶级域名、二级域名、三级域名等。表 3-2 列出了一些常用的顶级域名。

表 3-2 常用的顶级域名

域名	含义	域名	含义	域名	含义
gov	政府部门	ca	加拿大	edu	教育类
com	商业类	fr	法国	net	网络机构
mil	军事类	hk	中国香港	org	非营利组织
cn	中国	info	信息服务	web	与 WWW 有关单位
jp	日本	int	国际机构		

3.3.5 浏览器

浏览器是万维网服务器的客户端浏览程序,它可以向万维网的 Web 服务器发送各种请求,并对从服务器发来的超文本信息和各种多媒体数据格式进行解释、显示和播放。目前,常用的浏览器主要是 Microsoft 的 IE 和 Edge、Mozilla 的 Firefox、Google 的 Chrome 等。

Windows 10 提供了一种新的上网浏览器 Edge,来代替原来的 IE 浏览器。Edge 浏览器的工作界面主要由选项卡栏、地址栏、工具栏、网页浏览区等组成,如图 3-18 所示。

图 3-18 Edge 浏览器工作界面

- 选项卡栏:当在浏览器中打开多个网页时,可以通过单击选项卡来快速切换至所需页面。
- 地址栏:在"地址"文本框中输入网址,按回车键就可以打开网页。
- 工具栏:显示浏览网页时常用的工具按钮("收藏夹""设置及其他"等按钮)。
- 网页浏览区:网页浏览区是浏览网页的主要区域,用于显示当前网页的内容,包括文字、图片、音乐以及视频等各种信息。

3.3.6 电子邮件

电子邮件是通过 Internet 邮寄的电子信件，它具有方便、快捷等特点，已逐渐成为现代人生活交往中重要的通信工具。

目前大多数的电子邮箱服务主要有 Web 页面邮箱和 POP3 邮箱，Web 页面邮箱只能通过 Web 页面收发电子邮件，POP3 邮箱的服务器主要支持 POP3 协议，通过此协议使用各种收发邮件的软件，可以在不登录 Web 页面的情况下收发电子邮件。

(1) 电子邮件的功能。

① 信件的起草与编辑功能。供用户撰写信件生成待发的电子文档，另外还可以编辑、修改收发的信件。

② 信件的发送功能。将编辑好的电子文档发送出去，发送同时也可以附带发送其他电子文档。可以给一个用户发，也可以同时发给多个用户。

③ 信件收取与检索功能。可以对收到的信件按一定条件检索和读取。检索条件可以是发信人、收信时间、信件标题等。

④ 信件回复和转发功能。用户在收到信件后，可直接单击"回复"按钮给发件人回信，也可将信件转发给他人。

⑤ 退信说明功能。若信件没有成功传给收件人，电子邮件系统会返回退信的理由给发件人。

⑥ 信件的管理功能。供用户对收到的信件进行管理。

⑦ 安全功能。提供邮件账号和口令的认证，可进行邮件加密传送。

(2) 电子邮件的地址。电子邮件地址是电子邮件系统识别发件人、收件人及传送邮件的唯一标识。其格式为"用户名@邮件服务商的域名"。如 user@163.com，其中，user 为用户名，163.com 为邮件服务商的域名。

任何一个 E-mail 地址都是唯一的。

3.4 项 目 实 施

3.4.1 任务1：网络硬件连接

小李同学要组建学生宿舍局域网，需事先准备好一个交换机、若干根双绞线(两端带水晶头)，将每台计算机的操作系统、网卡驱动程序等安装完成。

步骤1：通过网线(双绞线)将寝室里每台计算机连接到交换机的 RJ-45 端口，如需连接到外网(如校园网)，还需把连接至外网的网线接入到交换机的 RJ-45 端口，以便通过外网连接到因特网，如图 3-19 所示。

步骤2：打开计算机和交换机的电源，观察交换机和网卡指示灯的变化，如果网卡指

图 3-19　拓扑结构图

示灯和交换机上与插入网线端口对应的指示灯闪烁变化,则说明计算机和交换机之间的连接良好,否则应检查网线连接是否出错。

【家庭联网说明】　学校网络一般通过光缆(固定 IP 地址)与外界连接,所以用户不需要申请账号进行拨号连接(动态 IP 地址),而一般家庭光纤上网需要先到中国电信或中国联通等申请账号,实现开户,然后在计算机上创建宽带连接(虚拟拨号)。具体操作步骤如下。

(1) 先按图 3-20 所示连接好各设备。

图 3-20　家庭光纤上网连接结构图

(2) 启动个人计算机后,单击桌面右下角的"网络"→"网络和 Internet 设置"→"网络和共享中心"链接,打开"网络和共享中心"窗口,如图 3-21 所示。

图 3-21　"网络和共享中心"窗口

（3）单击"设置新的连接或网络"链接，出现"设置连接或网络"窗口，依据连接向导的提示，逐步完成连接设置。

如果家庭有两台或两台以上计算机需要上网，可添置一台家用路由器，则将这些计算机用网线连接到路由器的 LAN 端口，再用网线把光猫连接到路由器的 WAN 端口，根据路由器说明书，在路由器中设置好 PPPoE 连接、账户、密码、DHCP（动态主机配置协议）服务等就可以了。

3.4.2 任务2：网络设置

网络硬件连接成功后，需要设置 TCP/IP、计算机名和工作组名等才可以实现各台计算机间的相互访问。

1. TCP/IP 设置

步骤 1：单击桌面右下角的"网络"→"网络和 Internet 设置"→"网络和共享中心"链接，打开"网络和共享中心"窗口。

步骤 2：单击左侧窗格中的"更改适配器设置"链接，进入"网络连接"页面，右击"以太网"图标，在弹出的快捷菜单中选择"属性"命令，打开"以太网 属性"对话框，如图 3-22 所示。

微课：网络设置

步骤 3：在如图 3-22 所示的对话框中选择"Internet 协议版本 4(TCP/IPv4)"选项后，单击"属性"按钮，打开"Internet 协议版本 4(TCP/IPv4)属性"对话框，如图 3-23 所示。

图 3-22 "以太网 属性"对话框

图 3-23 "Internet 协议版本 4(TCP/IPv4)属性"对话框

步骤 4：选中"使用下面的 IP 地址"单选按钮和"使用下面的 DNS 服务器地址"单选按钮，然后根据实际情况输入相应 IP 地址、子网掩码、默认网关（一般为连接外网的路由器的IP地址)和DNS服务器地址等,单击"确定"按钮,返回"以太网 属性"对话框,再单击"关闭"按钮。

各台计算机的IP地址要互不相同,且必须在同一子网内,否则不能相互访问。如果网络中有DHCP服务器,也可选中如图3-23所示的界面中"自动获得IP地址"单选按钮,省去设置IP地址的麻烦。

2. 计算机名和工作组名设置

局域网内各计算机间除了通过IP地址相互访问外,还可以通过计算机名来访问,相互访问的计算机必须在同一工作组内(工作组名要相同)。

步骤1：右击桌面上的"此电脑"图标,在弹出的快捷菜单中选择"属性"命令,在打开的"系统"窗口中单击"更改设置"链接,打开"系统属性"对话框,在"计算机名"选项卡中单击"更改"按钮,打开"计算机名/域更改"对话框,如图3-24所示。

步骤2：输入自己的计算机名和工作组名(默认为WORKGROUP),单击"确定"按钮;接着弹出一个对话框,提示"必须重新启动计算机才能应用这些更改",单击"确定"按钮,并重新启动计算机。

每台计算机的计算机名要互不相同,而工作组名要相同。

图3-24 "计算机名/域更改"对话框

3.4.3 任务3：网络应用

1. 信息浏览与搜索

Microsoft Edge浏览器的最终目的是浏览Internet的信息,并实现信息交换的功能。搜索引擎是专门用来查询信息的网站,这些网站可以提供全面的信息查询。目前,常用的搜索引擎有百度、谷歌、搜狐、必应、360搜索以及搜搜等。

微课：网络应用

步骤1：打开Microsoft Edge浏览器,在浏览器的地址栏中输入要浏览的网页地址,例如,新浪网站网址https://www.sina.com.cn,然后根据需要浏览各种信息,如图3-25所示。

步骤2：如果要查找资料,可以在百度网站(www.baidu.com)的搜索栏中输入要查找的内容,例如"计算机等级考试",如图3-26所示,在搜索结果中单击某个超链接,即可查看具体内容。

图 3-25 新浪网首页

图 3-26 搜索结果

2. 保存网页

用户查找到相关信息后就可以根据需要将内容保存下来，可以保存网页中的文字、图片等，甚至可以保存整个网页。

步骤1：保存网页中的文字。在打开的网页中选中相应文字，然后复制；再根据自己的需要，将复制的文字粘贴到记事本或 Word 文档中并保存。

步骤2：保存网页中的图片。右击网页中的图片，在弹出的快捷菜单中选择"将图片另存为"命令，打开"另存为"对话框，根据需要，选择保存位置、保存类型，并为图片取名，最后单击"保存"按钮，如图 3-27 所示。

图 3-27 "另存为"对话框

步骤3：保存整个网页。Microsoft Edge 浏览器没有保存整个网页的功能，要保存整个网页，单击工具栏中的"设置及其他"按钮 ，选择"更多工具"→"使用 Internet Explorer 打开"命令，打开 Internet Explorer 浏览器。

步骤4：在当前网页的窗口中选择"工具"→"文件"→"另存为"（或"页面"→"另存为"）命令，打开"保存网页"对话框，如图 3-28 所示，选择合适的保存位置、文件名、保存类型、编码等，单击"保存"按钮，从而将当前网页保存下来。

3. 网页收藏

将喜欢的网页地址添加到 Microsoft Edge 浏览器的收藏夹中，以便随时查看。

步骤1：网页收藏。在 Microsoft Edge 浏览器中打开某个网站，单击工具栏中的"添加到收藏夹或阅读列表"按钮☆，在下拉菜单中选择"收藏夹"选项，在"名称"文本框中输入所收藏网页的名称，在"保存位置"列表框中选择网页收藏位置（收藏夹栏），如图 3-29 所示，单击"添加"按钮，完成网页的收藏。

71

图 3-28 "保存网页"对话框

图 3-29 网页收藏界面

步骤 2：打开"收藏夹栏"。单击工具栏中的"设置及其他"按钮，选择"设置"命令，打开"设置"下拉菜单，设置"显示收藏夹栏"为"开"，如图 3-30 所示。

步骤 3：在 Microsoft Edge 浏览器的收藏夹栏中，即可查看已成功收藏的网页，如图 3-31 所示，单击想要浏览的收藏网页即可打开。

项目3 学生宿舍局域网的组建及应用

图 3-30 打开"收藏夹栏"

图 3-31 查看已成功收藏的网页

4. IE 设置

(1) 常规设置

步骤 1：选择"开始"→"Windows 附件"→Internet Explorer 命令，打开 IE 11 浏览器。

步骤 2：选择"工具"→"Internet 选项"命令，打开"Internet 选项"对话框，如图 3-32 所示。

步骤 3：选择"常规"选项卡，在"主页"文本区中可输入主页地址（如 https://www.baidu.com）。

步骤 4：单击如图 3-32 所示的"浏览历史记录"区域中的"设置"按钮，打开"网络数据设置"对话框，在该对话框中可设置临时文件夹使用的磁盘空间，单击"移动文件夹"按钮可设置临时文件夹位置。在"历史记录"选项卡中可设置已访问过的网页的保存天数（默认保存 20 天）。

(2) 高级选项设置

步骤 1：选择"Internet 选项"对话框中的"高级"选项卡后，界面如图 3-33 所示。

图 3-32 "Internet 选项"对话框

图 3-33 "高级"选项卡

步骤 2：然后设置符合自己要求的选项，如取消选中"在网页中播放动画"复选框，设置完成后，单击"确定"按钮。

5. 电子邮件收发

要收发电子邮件必须先申请电子邮箱,很多网站都提供免费的邮箱服务。申请到电子邮箱后,可以在已申请邮箱的网站中收发邮件。下面以"126 网易免费邮"网站(https://www.126.com)为例,介绍如何申请邮箱及收发邮件。

(1) 申请免费邮箱

步骤 1:打开 Microsoft Edge 浏览器,在浏览器的地址栏中输入 https://www.126.com,进入"126 网易免费邮"网站,单击网页中的"注册新账号"按钮,打开免费邮箱注册页面,如图 3-34 所示。

图 3-34 注册免费邮箱

步骤 2:根据提示,填写邮箱地址、密码、手机号码等相关资料,用手机扫描二维码,使用短信进行验证,选中"同意《服务条款》《隐私政策》和《儿童隐私政策》"复选框,然后单击网页下方的"立即注册"按钮。提交成功后,你就拥有了一个 126 免费邮箱,此时就可以进行邮件收发了。

(2) 收发电子邮件

假若已经成功申请了免费电子邮箱 tzyabc@126.com。

步骤 1:在 Microsoft Edge 浏览器的地址栏中输入 https://www.126.com,进入"126 网易免费邮"网站,单击"密码登录"按钮,输入邮箱用户名 tzyabc 和邮箱密码后,单击"登录"按钮,进入邮件收发页面,如图 3-35 所示。

图 3-35 邮件收发页面

步骤 2：在如图 3-35 所示页面中，页面的左上角有"收信"和"写信"按钮，单击"收信"按钮，在右侧窗格中列出收到的邮件，单击收到的邮件主题可打开邮件，如果邮件有附件则可以单击"下载"按钮，将附件下载保存到自己的计算机上。

步骤 3：单击"写信"按钮，在"收件人"文本框中输入收件人的电子邮件地址（如果不止一个收件人中间用英文的分号隔开）；在"主题"文本框中输入邮件的主题；在"正文区"中输入邮件的具体内容；如果有附件要发送，则单击"添加附件"按钮，根据提示选择需要发送的文件，可添加多个附件，同时要注意附件的大小。填写完成后，单击"发送"按钮，如图 3-36 所示，就可以将邮件发送出去了。

图 3-36 发送邮件

邮件发送成功后，邮件将保存在"已发送"文件夹中。

3.4.4 任务4：网络维护

局域网运行一段时间后，可能会出现一些网络问题，此时就需要对网络进行维护，网络维护主要通过一些常用网络工具来进行，如 ipconfig、ping、telnet 等命令。

微课：网络维护

1. ipconifg 命令的使用

ipconfig 命令主要用来查看 TCP/IP 协议的具体配置信息，如网卡的物理地址（MAC 地址）、主机的 IPv4 地址、子网掩码以及默认网关等，还可以查看主机名、DNS 服务器等信息。

步骤1：在"开始"菜单的"搜索"文框中输入 cmd 命令，打开"命令提示符"窗口。
步骤2：然后输入 ipconfig /all 命令，查看 TCP/IP 的具体配置信息，如图 3-37 所示。

图 3-37　ipconfig 命令的使用

2. ping 命令的使用

ping 命令用来检查网络是否连通，以及测试与目标主机之间的连接速度。ping 命令自动向目标主机发送一个 32 字节的消息，并计算到目标站点的往返时间。该过程在默认情况下独立进行 4 次。往返时间低于 400ms 即为正常，超过 400ms 则较慢。如果返回 Request timed out（超时）信息，则说明该目标站点拒绝 ping 请求（通常是被防火墙阻挡）或连接不通等。

步骤1：在"命令提示符"窗口中输入 ping 127.0.0.1 命令，查看显示结果。如果能 ping 成功，说明 TCP/IP 已正确安装，否则说明 TCP/IP 没有安装或有错误等。

步骤 2：如果以上测试成功，输入"ping 默认网关"命令，其中的"默认网关"就是如图 3-37 中所示默认网关的 IP 地址，查看显示结果。如果能 ping 成功，说明主机到默认网关的链路是连通的，否则有可能是网线没有连通、IPv4 地址或子网掩码设置有误等。

步骤 3：如果以上测试均成功，输入 ping 221.12.33.227 命令，查看显示结果。其中的 221.12.33.227 是 Internet 上某服务器的 IP 地址。如果 ping 成功，说明主机能访问 Internet，否则说明默认网关设置有误或默认网关没有连接到 Internet 等。

步骤 4：如果以上测试均成功，输入 ping www.baidu.com 命令，查看显示结果，如图 3-38 所示。如果 ping 成功，说明 DNS 服务器工作正常，能把网址（www.baidu.com）正确解释为 IP 地址（180.101.49.11），否则说明主机 DNS 服务器的设置有误等。

图 3-38 ping 命令的使用

3. telnet 命令的使用

Internet 远程登录是指用户可以在本地自己的终端上，通过 Internet 与另一个地方的主机进行交互。也就是说，如果登录成功，本地用户就像远程主机的用户一样，可以在权限范围内对远程主机进行操作。Internet 专门设立了 Telnet 协议，为远程登录提供服务。用 telnet 命令远程登录某主机，一般需要账号和密码，有些主机也可使用 guest（来宾）来登录。下面用 telnet 命令来远程登录到复旦大学的 BBS 论坛（bbs.fudan.edu.cn）。

步骤 1：出于安全考虑，Telnet 客户端程序在 Windows 10 中默认是关闭的，使用 Telnet 客户端前必须启用相应程序。在控制面板中单击"程序和功能"选项，在打开窗口的左侧窗格中单击"启用或关闭 Windows 功能"选项，打开"Windows 功能"对话框，如图 3-39 所示。

图 3-39 "Windows 功能"对话框

步骤 2：选中 Telnet Client 复选框，单击"确定"按钮，即可启用 Telnet 客户端程序。

步骤 3：在"命令提示符"窗口中运行 telnet bbs.fudan.edu.cn 命令，本机便开始与远程 BBS 主机进行连接。连接成功后，远程主机要求输入用户名和密码，如图 3-40 所示。

图 3-40　远程登录"复旦大学 BBS"论坛

步骤 4：在"请输入账号"提示符右侧，输入 guest 匿名登录，登录成功后，用户即可按照屏幕的提示进行操作。

3.5　总结与提高

对于一般家庭而言，要实现上网，必须先到中国电信（或中国联通）申请上网的账户和密码，然后在自己的计算机上创建网络连接，利用申请到的账户和密码实现虚拟拨号上网。

局域网中的每台计算机必须要有不同的 IP 地址（一般采用私有 IP 地址）、不同的计算机名和相同的工作组名，才能相互访问，实现文件夹共享、局域网游戏等。有的同学购置了笔记本电脑（安装了无线网卡），通过无线路由器，经过相关设置后，可实现无线上网。

要上网就离不开使用 Web 浏览器，目前应用最广泛的还是微软公司的 IE（Internet explorer）浏览器，通过 IE 可以搜索资料、阅读新闻、下载软件等，还可以通过 IE 的"安全"属性设置阻止进入一些不健康的网站。

E-mail 的出现大大方便了人们的联系，要能够收发电子邮件必须先申请电子邮箱。很多网站都提供免费的邮箱服务，申请到电子邮箱后，可以在申请邮箱的网站中收发邮件，也可以不登录网站直接在 Outlook 中进行。当然，要使用 Outlook 收发邮件，必须先进行 Outlook 的相关设置。

网络维护主要通过一些常用网络工具来进行，如用 ipconfig、ping、telnet 等命令。

3.6 拓展知识：量子科学实验卫星"墨子号"

中国科学技术大学潘建伟院士及同事彭承志、陈宇翱、印娟等利用"墨子号"量子科学实验卫星，2022年首次实现了地球上相距1200千米两个地面站之间的量子态远程传输，向构建全球化量子信息处理和量子通信网络迈出重要一步。

2012年，潘建伟团队在国际上首次实现百余千米自由空间量子隐形传态。10年后，他们成功实现突破，创造了1200千米地表量子态传输的新世界纪录。

3.7 习 题

一、选择题

1. 计算机网络是计算机技术和_____相结合的产物。
   A. 网络技术　　　　B. 通信技术　　　　C. 人工智能技术　　　D. 管理技术
2. 计算机网络最突出的特点是_____。
   A. 资源共享　　　　B. 运算精度高　　　C. 运算速度快　　　　D. 内存容量大
3. 下列属于计算机网络通信设备的是_____。
   A. 显卡　　　　　　B. 交换机　　　　　C. 音箱　　　　　　　D. 声卡
4. 计算机网络中，英文缩写LAN的中文名是_____。
   A. 广域网　　　　　B. 城域网　　　　　C. 局域网　　　　　　D. 无线网
5. 在OSI 7层结构模型中，处于数据链路层与传输层之间的是_____。
   A. 物理层　　　　　B. 网络层　　　　　C. 会话层　　　　　　D. 表示层
6. 互联网Internet的最早起源于_____。
   A. Intranet　　　　　B. ARPAnet　　　　C. OSI　　　　　　　D. WLAN
7. 以下不是TCP/IP参考模型的层次的是_____。
   A. 网络层　　　　　B. 表示层　　　　　C. 传输层　　　　　　D. 应用层
8. IP地址包括_____。
   A. 网络号　　　　　　　　　　　　　　B. 网络号和主机号
   C. 网络号和MAC地址　　　　　　　　D. MAC地址
9. 电子邮件地址的一般格式为_____。
   A. IP地址@域名　　　　　　　　　　B. 用户名@域名
   C. 用户名　　　　　　　　　　　　　D. 用户名@IP地址
10. SMTP是_____协议。
    A. 简单邮件传送　　　　　　　　　　B. 文件传输

C. 接收邮件　　　　　　　　D. 因特网消息访问

二、实践操作题

1. 设置浏览器。

（1）设置 Edge 浏览器,使主页地址为 https://www.baidu.com。

（2）设置 Edge 浏览器的收藏夹,增加新的收藏夹,命名为"测试"。

（3）设置 IE 浏览器,使得浏览 Internet 网页时不播放声音。

（4）设置 IE 浏览器,使得给链接加下划线的方式为"悬停"。

2. 申请一个 126 网易免费邮箱,然后网站中给 a1b1_c1@yahoo.com.cn 发送一封电子邮件,主题是"作业",内容是"老师您好！我已经成功申请了 126 网易免费邮箱"。

学习情境 二

学习文字处理（Word 2019）

- 项目4 自荐书的制作
- 项目5 艺术小报排版
- 项目6 毕业论文排版
- 项目7 批量制作信封和成绩单

项目4　自荐书的制作

本项目以"自荐书的制作"为例,介绍文档处理软件 Word 2019 的页面设置、字体与段落设置、页面边框、表格的制作方法、边框和底纹、项目符号和编号、文字排列方向、打印预览及打印输出等方面的相关知识。

4.1　项目导入

小李同学大学快毕业了,即将面临找工作的问题,通过学哥及学姐们的介绍和学校的就业指导课,小李了解到找工作前要精心制作一份自荐书。小李觉得,要想在激烈的人才竞争中占有一席之地,除了有过硬的知识储备和工作能力外,还应该让别人尽快、全面地了解自己。一份精美的自荐书无疑将给别人留下良好的第一印象,毫不夸张地说,自荐书制作得好坏将直接影响小李的前途和命运。因此,小李找到计算机老师张老师,请教以下问题。

(1)自荐书中应包含哪些内容?

(2)如何制作一份具有自身特色的自荐书?

张老师帮助小李分析了他的特点和专业优势后,建议他借助文档处理软件 Word 2019 来制作一份自荐书。以下是张老师对制作自荐书的详细讲解。

4.2　项目分析

自荐书指由求职者向招聘者或招聘单位所提交的一种信函,它向招聘者表明求职者拥有能够满足特定工作要求的技能、态度、资质和资信。一封成功的自荐书是就是一件营销武器,证明求职者能够解决招聘者的问题或者满足他的特定需要,因此确保求职者能够得到面试的机会。

在写自荐书之前,有必要明确自荐书所要达到的效果:让招聘者对自荐书过目难忘,不忍释手,让招聘者立刻明白并且相信求职者的工作能力。然而要写得好,并非是一件容易的事。绝大多数的自荐书如同记流水账,毫无重点,无法给招聘者留下深刻的印象。

自荐书是求职者生活、学习、经历和成绩的概括和集中反映。一般,自荐书应包括三部分:封面、自荐信和个人简历。内容主要涉及:申请求职的背景、个人基本情况、个人专业强项与技能优势、求职的动机与目的等。

可见,制作自荐书一般可分为三个步骤。

第一,制作封面,设计好封面的布局,封面上的内容主要是求职者的毕业学校、专业、姓名、联系电话等信息。

第二,制作自荐信,用文字叙述自己的爱好、兴趣、专业等。要注意自荐信内容的多少,应用的字体、字号及行间距、段间距等,目的是使自荐书的内容在页面中分布合理,不要留太多空白,也不要太拥挤。

第三,制作个人简历,用表格介绍自己的学习经历、工作经历等,包括个人基本情况、联系方式、受教育情况、爱好特长等内容,为了使个人简历清晰、整洁、有条理,最好以表格的形式完成。

自荐书制作完成后,可先用打印预览确保打印出来的内容与所期望的一致(如有出入,可返回进行修改),然后进行打印输出。

由以上分析可知,"自荐书的制作"可以分解为以下五大任务:页面设置;制作封面;制作自荐信;制作表格简历;打印输出。

其操作流程图如图 4-1 所示,完成效果图如图 4-2 所示。

图 4-1 "自荐书的制作"操作流程图

图 4-2 "自荐书的制作"的部分完成效果图

4.3 相关知识点

1. Word 2019 工作界面

Office 2019 办公组件很多,功能也各不相同,但是工作界面都大同小异,主要包括快速访问工具栏、标题栏、功能选项卡、功能区、文档编辑区、状态栏、视图栏和缩放比例工具等,Word 2019 的工作界面如图 4-3 所示。

2. 字符和段落的格式化

字符的格式化,包括对各种字符的字体、大小、字形、颜色、字符间距、字符之间的上下位置及文字效果等进行设置。

段落的格式化,包括对段落左右边界的定位、段落的对齐方式、缩进方式、行间距、段间距等进行设置。

3. 表格的制作

表格是由若干行和若干列组成,行和列交叉成的矩形部分称为单元格,单元格中可以填入文字、数字、图片等。

表格可用来组织文档的排版,文档中经常需要使用表格来组织有规律的文字和数字,

图 4-3　Word 2019 工作界面

有时还需要用表格将文字段落并行排列。

对表格的编辑,一是以表格为对象进行编辑,包括表格的移动、对齐方式、文字环绕,设置行高和列宽,设置边框和底纹等;二是以单元格为对象进行编辑,包括选定单元格区域,单元格的插入和删除,单元格的合并和拆分,单元格中对象的对齐方式等。

4. 制表位

制表位是指水平标尺上的位置,它指定文字缩进的距离或一栏文字开始的位置。制表位可以让文本向左、向右或居中对齐;或者将文本与小数字符或竖线字符对齐。制表位是一个对齐文本的有力工具。

设置制表位的方法:单击水平标尺最左端的"左对齐式制表符" ,直到它更改为所需制表符类型:"左对齐式制表符" 、"居中式制表符" 、"右对齐式制表符" 、"小数点对齐式制表符" 或"竖线对齐式制表符" ,然后在水平标尺上单击要插入制表位的位置。

5. 项目符号和编号

项目符号和编号是放在文本前的点、数字或其他符号,起到强调作用,用于对一些重要条目进行标注或编号,用户可以为选定段落添加项目符号或编号。合理使用项目符号和编号,可以使文档的层次结构更清晰、更有条理。Word 提供了多种项目符号、编号的形式,用户也可以自定义项目符号和编号。

6. 页面边框

页面边框是在页面四周的一个矩形边框,可以设置普通的线型页面边框和各种图标样式的艺术型页面边框,可对页面边框的样式、颜色和应用范围等进行设置。

7. 打印预览及打印输出

"打印预览"就是在正式打印之前,预先在屏幕上观察即将打印文件的打印效果,看看是否符合设计要求,如果满意,就可以打印。打印前可以对打印的范围、份数、纸张和是否双面打印等进行设置。

4.4 项目实施

4.4.1 任务1:页面设置

在文档排版之前,一般要先对文档页面进行设置。

步骤1:打开素材库中的"自荐书(素材).docx"文件。

步骤2:设置纸张大小。在"布局"选项卡中单击"页面设置"组中的"纸张大小"下拉按钮,在打开的下拉列表中选择 A4 纸张,如图 4-4 所示。用户可以根据需要设置"纸张大小",常见纸张大小有 A4、16 开等,默认纸张大小为 A4。也可以选择"其他纸张大小"选项,自定义纸张大小。

微课:页面设置

步骤3:设置页边距。单击"页面设置"组中的"页边距"下拉按钮,在打开的下拉列表中选择"常规"页边距,如图 4-5 所示。用户可以根据需要设置"页边距",常见的页边距有"常规""窄""中等""宽""对称"等,默认页边距为"常规"。也可以选择"自定义页边距"选项,自定义页边距。

图 4-4 设置纸张大小

图 4-5 设置页边距

步骤4：设置纸张方向。单击"页面设置"组中的"纸张方向"下拉按钮，在打开的下拉列表中选择"纵向"纸张方向，如图4-6所示，纸张方向"纵向"和"横向"两种。默认纸张方向为"纵向"。

4.4.2 任务2：制作封面

图4-6 设置纸张方向

"自荐书"的封面中，主要包括求职者的学校名称、姓名、专业、联系电话、电子邮箱等信息，还可以添加学校标志性建筑的图片。

微课：制作封面

1. 插入分节符

步骤1：将光标置于"自荐信"（不是"自荐书"）文字所在行的行首，在"布局"选项卡中单击"页面设置"组中的"分隔符"下拉按钮，在打开的下拉列表中选择"下一页"分节符，如图4-7所示。

步骤2：使用相同的方法在"个人简历"文字所在行的行首插入"下一页"分节符，此时，文档共分为3个页面（封面、自荐信、个人简历）。

说明 如果需要显示"分节符"格式标记，可选择"文件"→"选项"命令，打开"Word选项"对话框，在左侧窗格中选择"显示"选项，在右侧窗格中选中"显示所有格式标记"复选框。

"分节符"显示为双虚线，"分页符"显示为单虚线。

2. 设置字体与段落格式

步骤1：在第1页中，选中文字"××职业技术学院"，在"开始"选项卡的"字体"组中设置其格式为"华文行楷，字号为小初，加粗，水平居中"。再单击"段落"组中的"行和段落间距"下拉按钮，在打开的下拉列表中选择"行距选项"选项，如图4-8所示。

设置字体格式时，也可以通过浮动工具栏进行快速设置，如图4-9所示。

图4-7 "分隔符"下拉列表

图4-8 "行和段落间距"下拉列表 图4-9 通过浮动工具栏进行快速设置字体格式

步骤 2：在打开的"段落"对话框中设置"段前"间距为"1 行",如图 4-10 所示,单击"确定"按钮。

步骤 3：选中文字"自荐书",设置其格式为"隶书,字号为 96,水平居中"。

步骤 4：选中图片,拖动图片的控制柄,适当缩放该图片并使之水平"居中"。

步骤 5：选中"姓名""专业""联系电话""电子邮箱"文字所在的 4 行,设置其格式为"宋体,二号,加粗"。

步骤 6：仅选中"姓名"文字所在的行,设置其"段前"间距为"3 行"。

3. 设置制表符并对齐文本

步骤 1：在"视图"选项卡中选中"显示"组中的"标尺"复选框,可显示"水平"和"垂直"标尺。

步骤 2：将光标置于文字"姓名"前面,在水平标尺的刻度 4 处单击,水平标尺中将出现一个"左对齐式制表符"L,此时按 Tab 键,文字"姓名"所在的行将左对齐至制表符标记处,如图 4-11 所示。

图 4-10　"段落"对话框

图 4-11　设置"左对齐式制表符"

步骤 3：使用相同的方法分别为"专业""联系电话""电子邮箱"所在行添加"左对齐式制表符"L,按 Tab 键,将它们左对齐至制表符标记处。

至此,"自荐书"的封面已制作完成,其效果如图 4-12 所示。

4.4.3　任务 3：制作自荐信

在自荐信中,一般用文字来叙述求职者的爱好、兴趣、专业等,为了美观,可以对自荐信所在页面添加艺术页面边框。

微课：制作自荐信

项目4 自荐书的制作

图4-12 "封面"完成效果图

1. 插入日期

步骤1：在第2页（自荐信）中，把光标置于最后一行空行中，在"插入"选项卡中单击"文本"组中的"日期和时间"按钮，打开"日期和时间"对话框。

步骤2：选择合适的日期格式，并选中"自动更新"复选框，如图4-13所示，单击"确定"按钮，插入当前日期，并在今后打开该文档时会自动更新日期。

图4-13 "日期和时间"对话框

91

2. 设置字体格式

字体格式设置主要对文字(汉字、英文字母、数字字符以及其他特殊符号)的大小、字体、颜色、字间距和各种修饰效果等进行设置。

步骤1：选中首行文字"自荐信",在"开始"选项卡的"字体"组中(或在浮动工具栏中),将字体设置为"华文新魏,字号为一号,加粗";单击"字体"组右下角的"字体"扩展按钮,打开"字体"对话框,如图4-14所示,在"高级"选项卡中设置字符间距为"加宽""12磅",单击"确定"按钮。

步骤2：选中文本中的"尊敬的领导："文字,将其字体格式设置为"幼圆,四号",保持选中"尊敬的领导："文字,单击"剪贴板"组中的"格式刷"按钮,拖动鼠标(此时鼠标指针形状变为"格式刷")选中"自荐人："和"日期"所在段落,将它们的格式也设置为"幼圆,四号"。

步骤3：将正文文字(从"您好"到"敬礼"为止)的字体格式设置为"宋体,小四"。

3. 设置段落格式

段落格式设置主要对左右边界、对齐方式、缩进方式、行间距、段间距等进行设置。

步骤1：选中标题文字"自荐信",单击"段落"组中的"居中"按钮。选中正文段落(从"您好"到"敬礼"为止),单击"段落"组右下角的"段落"扩展按钮,打开"段落"对话框,如图4-15所示,在"缩进和间距"选项卡中设置段落格式为"左对齐,首行缩进2字符,1.75倍行距",单击"确定"按钮。

图4-14 "字体"对话框

图4-15 "段落"对话框

步骤 2：将光标定位在"敬礼"所在的段落，拖动水平标尺中的"首行缩进"滑块 ▽ 至左页边距处，取消"敬礼"所在段落的首行缩进，如图 4-16 所示。

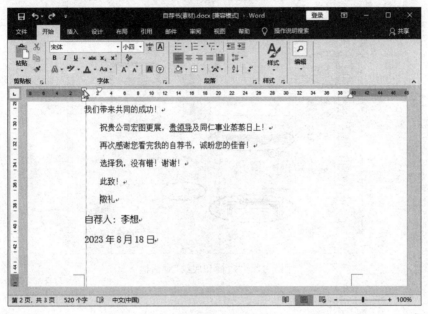

图 4-16　取消首行缩进

步骤 3：选中最后两行内容（即"自荐人"和"日期"所在的两行），单击"段落"组中的"文本右对齐"按钮 ≡，使这两行内容右对齐，并将"自荐人"所在段落的格式设置为"段前间距 1.5 行"。

4．添加页面边框

步骤 1：在"设计"选项卡中单击"页面背景"组中的"页面边框"按钮 ▢，打开"边框和底纹"对话框。

步骤 2：在"设置"区域中选中"方框"选项，在"颜色"下拉框中选择"白色，背景1，深色 50%"颜色，在"艺术型"下拉框中选择合适的艺术边框，在"应用于"下拉框中选择"本节"选项，如图 4-17 所示，单击"确定"按钮。

至此，自荐信已制作完成，其效果如图 4-18 所示。

4.4.4　任务 4：制作表格简历

使用表格是文字排版简洁、有效的方式之一。如果将个人简历用表格的形式来表现，会使人感觉整洁、清晰、有条理。

1．插入表格

步骤 1：在第 3 页中，使用"格式刷"工具复制文字"自荐信"的格

微课：制作
表格简历

图 4-17 "边框和底纹"对话框

图 4-18 "自荐信"完成效果图

式至文字"个人简历"。

步骤 2：将光标定位在下一空行中（第 2 行），在"插入"选项卡中单击"表格"组中的

"表格"下拉按钮,在打开的下拉列表中选择"插入表格"选项,如图 4-19 所示。

步骤 3:在打开的"插入表格"对话框中设置表格的列数为 7、行数为 11,如图 4-20 所示,单击"确定"按钮。

图 4-19 "表格"下拉列表

图 4-20 "插入表格"对话框

2. 合并单元格

在设计复杂表格的过程中,当需要将表格的若干个单元格合并为一个单元格时,可以利用 Word 提供的单元格合并功能。当需要把一个单元格拆分为多个单元格时,可利用单元格的拆分功能。

步骤 1:选中表格第 7 列中的第 1~5 行,右击,在弹出的快捷菜单中选择"合并单元格"命令,如图 4-21 所示,将这 5 个单元格合并成一个单元格。

图 4-21 合并单元格

步骤 2：选中表格第 4 行的第 2～4 列单元格，右击，在弹出的快捷菜单中选择"合并单元格"命令；选中第 5 行的第 2～4 列单元格，将单元格合并；再分别将第 6～11 行的第 2～7 列单元格合并，单元格合并后的效果如图 4-22 所示。

图 4-22 合并单元格后的效果图

3. 设置表格的底纹

为表格设置边框和底纹，对创建的表格进行修饰，达到美化版面的效果。

步骤 1：选中表格第 1 列中的第 1～11 行，在"表格工具"下的"设计"选项卡中在"底纹"下拉列表中选择底纹颜色为"白色，背景 1，深色 25%"，如图 4-23 所示。

步骤 2：使用相同的方法，将第 3 列的第 1～3 行单元格和第 5 列的第 1～5 行单元格的底纹设置为"白色，背景 1，深色 25%"，设置底纹后的效果如图 4-24 所示。

图 4-23 "底纹"颜色

图 4-24 添加底纹后的表格效果图

4. 输入表格内容

步骤 1：在已设置底纹的单元格中输入"姓名""性别"等文字，字体格式设置为"仿宋，五号，加粗"。

步骤 2：在其他空白单元格中添加相关文字，字体格式设置为"宋体，五号"，如图 4-25 所示。

个人简历

姓名	李想	性别	男	出生年月	2001.11	照片
民族	汉	籍贯	浙江宁波	政治面貌	中共党员	
学历	大专	专业	计算机	英语水平	CET 四级	
通信地址	宁波开发区数字科技园 B 座 105 室			邮政编码	315175	
E-mail	Lixiang@163.com			联系电话	13846592XXX	
教育经历	中学：宁波效实中学 大学：××职业技术学院					
专业课程	网页三剑客 Photoshop CorelDRAW 3DS Max PHP 动态网页制作，SQL 数据库					
获奖证书	××市 Flash 制作第一名 ××职业技术学院校园十佳歌手 信息学院一等奖学金					
爱好特长	熟悉网站开发环境，有进行网页制作和团队合作的经历 擅长 DIV+CSS 网页制作技巧 熟悉 JavaScript 和 VBScript 网页脚本语言以及 Access 数据库和 SQL-Server 2016 数据库 熟练进行计算机操作，以及 Office 办公软件操作 能够使用 Photoshop、CorelDRAW 进行网页图片处理					
自我评价	踏实诚信，积极乐观，性格开朗，有团队意识 吃苦耐劳，有一定的亲和力，勇于挑战自我 我相信只有在工作和生活中才能不断地充实自我、提高自我、完善自我					
求职意向	网页设计师					

图 4-25　添加相关文字后的表格

5. 设置表格行高

步骤 1：选中表格第 1～5 行，在"表格工具"下的"布局"选项卡中单击"表"组中的"属性"按钮，打开"表格属性"对话框，在"行"选项卡中选中"指定高度"复选框，并将"行高"设置为"0.7 厘米"，如图 4-26 所示，单击"确定"按钮。

图 4-26　"表格属性"对话框

步骤 2：使用相同的方法设置表格第 6~11 行的"行高"为"3 厘米"。

6. 设置单元格的对齐方式

在表格中，单元格中对象的对齐方式可以在水平和垂直两个方向上进行调整。

步骤 1：选中表格第 1~5 行单元格，在"布局"选项卡中单击"对齐方式"组中的"水平居中"按钮，使单元格中的文字在水平和垂直两个方向上都居中。

步骤 2：使用相同的方法设置表格中第 6~11 行第 1 列单元格中的所有文字在水平和垂直两个方向上都居中。

步骤 3：选中表格第 6~11 行第 2 列中的所有文字，在"布局"选项卡中单击"对齐方式"组中的"中部左对齐"按钮，使单元格中的文字在垂直方向上居中。

7. 设置文字方向

步骤 1：选中"教育情况""专业课程""获得证书""爱好特长""自我评价""求职意向"所在的单元格，在"布局"选项卡中选择"页面设置"组中的"文字方向"→"垂直"选项，将单元格中的文字垂直排列。

步骤 2：使用相同的方法设置"照片"所在单元格的文字方向为"垂直"。

8. 添加项目符号

为了使个人简历中的相关内容层次分明，易于阅读和理解，可以为各栏目中的段落添加各种形式的项目符号。

步骤 1：选中"教育情况""专业课程""获得证书""爱好特长""自我评价""求职意向"等栏目右侧的所有文本段落，即选中表格中第 6~11 行第 2 列单元格中的所有文字。

步骤 2：在"开始"选项卡中单击"段落"组中的"项目符号"下拉按钮，在打开的下拉列表中选择最后一个项目符号，如图 4-27 所示。

图 4-27　选择项目符号

9. 设置表格边框

默认情况下，表格的所有边框都为"0.5 磅"的黑色直线。为了达到美化表格的目的，可以对表格边框的线型、粗细、颜色等进行修改。

以下将表格的外侧框线设置为"双细线━━"，内侧框线设置为"虚线----"。

步骤 1：选中整张表格后，在"表格工具"下的"设计"选项卡中单击"边框"组右下角的"边框"扩展按钮，打开"边框和底纹"对话框，在"边框"选项卡中，在"设置"区域中选择"方框"选项，再选择"样式"为"双细线━━"，在对话框右侧可预览设置效果，如图 4-28 所示。

图 4-28　设置外侧框线

步骤 2：在"设置"区域中选择"自定义"选项，选择"样式"为"虚线----"。单击对话框右侧"预览"效果图中心的某一位置，"预览"效果图中将出现十字形虚线，如图 4-29 所示。单击"确定"按钮，从而将表格内侧框线设置为虚线。

图 4-29　设置内框线

至此,"表格简历"已制作完成,其效果如图 4-30 所示。

图 4-30 "表格简历"完成效果图

4.4.5 任务 5:打印输出

打印文档之前,最好先预览一下打印效果,以确保打印出来的内容与所期望的一致。

步骤 1:选择"文件"→"打印"命令,如图 4-31 所示,用户所做的纸张大小、纸张方向、页面边距等设置都可以在"设置"区域查看,在窗口右侧预览区域可以查看打印预览效果,并且可以通过调整窗口右下角的缩放滑块 来缩放预览视图的大小。

微课:打印输出

在确认需打印的文档正确无误后,即可打印文档。

步骤 2:在如图 4-31 所示的界面中,在"打印机"下拉列表中选择已安装的打印机,设置合适的打印份数、打印范围等参数后,单击"打印"按钮,开始打印输出。

图 4-31　打印预览

4.5　总结与提高

在本项目中,学到了以下知识:页面设置、字符格式化、段落格式化、表格制作(合并单元格、拆分单元格、单元格属性设置、单元格内容对齐方式设置等)、项目符号、插入图片、页面边框设置、文档的分节以及制表位的使用等。

在进行文字排版时,对文字的格式调整需要先选中文字本身,对段落格式的调整需要先将光标定位在要调整格式的段落中或选中段落本身。在进行表格操作时,首先要数清表格的行数和列数后再进行表格的插入,个人简历表既可以在表格中使用绘制表格工具进行表格线的绘制,也可以使用擦除工具进行多余边线的擦除。表格中若有斜线表头,可使用绘制表格工具进行斜线绘制,绘制后将表格中的内容分为上下两段,上段执行右对齐,下段执行左对齐。加边框或底纹时要注意选择对象(是单元格还是整个表格)。

制表位是对齐文本的有效工具,可以精确地对齐文本,掌握了制表位的使用,能快速、准确地对文本进行设置。

在进行正式打印之前,最好先进行"打印预览",以便确定排版效果是否满意;开始打印前需要进行打印设置,包括选取打印机、设置打印范围、打印份数、单/双面打印等。

另外,很多操作不仅可以通过工具按钮来进行,还可以从快捷菜单中选择相应命令来进行。

版面设计具有一定的技巧性和规范性,应多观察实际生活中各种出版物的各种版面风格,以便设计出具有实用性的文档。

4.6 拓展知识:国产办公软件 WPS Office

WPS Office 是由北京金山办公软件股份有限公司自主研发的一款办公软件套装。1989 年由求伯君正式推出 WPS 1.0 版,可以实现办公软件最常用的文字、表格、演示、PDF 阅读等多种功能。它具有内存占用低、运行速度快、云功能多、强大插件平台支持、免费提供在线存储空间及文档模板的优点。WPS Office 支持阅读和输出 PDF(.pdf)文件,具有全面兼容微软 Office 97 至 Office 2019 格式(doc/docx/xls/xlsx/ppt/pptx 等)的独特优势,覆盖 Windows、Linux、Android、iOS 等多个平台。WPS Office 支持桌面和移动办公,已覆盖超 50 多个国家和地区。

2020 年 12 月,教育部考试中心宣布 WPS Office 将作为全国计算机等级考试(NCRE)的二级考试科目之一,于 2021 年在全国实施。

4.7 习   题

一、选择题

1. Word 文档的扩展名是_____。
   A. .txt   B. .wps   C. .docx   D. .dotx
2. 在 Word 中如果用户选中了大段文字后,按 Space 键,则_____。
   A. 在选中的文字后插入空格   B. 在选中的文字前插入空格
   C. 选中的文字被空格代替   D. 选中的文字被送入回收站
3. 在 Word 中要设置字符颜色,应先选定文字,再选择"开始"功能区_____分组中的命令。
   A. 段落   B. 字体   C. 样式   D. 颜色
4. 在段落的对齐方式中,_____可以使段落中的每一行(包括段落的结束行)都能与页面左右边界对齐。
   A. 左对齐   B. 两端对齐   C. 居中对齐   D. 分散对齐
5. 要设置精确的缩进量,应当使用_____方式。
   A. 标尺   B. 样式   C. 段落格式   D. 页面设置
6. 在 Word 中,下列关于标尺的叙述,错误的是_____。

A. 水平标尺的作用是缩进全文或插入点所在的段落，调整页面的左右边距，改变表的宽度，设置制表符的位置等

B. 垂直标尺的作用是缩进全文，改变页面的上、下宽度

C. 利用标尺可以对光标进行精确定位

D. 标尺分为水平标尺和垂直标尺

7. 在 Word 文档中，插入表格的操作时，正确的说法是_____。

A. 可以调整每列的宽度，但不能调整高度

B. 可以调整每行和列的宽度和高度，但不能随意修改表格线

C. 不能画斜线

D. 以上都不对

8. 关于 Word 查找操作，错误的说法是_____。

A. 可以从插入点当前位置开始向上查找

B. 无论什么情况下，查找操作都是在整个文档范围内进行

C. Word 可以查找带格式的文本内容

D. Word 可以查找一些特殊的格式符号，如分页符等

9. 用 Word 字处理软件把文章中所有出现的"学生"两字都改成以粗体显示，可以选择_____功能。

A. 样式　　　　　B. 改写　　　　　C. 替换　　　　　D. 粘贴

10. 打印预览中显示的文档外观与_____的外观完全相同。

A. 草稿视图显示　　　　　B. 页面视图显示

C. 实际打印输出　　　　　D. 大纲视图显示

二、实践操作题

1. 使用 Word 程序打开素材库中的"A 大学.docx"文件，按下面的操作要求进行操作，并把操作结果存盘。

(1) 将最后一段文字"A 大学位于……"所在段落，移动到第 1 页"学校概况"之前，并设置与"A 大学，坐落于中国历史……"具有相同的段落格式。

(2) 对文档中所有的英文字母设置成蓝色。

(3) 设置纸张大小为 16 开，左右页边距各为 2 厘米。

(4) 将"办学模式"部分中的文字，即从"本科生教育"开始，到"学科建设"之前，设置分栏，要求分 2 栏。

(5) 表格操作。将表格中多个"人文学院"合并为只剩一个，且将该单元格设置为"中部左边齐"。将"金融学系，财政学系"拆分成两行，分别为"金融学系"和"财政学系"。

(6) 对文档插入页码，居中显示。

2. 使用 Word 的插入表格、合并单元格、拆分单元格、单元格属性设置、单元格内容对齐方式设置等功能，制作如图 4-32 所示的个人简历表。

个人简历表

姓名		性别		民族		照片
身份证号码			出生年月			
政治面貌			现户籍所在地			
学历				学位		
学历类别				职称		
毕业学校				毕业时间		
所学专业1				所学专业2		
通信地址				邮编		
联系电话	固话：			手机：		
学习和工作经历						
个人特长及奖惩情况						
家庭成员及主要社会关系	姓名	与本人关系	出生年月	工作单位	职务	
备注						

图 4-32　个人简历表

项目 5　艺术小报排版

本项目以"艺术小报排版"为例,介绍文档处理软件 Word 2019 的版面设置、版面布局、艺术字的用法、文本框的用法、图文混排、分栏等方面的相关知识。

5.1　项目导入

经过激烈的学生会干部评选,小李同学终于被评选为机电工程学院的宣传部长,上任后接到的第一项工作就是要制作一期"窗口"院刊,他开始收集相关素材,设计版面布局,随着制作过程的深入,他发现很多效果制作不出来,遇到的主要问题如下。

(1) 如何在不同的页面设置不同的页眉内容?
(2) 如何让一个文字块放置在一个特定的位置?
(3) 如何插入水平横线?
(4) 如何在一个页面中分两栏排列文字?
(5) 如何让文字包围图片?
(6) 如何给文章加上艺术化边框?

随着交稿日期的临近,小李同学只好向计算机老师求助,希望老师帮助解决所遇到的各种问题。

5.2　项目分析

计算机张老师了解情况后指出,院刊的排版要先做好版面的整体规划,然后对每个版面进行具体的排版。

院刊可分为两个版面,正反面打印,以节约纸张。首先,要设置好每个版面的纸张大小、页边距等,并设置页眉和页脚"奇偶页不同",这样可对奇数页和偶数页设置不同的页眉内容。其次对每个版面进行具体布局,根据每篇文章字数的多少以及内容的重要性,把各篇文章或图片按照均衡协调的原则在版面中进行合理"摆放",从而把版面划分成若干板块。最重要的板块是报头,可通过插入艺术字、图片等设计出美观大方的报头。

由于文本框可调大小,并可任意移动位置,因此,对于字数较少的文章,可把它放入文本框中,方便布局。对于字数较多的文章,既可分两栏排列,还可在文章中插入图片、形状等,美化板块设计。对于图片、形状等图形对象,还可设置它的文字环绕方式。为了使各个板块之间层次分明、艺术美观,可对文本框设置艺术化边框,还可在板块之间插入水平横线。

由以上分析可知,"艺术小报排版"可以分解为以下六大任务:版面设置、版面布局、报头艺术设计、正文格式设置、插入形状和图片、分栏设置和文本框设置。

其操作流程图如图 5-1 所示,完成效果如图 5-2 所示。

图 5-1 "艺术小报排版"操作流程图

图 5-2 "艺术小报排版"完成效果图

5.3 相关知识点

1. 页面设置

页面设置包括设置纸张大小、纸张方向、页边距、布局、文档网格等。

2. 文本框

在 Word 中，文本框是指一种可移动、可调大小的文字或图形容器。使用文本框，可以将文本放置在页面中的任意位置，而且在一页上可放置多个文本框，人们经常使用文本框对版面进行布局。文本框也属于一种图形对象，因此可以为文本框设置各种边框格式、选择填充色、添加阴影、设置文字环绕方式等，还可使文本框中的文字与文档中其他文字有不同的排列方向（横排、竖排）。

3. 分栏

分栏是文档排版中常用的一种版式，它使页面在水平方向上分为两栏或多栏，文字是逐栏排列的，填满一栏后才转到下一栏，文档内容分列于不同的栏中。分栏使页面排版灵活，阅读方便，在各种报纸和杂志中应用非常广泛。

4. 艺术字

艺术字是一种特殊的图形,它以图形的方式来展示文字,具有美术效果,能够美化版面,广泛应用于宣传、广告、商标、标语、黑板报、报纸杂志和书籍的装帧等,越来越被大众所喜欢。

5.4 项目实施

5.4.1 任务1:版面设置

1. 页面设置

艺术小报的页面可设置为A4纸张,纸张方向为纵向。

步骤1:启动Word 2019程序,在"布局"选项卡中单击"页面设置"组中的"页面设置"扩展按钮 ,打开"页面设置"对话框。在"纸张"选项卡中选择纸张大小为A4,如图5-3所示。

步骤2:在"页边距"选项卡中设置页边距为"上2.3厘米,下2.3厘米,左2厘米,右2厘米",选择纸张方向为"纵向",如图5-4所示。

微课:版面设置

图5-3 设置纸张大小

图5-4 设置页边距

步骤3:在"布局"选项卡中选中页眉和页脚"奇偶页不同"复选框,如图5-5所示,单击"确定"按钮。

由于艺术小报共有 2 个版面,还需要添加一个版面。

步骤 4:在"插入"选项卡中单击"页面"组中的"分页"按钮,此时会插入另一个空白页面,组成 2 个空白版面。

2. 页眉设置

为奇数页和偶数页设置不同的页眉内容。

步骤 1:在"插入"选项卡中单击"页眉和页脚"组中的"页眉"下拉按钮,在打开的下拉列表中选择"编辑页眉"选项,此时空白页面中显示了页眉。

步骤 2:把光标定位于第 1 页的页眉中(奇数页页眉)中,在"开始"选项卡中单击"段落"组中的"两端对齐"按钮,此时光标位于页眉的最左端。在第 1 页的页眉中输入文字"窗口",然后按 4 次 Tab 键,光标会移至页眉的右端。

步骤 3:在"插入"选项卡中单击"页眉和页脚"组中的"页码"下拉按钮,在打开的下拉列表中选择"当前位置"→"普通数字"选项,此时会在光标所在的位置插入页码"1"。

步骤 4:再单击"页眉和页脚"组中的"页码"下拉按钮,在打开的下拉列表中选择"设置页码格式"选项,打开"页码格式"对话框,如图 5-6 所示,选择"编号格式"为"一,二,三(简)...",单击"确定"按钮,此时页眉中的页码由"1"变为"一"。

图 5-5 设置页眉和页脚"奇偶页不同"

图 5-6 "页码格式"对话框

步骤 5:在页码"一"的左、右两侧分别添加文字"第"和"版",构成"第 N 版"的形式。

步骤 6：在"第"文字前插入若干个空格，使"第 N 版"文字靠右对齐，效果如图 5-7 所示。

图 5-7　奇数页页眉

步骤 7：使用相同的方法，设置偶数页的页眉，效果如图 5-8 所示。

图 5-8　偶数页页眉

步骤 8：在"页眉和页脚工具"的"设计"选项卡中单击"关闭页眉和页脚"按钮，退出页眉编辑状态。

说明　在编辑页眉的内容时，双击页面中间的空白处，也可退出页眉编辑状态。

步骤 9：单击"快速访问工具栏"中的"保存"按钮，把文件保存在桌面上，命名为"艺术小报.docx"。

5.4.2　任务 2：版面布局

版面布局就是把各篇文章或图片按照均衡协调的原则在版面中进行合理"摆放"，从而把版面划分成若干板块。版面布局十分重要，它直接影响到刊物的美观程度。

由于第一版中各版块的内容没有分栏，具有"方块"特点，可用文本框进行版面布局。

微课：版面布局

步骤 1：将光标置于第 1 页中，在"插入"选项卡中单击"文本"组中的"文本框"下拉按钮，在打开的下拉列表中选择"绘制横排文本框"选项，此时光标形状变为十字形状。

步骤 2：在第一版面和第二版面的适当位置绘制如图 5-9 所示的 6 个文本框，构成两版的整体布局基本轮廓。

对照图 5-2 中的效果图，"约定"文本框中的内容是分两栏排列的，可是在文本框中无法直接实现文字分栏排列，为此，这里采用多文本框互相链接的办法实现文字"分栏"排列效果。

步骤 3：选中第二版中的"约定"文本框，在"插入"选项卡中单击"文本"组中的"文本

第一版布局　　　　　　第二版布局

图 5-9　版面布局

框"下拉按钮，在打开的下拉列表中选择"绘制横排文本框"选项，此时光标形状变为十字状，在"约定"文本框内绘制 2 个水平排列的横排文本框，中间留一些空白。

步骤 4：在"插入"选项卡中单击"文本"组中的"文本框"下拉按钮，在打开的下拉列表中选择"绘制竖排文本框"选项，在刚才绘制的两个横排文本框的中间空白处再绘制 1 个竖排文本框，如图 5-10 所示。

步骤 5：选中"约定"文本框内的第 1 个横排文本框，在"绘图工具"的"格式"选项卡中单击"文本"组中的"创建链接"按钮，此时鼠标光标变成水杯形状。将水杯状的鼠标光标移动到准备链接的第 2 个横排文本框内部，此时鼠标光标变成倾斜的水杯形状。单击左键，两个横排文本框就建立了链接，第 1 个横排文本框中显示不下的文字会自动转移到第 2 个横排文本框中显示，而且第 2 个横排文本框中的文字紧接第 1 个横排文本框中的文字，这样可以实现文字的"分栏"排列效果。

图 5-10　在"约定"文本框中绘制 3 个文本框（2 个横排，1 个竖排）

5.4.3　任务 3：报头艺术设计

报头是小报的总题目，相当于小报的眼睛，为了达到艺术美观的效果，可采用艺术字、水平横线等方法来实现报头的艺术设计。

步骤 1：将光标置于"报头"文本框中，按若干次 Enter 键，插入若干

微课：报头艺术设计

行空行，然后选中"报头"文本框，在该文本框内部的右上角再绘制一个横排文本框，并把报头的素材文字输入（复制）报头内部右上角的横排文本框中，并设置这些文字的行距为 1.15 倍，调整内部文本框的大小，使内部文本框刚能容纳下所有文字，如图 5-11 所示。

图 5-11　设置"报头"文本框中的文字

步骤 2：将光标置于"报头"文本框左上角的第 1 行空行中，在"插入"选项卡中单击"文本"组中的"艺术字"下拉按钮，在打开的下拉列表中选择第 1 行第 3 列的样式，此时在"报头"文本框中出现艺术字"请在此放置您的文字"，修改艺术字为"窗口"，并设置其字体格式为"宋体，64 磅"。

步骤 3：选中"窗口"艺术字，在"格式"选项卡的"艺术字样式"组中设置其"文本填充"为黑色，"文本轮廓"为黑色，"文字效果"的"阴影"为"偏移：左下"，如图 5-12 所示。

步骤 4：适当上移"艺术字"文本框的下框线，然后将光标置于艺术字"窗口"下面的空白行中，在"插入"选项卡中单击"插图"组中的"图片"按钮，插入素材库中的"窗口图片.png"图片，在图片左侧插入若干个空格，使图片略向右移，并把艺术字"窗口"略向右上方移动一定距离，使艺术字"窗口"与图片保持一定距离并对齐，如图 5-13 所示。

步骤 5：将光标置于图片下方的空白行中，在"开始"选项卡中单击"段落"组中的"边框"下拉按钮，在打开的下拉列表中选择"横线"选项，即可在图片下方插入一条水平横线。

步骤 6：使用相同的方法在内部文本框的空白行中（"编辑"所在行的下一行）插入另一水平横线，效果如图 5-14 所示。

在设计报头的过程中，可不断调整各个文本框的大小和报头中文字的格式，使其符合版面设计要求。

图 5-12　设置艺术字"阴影"
　　　　为"偏移：左下"

图 5-13　插入图片并调整与艺术字之间的距离

图 5-14　插入艺术横线后的"报头"文本框

5.4.4　任务 4：正文格式设置

报头设计完毕后，下面先复制各篇文章的文字素材到相应的文本框或版块中，然后设置各篇文章的具体格式。

步骤 1：将各篇文章的文字素材复制到相应的文本框或版块中。

步骤 2：把"约定"文章内容（不含文章标题"约定"）复制到"约定"文本框内的第 1 个横排文本框中，因为 2 个横排文本框已经建立了链接，第 1 个横排文本框中显示不下的文字会自动转移到第 2 个横排文本框中显示，而且第 2 个横排文本框中的文字紧接第 1 个横排文本框中的文字。

步骤 3：在"约定"文本框内的中间的竖排文本框中输入文章标题"约　定"（中间留 2 个空格）。

步骤 4：把"念奴娇·赤壁怀古"文章内容（含标题）复制到"念奴娇·赤壁怀古"文本框内，选中该文本框中的所有文字，在"布局"选项卡中单击"页面设置"组中的"文字方向"

微课：正文格式设置

图 5-15 "文字方向"下拉列表

下拉按钮,在打开的下拉列表中选择"垂直"选项,如图 5-15 所示,此时"念奴娇·赤壁怀古"文本框内所有文字的排列方向改为垂直方向。

步骤 5:适当调整 2 个版面中各个文本框的大小,使各个文本框能显示文本框内的所有文字,并删除最后一段的多余的空行(如果有空行)。

说明 "青春之歌"板块下方的空行不要删除。

步骤 6:设置 2 个版面(报头除外)所有文本框中的正文文字(各篇文章的标题文字除外)格式为"宋体,五号,左对齐,1.15 倍行距"。

步骤 7:设置标题"军训让我学会刚柔并济"的格式为"宋体,四号,红色,居中";标题"故乡"的格式为"楷体,四号,绿色,居中";标题"经典励志名句"的格式为"隶书,小三号,蓝色,居中,段前段后间距为 6 磅";标题"青春之歌"的格式为"华文行楷,三号,居中";标题"约 定"的格式为"幼圆,三号,加粗,居中";标题"念奴娇·赤壁怀古"的格式为"宋体,四号,加粗,居中"。

步骤 8:再次适当调整 2 个版面中各个文本框的大小,使各个文本框能显示文本框内的所有文字。

5.4.5 任务 5:插入形状和图片

微课:插入形状和图片

图 5-16 "形状"下拉列表

下面在标题"经典励志名句"的两侧分别插入一个形状"五角星"。

步骤 1:将光标置于标题"经典励志名句"的左侧,在"插入"选项卡中单击"插图"组中的"形状"下拉按钮,在打开的下拉列表中选择"星与旗帜"区域中的"五角星"形状,如图 5-16 所示。

步骤 2:此时光标变成十字形状,拖动鼠标在标题"经典励志名句"的左侧绘制出一个大小合适的"五角星"。选中刚绘制的形状"五角星",在"格式"选项卡的"大小"组中设置"五角星"的高度和宽度均为 0.5 厘米,如图 5-17 所示;在"形状样式"组中选择"形状填充"为红色,选择"形状轮廓"为红色。

步骤 3:选中红色的"五角星",按 Ctrl+C 组合键复制,再按 Ctrl+V 组合键粘贴,把复制的第 2 个"五角星"移动到标题"经典励志名句"的右侧。再通过 Ctrl+方向键,对这 2 个红色"五角星"的位置进行微调,使它们位于一个合适的位置,如图 5-18 所示。

图 5-17　设置"五角星"的大小　　　图 5-18　2 个"五角星"的位置

下面在"青春之歌"板块中插入一个"鲜花"图片,并设置"四周型"文字环绕方式。

步骤 4：在"青春之歌"板块中,将光标置于要放置"鲜花"图片的位置,在"插入"选项卡中单击"插图"组中的"图片"按钮,插入素材库中的"鲜花.png"图片。

步骤 5：右击"青春之歌"板块中的"鲜花"图片,在弹出的快捷菜单中选择"环绕文字"→"四周型"命令,适当调整"鲜花"图片的位置和大小,效果如图 5-19 所示。

图 5-19　"四周型"文字环绕方式

5.4.6　任务 6：分栏设置和文本框设置

"分栏"是文档排版中常用的一种版式,在各种报纸和杂志中应用广泛。它使页面在水平方向上分为几个栏,文字是逐栏排列的,填满一栏后才转到下一栏。

因为"青春之歌"板块中的内容较多,为了便于阅读,下面对它进行分栏设置。

微课：分栏设置和文本框设置

步骤 1：选中"青春之歌"板块中的正文内容（标题除外）,在"布局"选项卡中单击"页面设置"组中的"栏"下拉按钮,在打开的下拉列表中选择"更多栏"选项,打开"栏"对话框,如图 5-20 所示。

步骤 2：在"预设"区域中选择"两栏"选项,并选中"分隔线"和"栏宽相等"复选框,单击"确定"按钮,"分栏"效果如图 5-21 所示。

115

图 5-20 "栏"对话框

图 5-21 "分栏"效果

步骤 3：再次适当调整 2 个版面中各个文本框的大小，直到每个文本框的空间比较紧凑，不留空位，同时又刚好显示出每篇文章的所有内容。

步骤 4：选中"军训让我学会刚柔并济"文本框，在"格式"选项卡的"形状样式"组中选择"形状轮廓"为"无轮廓"，如图 5-22 所示，此时该文本框的框线不显示。

步骤 5：使用相同的方法设置 2 个版面中所有文本框的框线不显示（无轮廓）。

步骤 6：选中"故乡"文本框，在"开始"选项卡中单击"段落"组中的"边框"下拉按钮 ，在打开的下拉列表中选择"边框和底纹"选项，打开"边框和底纹"对话框，如图 5-23 所示。在"设置"区域中选择"方框"选项，在"样式"列表框中选择某一样式边框，单击"确

图 5-22 形状轮廓

图 5-23 "边框和底纹"对话框

定"按钮,此时"故乡"文本框的四周添加了指定样式的边框线。

如果边框线有部分被遮挡,请调节文本框的大小,使边框线全部显示出来。

步骤 7:使用相同的方法为"经典励志名句"文本框和"约定"文本框添加某种样式的边框线,效果如图 5-24 所示。

图 5-24 院刊效果图

步骤8：单击"快速访问工具栏"中的"保存"按钮，保存文件，完成院刊"窗口"的排版。

5.5 总结与提高

本项目通过对院刊"窗口"的排版，综合介绍了Word中的各种排版技术，如文本框、艺术字、水平横线、图片、文字环绕方式、分栏等。

在本项目中，首先要确定版面的布局，可用文本框、分栏等将版面进行分割。本项目用文本框、分栏等将版面划分成了七个板块。然后对各个板块进行具体的设计，可在适当位置插入艺术字、水平横线、形状、图片等。

文本框是Word中放置文本或图形的容器，使用文本框可以将文本放置在页面中的任意位置，文本框可设置为任意大小，还可以为文本框内的文字设置格式。对于只需要突出文字效果的文本框，可以取消文本框的边框线；对于需要突出排版整体效果的文本框，也可以设置各种边框格式，选择填充色，添加阴影，等等。可见，文本框在Word排版中的运用是十分广泛的。

在文档中插入图片后，还可设置图片的环绕方式，使图文混排更加美观。艺术字、图片等的文字环绕方式有嵌入型、四周型、紧密型、穿越型、上下型、衬于文字下方、浮于文字上方等。

在板块设计中还可应用分栏。分栏也是Word排版中常用的一种格式，多见于各种报纸和杂志，它使页面在水平方向上分为几个栏。文字是逐栏排列的，一栏填满后方可转到下一栏。分栏使页面排版灵活，阅读方便。

通过本项目的学习，在以后的工作、学习和生活中，如果遇到要制作介绍学校、院系、班级的宣传小报，或者要制作公司的内部刊物、宣传海报等时，相信在本项目中所学到各种排版技术一定会十分有用的。

5.6 拓展知识：国家最高科学技术奖获得者王选院士

王选(1937年2月5日—2006年2月13日)，江苏无锡人，北京大学计算机科学技术研究所所长，两院院士。他主持研制成功的汉字信息处理与激光照排系统、方正彩色出版系统得到大规模应用，实现了我国出版印刷行业"告别铅与火，迈入光和电"的技术革命，成为我国自主创新和用高新技术改造传统行业的典范。他主持开发的电子出版系统，引发报业和印刷业四次技术革新，使汉字信息处理与激光照排系统占领99%国内报业和80%海外华文报业市场。他是九三学社第九至第十一届中央副主席，第九届全国人大常委会委员、教科文卫委员会副主任，第八届全国政协委员，第十届全国政协副主席，荣获改革先锋、国家最高科学技术奖等荣誉。2009年当选100位中华人民共和国成立以来的感动中国人物。

5.7 习题

一、选择题

1. 要将插入点快速移动到文档开始位置应按_____。
   A. Ctrl+Home 组合键   B. Ctrl+PgUp 组合键
   C. Ctrl+↑ 组合键   D. Home 键
2. 如果在 Word 的文本中插入图片,那么图片只能放在文字的_____。
   A. 左边   B. 中间   C. 下面   D. 前三种都可以
3. Word 具有分栏功能,下列关于分栏的说法正确的是_____。
   A. 最多可以分 4 栏   B. 各栏的宽度必须相同
   C. 各栏的宽度可以不同   D. 各栏的间距是固定的
4. 艺术字对象实际上是_____。
   A. 文字对象   B. 图形对象   C. 链接对象   D. 以上都不对
5. Word 中的手动换行符是通过_____产生的。
   A. 插入分页符   B. 插入分节符
   C. 按 Enter 键   D. 按 Shift+Enter 组合键
6. 下列对象中,不可以设置链接的是_____。
   A. 文本上   B. 背景上   C. 图形上   D. 剪贴图上
7. 关于 Word 2019 的页码设置,以下表述错误的是_____。
   A. 页码可以被插入页眉/页脚区域
   B. 页码可以被插入左右页边距
   C. 如果希望首页和其他页页码不同必须设置"首页不同"
   D. 可以自定义页码并添加到构建基块管理器中的页码库中
8. Smart 图形不包含下面的_____。
   A. 图表   B. 流程图   C. 循环图   D. 层次结构图
9. 在同一个页面中,如果希望页面上半部分为一栏,后半部分分为两栏,应插入的分隔符号为_____。
   A. 分页符   B. 分栏符
   C. 分节符(连续)   D. 分节符(奇数页)
10. 在 Word 中,_____用于控制文档在屏幕上的显示大小。
    A. 页面显示   B. 全屏显示   C. 显示比例   D. 缩放显示

二、实践操作题

1. 使用 Word 程序打开素材库中的"西溪国家湿地公园.docx"文件,按下面的操作要求进行操作,并把操作结果存盘。

(1) 在第一行前插入一行,输入文字"西溪国家湿地公园"(不包括引号),设置字号为

24磅,加粗,居中,无首行缩进,段后间距为1行。

(2) 对"景区简介"下的第一个段落,设置首字下沉。

(3) "历史文化"中间段落存在手动换行符,替换成段落标记。

(4) 使用自动编号。

① 对"景区简介""历史文化""三堤五景""必游景点"设置编号,编号格式为"一、""二、""三、""四、"。

② 对五景中的"秋芦飞雪"和必游景点中的"洪园"重新编号,使其从1开始,后面的各编号应能随之改变。

(5) 表格操作。将"中文名:西溪国家湿地公园"所在行开始的4行内容转换成一个4行2列的表格,并设置无标题行,套用表格样式为"清单表4-着色1"。

(6) 为文档末尾的图加上题注,标题内容为"中国湿地博物馆"。

2. 在桌面上建立文档sjzy.docx,设计会议邀请函。要求如下。

(1) 在一张A4纸上,正反面书籍折页打印,横向对折。

(2) 页面(一)和页面(四)打印在A4纸的同一面;页面(二)和页面(三)打印在A4纸的另一面。

(3) 四个页面要求依次显示如下内容。

① 页面(一)显示"邀请函"三个字,上、下、左、右均居中对齐显示,竖排,字体为隶书,72号。

② 页面(二)显示"汇报演出定于2021年4月21日,在学生活动中心举行,敬请光临!",文字横排。

③ 页面(三)显示"演出安排",文字横排,居中,应用样式"标题1"。

④ 页面(四)显示两行文字,行(一)为"时间:2021年4月21日",行(二)为"地点:学生活动中心",竖排,左右居中显示。

项目 6 毕业论文排版

本项目以"毕业论文排版"为例,介绍在 Word 长文档排版中所用到各种排版方法与技巧,主要包括:通过样式快速设置格式;利用大纲级别的标题自动生成目录;利用分节符把论文分成几个不同的部分;利用域设置页眉页脚;对论文添加批注和修订等。

6.1 项目导入

小李即将大学生毕业,他在大学要完成的最后一项"作业",就是对写好的毕业论文进行排版。开始他并没有在意,因为以前使用 Word 软件进行文字编辑,感觉都很简单。可是当他看到学校对毕业论文格式的要求后,心里开始慌张了,不知道从何下手了。

毕业论文文档不仅篇幅长,而且格式多,处理起来比普通文档要复杂得多。在论文的排版过程中,小李遇到了以下几个问题。

(1) 如何设置论文的文档属性?

(2) 如何为论文各章节和正文等快速设置相应的格式?

(3) 如何自动生成论文目录?

(4) 如何把论文分成三大部分:封面和摘要、目录、论文正文,以便对这三大部分设置不同的页眉和页脚等?

(5) 如何让论文正文奇数页的页眉内容随论文的章标题而改变?如何把论文正文偶数页的页眉内容设置为论文题目,并使论文封面、摘要和目录页上没有页眉内容?

(6) 如何在目录和论文正文的页脚中插入不同数字格式的页码?

这些都是小李从来没有遇到过的问题,他只好去请教计算机老师。小李在计算机老师的指导和帮助下,一步一步地学会了论文的排版,上述问题迎刃而解。现在小李对 Word 编辑排版有了较充分的认识,能够得心应手地使用 Word 2019 对长文档进行排版,下面跟随小李来学习毕业论文排版的方法。

6.2 项目分析

首先,小李对论文排版做了详细的分析,毕业论文通常包括封面、摘要、目录、正文(含致谢、参考文献)等几个部分。根据学校对毕业论文格式的要求,封面和摘要无页眉和页脚;目录无页眉,但须在页脚中插入页码(格式可设为"ⅰ,ⅱ,ⅲ,…");在正文、致谢和参考文献中,奇偶页的页眉内容不同,在奇数页页眉中插入章标题,在偶数页页眉中插入毕业论文题目,在页脚中插入页码(格式与目录中的页码格式不同,一般设为"1,2,3,…")。为了完成以上设置,须把论文分为三部分(3节),可在论文正文前和目录前分别插入"分节符",从而把论文分为三部分:封面和摘要(第1节)、目录(第2节)和论文正文(第3节,含致谢和参考文献),如图6-1所示。

图6-1 插入"分节符"示意图

封面通常由学校给出严格的格式,只需从学校的网页上下载插入即可。论文中的摘要是对论文整体的一个综述。一般中文摘要在前,英文摘要(可选)在后,各占一页纸。论文其他部分的排版样式及字体、字号等,学校也有具体的要求,在排版论文时必须严格遵守。

利用Word 2019对论文进行排版之前,首先要进行页面(如纸张大小、页边距、版式等)设置和文档属性(如标题、作者等)设置,而在论文排版过程中常常需要使用样式,以使论文各级标题、正文等版面格式符合要求,Word 2019中已内置了一些常用样式,可直接应用这些样式,也可根据排版要求,修改这些样式或新建样式。论文全文中各个层次之间,可分为一级标题(章标题)、二级标题(节标题)、三级标题(小节标题)和正文内容等。对于正文中的图表和新名词可以添加题注和脚注。在论文正文中设置各级标题后,可利用Word的引用功能自动生成论文目录。把论文分成3个节后,在每个节中可以设置不同的页眉和页脚内容。

最后,论文排好版后要提交给指导老师审阅,指导老师通过批注和修订对论文提出修改意见后,再返回给学生,学生可接受或拒绝老师添加的批注和修订。

由以上分析可知,"毕业论文排版"可以分解为以下七大任务:设置页面和文档属性;设置标题样式和多级列表;添加题注和脚注;自动生成目录和论文分节;添加页眉和页脚;添加论文摘要和封面;使用批注和修订。

其操作流程图如图6-2所示,完成效果图如图6-3所示。

图 6-2 "毕业论文排版"操作流程图

图 6-3 "毕业论文排版"完成效果图

6.3 相关知识点

1. 文档属性

文档属性包含了文档的详细信息,如标题、作者、主题、类别、关键词、文件长度、创建日期、最后修改日期和统计信息等。

2. 样式

样式为字体、字号、缩进、行间距等字符格式和段落格式设置的组合,将这一组合作为集合加以命名和存储。应用样式时,将同时应用该样式中所有的格式设置指令,可以帮助用户快速格式化 Word 文档。

在编排重复格式时，先创建一个该格式的样式，然后在需要的地方套用这种样式，就无须一次次地对它们进行重复的格式化操作了。

3. 目录

"目"指篇名或书名，"录"是对"目"的说明和编次。目录是长文档不可缺少的部分。通过目录可了解文档结构，并可快速定位需要查询的内容。在目录中，左侧是目录标题，右侧是标题所对应的页码。

要在较长的 Word 文档中成功添加目录，应该正确采用带有级别的样式，例如"标题1"～"标题9"样式。目录是以"域"的方式插入文档中的（会显示灰色底纹），因此可以进行更新。当文档中的内容或页码有变化时，可在目录中的任意位置右击，选择"更新域"命令，显示"更新目录"对话框。如果只是页码发生改变，可选择"只更新页码"选项；如果有标题内容的修改或增减，可选择"更新整个目录"选项。

4. 节

"节"是 Word 划分文档的一种方式，是独立的排版单位。可对文档中不同的节设置不同的排版格式，如不同的纸张、不同的页边距、不同的页眉/页脚、不同的页码、不同的页面边框、不同的分栏等。建立新文档，Word 默认将整篇文档视为一节，此时，整篇文档只能采用一致的页面格式。因此，为了在同一文档中设置不同的页面格式就必须将文档划分为若干节。通过插入分节符，可把文档分为若干个节，分节符显示为两条横向虚线。

5. 页眉和页脚

页眉和页脚是页面中的两个特殊区域，它们分别位于文档中每个页面页边距（页边距：页面上打印区域之外的空白空间）的顶部和底部区域。通常诸如文档的标题、页码、公司徽标、作者名等信息需要显示在页眉和页脚上。

6. 批注和修订

批注和修订是用于审阅别人的 Word 文档的两种方法。

批注是读者在阅读 Word 文档时所提出的注释、问题、建议或者其他想法。批注不会集成到文本编辑中，它们只是对文档编辑提出建议。批注中的建议文字经常会被复制并粘贴到文本中，但批注本身不是文档的一部分。

修订却是文档的一部分，修订是对 Word 文档进行插入、删除、替换以及移动等编辑操作时，使用一种特殊的标记来记录所做的修改，以便于其他用户或者原作者了解文档所做的修改，可以根据实际情况决定接受或拒绝修订。

7. 参考文献

参考文献是为撰写或编辑论著而引用的有关参考资料（如图书、期刊等），参考文献是出版物不可缺少的重要组成部分。

(1) 参考文献的标识。通常参考文献的类型以单字母方式标识。

M——专著,C——论文集,N——报纸文章,J——期刊文章,D——学位论文,R——报告,S——标准,P——专利;对于不属于上述的文献类型,采用字母 Z 标识。

(2) 参考文献的编排格式。常见参考文献的编排格式及示例如下。

① 专著类。

格式:[序号] 作者.书名[M].出版地:出版社,出版年:页码.

示例:[1] 王红.网站与网页设计[M].北京:清华大学出版社,2021:15-18.

② 期刊类。

格式:[序号] 作者.篇名[J].刊名,出版年,卷号(期):页码.

示例:[2] 薛天.App 界面设计中色彩的搭配应用[J].艺术科技,2019,32(21):102-103.

③ 报纸类。

格式:[序号] 作者.文章名[N].报纸名,出版年-月-日(版次).

示例:[3] 谢希德.创造学习的新思路[N].人民日报,2020-12-25(10).

④ 互联网资料。

格式:[序号] 作者.文章名[EB/OL].完整网址,发表日期.

示例:[4] 王明亮.关于中国学术期刊标准化数据库系统工程的进展[EB/OL].http://www.cajcd.edu.cn/pub/wml.txt/150810-2.html,2019-08-10.

6.4 项目实施

6.4.1 任务1:设置页面和文档属性

用 Word 2019 排版论文之前,首先要进行页面和文档属性的设置。

步骤1:打开素材库中的"毕业论文(素材).docx"文件,在"布局"选项卡中单击"页面设置"组右下角的"页面设置"扩展按钮 ,打开"页面设置"对话框,在"纸张"选项卡中,纸张大小选择 A4,如图 6-4 所示。

微课:设置页面和文档属性

步骤2:在"页边距"选项卡中,上、下、左、右页边距分别设置为 2.8 厘米、2.5 厘米、3.0 厘米、2.5 厘米,装订线为 0.5 厘米,装订线位置为"靠左",纸张方向为"纵向",如图 6-5 所示。

步骤3:在"布局"选项卡中选中页眉和页脚"奇偶页不同"复选框,如图 6-6 所示,单击"确定"按钮,关闭"页面设置"对话框。

步骤4:选择"文件"→"信息"命令,单击窗口右侧窗格中的"属性"下拉按钮,在打开的下拉列表中选择"高级属性"选项,打开"毕业论文(素材).docx 属性"对话框,在"摘要"选项卡中,设置标题为"图书信息资料管理系统的研究与设计"(毕业论文题目),作者为

"李想",单位为"××职业技术学院",如图 6-7 所示,单击"确定"按钮。

图 6-4 "纸张"选项卡

图 6-5 "页边距"选项卡

图 6-6 "布局"选项卡

图 6-7 "摘要"选项卡

6.4.2 任务2：设置标题样式和多级列表

在论文排版过程中常常需要使用样式，以使论文各级标题、正文、致谢、参考文献等版面格式符合要求，Word 2019 中已内置了一些常用样式，可直接应用这些样式，也可根据排版的格式要求，修改这些样式或新建样式。论文全文中各个层次之间，可分为一级标题（章标题）、二级标题（节标题）、三级标题（小节标题）和正文内容等。

微课：设置标题样式和多级列表

使用多级列表可为文档设置层次结构，方便论文内容的组织，也便于阅读。

1. 设置标题样式

步骤1：在"视图"选项卡中选中"显示"组中的"导航窗格"复选框，在窗口左侧将显示"导航"窗格。

步骤2：在"开始"选项卡中右击"样式"组中的"标题1"样式，在弹出的快捷菜单中选择"修改"命令，如图6-8所示，打开"修改样式"对话框。

步骤3：在"修改样式"对话框的"格式"区域中设置格式为"黑体，三号，加粗，居中"，选中"自动更新"复选框，如图6-9所示。

图6-8 修改"标题1"样式　　　　图6-9 "修改样式"对话框

步骤4：单击"修改样式"对话框左下角的"格式"下拉按钮，在打开的下拉列表中选择"段落"命令，如图6-10所示，打开"段落"对话框。

步骤5：在"段落"对话框中设置段落格式为"段前、段后间距0.5行,单倍行距",如图6-11所示,单击"确定"按钮返回到"修改样式"对话框,再单击"确定"按钮,完成"标题1"样式的设置。

图6-10 "格式"下拉列表

图6-11 "段落"对话框

步骤6：使用相同的方法修改"标题2"样式的格式为"黑体,小三号,加粗,左对齐,自动更新,段前、段后间距0.5行,单倍行距","标题3"样式的格式为"黑体,四号,加粗,左对齐,自动更新,段前、段后间距0.5行,单倍行距"。

2. 设置多级列表

多级列表是用于为列表或文档设置层次结构而创建的列表。创建多级列表可使列表具有复杂的结构,并使列表的逻辑关系更加清晰。列表最多可有9个级别。

步骤1：将光标置于"第1章 问题的定义"所在行中,在"开始"选项卡中单击"段落"组中的"多级列表"下拉按钮,在打开的下拉列表中选择"定义新的多级列表"选项,如图6-12所示。

步骤2：在打开的"定义新多级列表"对话框中选择左上角的级别"1",并在"输入编号的格式"文本框中的"1"的左、右两侧分别输入"第"和"章",构成"第1章"的形式。再单击左下角的"更多"按钮,将"将级别链接到样式"设置为"标题1","编号之后"为"空格",如图6-13所示。

图 6-12 "多级列表"下拉列表

图 6-13 设置级别"1"的格式

步骤 3：在图 6-13 所示的界面中再选择左上角的级别"2"，此时"输入编号的格式"默认为"1.1"的形式。"将级别链接到样式"设置为"标题 2"，"对齐位置"为"0 厘米"，"编号之后"为"空格"，如图 6-14 所示。

图 6-14 设置级别"2"的格式

步骤 4：在图 6-14 所示的界面中再选择左上角的级别"3"，此时"输入编号的格式"默认为"1.1.1"的形式，"将级别链接到样式"设置为"标题 3"，"对齐位置"为"0 厘米"，"编号之后"为"空格"，如图 6-15 所示，单击"确定"按钮，完成多级列表的设置。此时"样式"组中的"标题 1""标题 2""标题 3"的样式按钮中出现了多级列表，如图 6-16 所示。

图 6-15　设置级别"3"的格式

3. 应用标题样式

步骤 1："第 1 章　问题的定义"所在段落已经自动应用了"标题 1"样式，使用"格式刷"功能把"第 1 章　问题的定义"的格式复制到其他章标题（第 2～5 章），以及"致谢"和"参考文献"标题。

步骤 2：在第 2～5 章的标题中，删除多余的"第 N 章"形式的文字，如图 6-17 所示。

图 6-16　样式按钮中出现了多级列表

图 6-17　删除多余的文字

步骤 3：将光标置于"致谢"文字的左侧，按 2 次退格键（BackSpace）删除"第 6 章"字样。在"开始"选项卡的"段落"组中单击"居中"按钮（此时，在窗口左侧的"导航"窗格中可以看到，前面原有的各章的章编号消失），再单击快速访问工具栏中的"撤销"按钮

🦴,可还原前面各章的章编号。

步骤 4：使用相同的方法删除"参考文献"左侧的"第 6 章"字样。

步骤 5：将光标置于"1.1 问题的提出"所在行中，单击"样式"组中的"标题 2"按钮，使该二级标题应用"标题 2"样式，然后使用"格式刷"功能把"1.1 问题的提出"的格式复制到其他所有二级标题中，最后删除多余的"X.Y"形式的文字。

步骤 6：使用相同的方法，设置所有三级标题的样式为"标题 3"，并删除多余的"X.Y.Z"形式的文字。此时，在窗口左侧的"导航"窗格中可以看到整个文档的结构，如图 6-18 所示。

图 6-18　在"导航"窗格中可以看到整个文档的结构

说明

（1）为了便于排版，本素材文件中已将所有章名文本（包括"致谢"和"参考文献"）设置为红色，节名文本设置为绿色，小节名文本设置为蓝色。

（2）应用样式"标题 1"的成为一级标题，同理，应用样式"标题 2""标题 3"的分别成为二级标题、三级标题。

（3）整个窗口被分成两部分，左侧"导航"窗格显示整个文档的标题结构，右侧窗格显示文档内容。选择"导航"窗格中的某个标题，右侧窗格中会显示该标题下的内容，这样可实现快速定位。

（4）应用样式，实际上就是应用了一组格式。

4. 新建样式并应用于正文

根据排版需要,还可新建样式,下面新建样式"正文01",格式为"宋体,五号,左对齐,1.5倍行距,首行缩进2个字符,自动更新",并把它应用于论文的正文中。

步骤1:将光标置于正文中(不是在标题中),在"开始"选项卡中单击"样式"组右下角的"样式"扩展按钮,打开"样式"任务窗格,如图6-19所示。

步骤2:单击"样式"任务窗格左下角的"新建样式"按钮,打开"根据格式化创建新样式"对话框,设置新建样式的名称为"正文01",设置其格式为"宋体,五号,左对齐,1.5倍行距,自动更新",如图6-20所示。

图6-19 "样式"任务窗格　　　　图6-20 "根据格式化创建新样式"对话框

步骤3:在图6-20所示的界面中单击左下角的"格式"下拉按钮,在打开的下拉列表中选择"段落"命令,在打开的"段落"对话框中设置段落格式为"首行缩进2个字符"。

步骤4:单击"确定"按钮,返回"根据格式化创建新样式"对话框;再单击"确定"按钮,完成样式"正文01"的新建,新建的样式名"正文01"会出现在"样式"任务窗格的样式列表中。

步骤5:把新建的样式"正文01"应用于所有正文中(不包括章名、节名、小节名、空行、图和图的题注等),最后关闭"样式"任务窗格。

6.4.3 任务3：添加题注和脚注

题注是指给图形、表格、文本或其他项目添加一种带编号的注解。脚注是为某些文本内容添加注解以说明该文本的含义和来源。脚注一般位于每一页文档的底部，可以用作对本页的内容进行解释，适用于对文档中的难点进行说明。

微课：添加题注和脚注

1. 添加题注

步骤1：将光标置于第1张图片下一行的题注前，如图6-21所示，在"引用"选项卡中单击"题注"组中的"插入题注"按钮，打开"题注"对话框。

步骤2：在"题注"对话框中单击"新建标签"按钮，打开"新建标签"对话框，在"标签"文本框中输入文字"图"，如图6-22所示。再单击"确定"按钮，返回到"题注"对话框。

图6-21 将光标置于图题注前

图6-22 新建标签"图"

步骤3：在"题注"对话框中选择刚才新建的标签"图"，再单击"编号"按钮，在打开的"题注编号"对话框中选中"包含章节号"复选框，如图6-23所示。再单击"确定"按钮，返回到"题注"对话框。此时，"题注"文本框中的内容由"图1"变为"图3-1"，如图6-24所示。再单击"确定"按钮，完成该图片的题注的添加。

步骤4：删除多余的文字"图3-1"，然后在题注（"图3-1"）和图片的说明文字（"借还图书功能模块结构图"）之间保留一个空格。

步骤5：在"开始"选项卡中单击"段落"组中的"居中"按钮，将该图片的题注居中。选中该图片，也单击"居中"按钮，将该图片也居中。

步骤6：使用相同的方法依次对文档中的其余4张图片添加题注（删除其中"图X-Y"形式的多余文字），并将其余4张图片及其题注居中。

步骤7：选中文档中第1张图片上一行中的"下图"两字，如图6-25所示，在"引用"选项卡中单击"题注"组中的"交叉引用"按钮，打开"交叉引用"对话框。

图 6-23　包含章节号　　　　　　　　　图 6-24　"题注"对话框

步骤 8：在"交叉引用"对话框中选择"引用类型"为"图","引用内容"为"仅标签和编号",在"引用哪一个题注"列表框中选择需要引用的题注("图 3-1 借还图书功能模块结构图"),如图 6-26 所示,然后单击"插入"按钮。再单击"关闭"按钮,完成"下图"两字的交叉引用。

　　图 6-25　选中"下图"两字　　　　　　　图 6-26　"交叉引用"对话框

步骤 9：使用相同的方法依次对文档中其余 4 张图片上一行中的"下图"两字进行交叉引用。

如果文档中有"表格",可用类似的方法对其中的"表格"添加题注并进行交叉引用。

2. 添加脚注

下面在文档中首次出现 IPO 的地方添加脚注,脚注内容为"IPO 是指结构化设计中变换型结构的输入(Input)、加工(Processing)、输出(Output)"。

步骤 1：选中文档中首次出现的"IPO"文字,如图 6-27 所示。

步骤 2：在"引用"选项卡中单击"脚注"组中的"插入脚注"按钮 **AB**[1],然后在页面底部"脚注"处输入脚注内容"IPO 是指结构化设计中变换型结构的输入(Input)、加工

(Processing)、输出(Output)",如图 6-28 所示。

图 6-27　选中文档中首次出现的 IPO 文字

图 6-28　输入脚注内容

6.4.4　任务 4：自动生成目录和论文分节

在论文正文中设置各级标题后，为了使每章内容另起一页，可在每章前插入分页符，然后利用 Word 的引用功能为论文提取目录。

1. 在每章前插入分页符

步骤 1：将光标置于第 1 章的标题文字"问题的定义"的左侧（不是在上一行的空行中），在"插入"选项卡中单击"页面"组中的"分页"按钮，在第 1 章前插入了"分页符"。

微课：自动生成目录和论文分节

步骤 2：选择"文件"→"选项"命令，打开"Word 选项"对话框，在左侧窗格中选择"显示"选项，在右侧窗格中选中"显示所有格式标记"复选框，如图 6-29 所示。单击"确定"按钮，可在文档中显示"分页符"（单虚线）。

步骤 3：使用相同的方法在其余 4 章（第 2～5 章）前及"致谢"和"参考文献"前依次插入"分页符"，使它们另起一页显示。

2. 自动生成目录

步骤 1：将光标置于首页空白页中，输入"目录"两个字，然后按 Enter 键，设置"目录"两字的格式为"黑体，小二，居中"。

步骤 2：将光标置于"目录"所在行的下一行空行中，在"引用"选项卡中单击"目录"组

图 6-29 "Word 选项"对话框

中的"目录"下拉按钮，在打开的下拉列表中选择"自定义目录"选项，如图 6-30 所示。

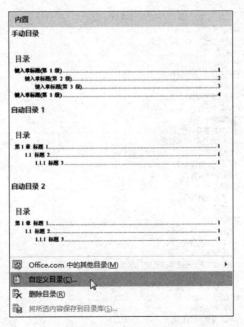

图 6-30 插入目录

步骤 3：在打开的"目录"对话框中选中"显示页码"和"页码右对齐"复选框，选择"显示级别"为"3"，如图 6-31 所示。单击"确定"按钮，生成的目录如图 6-32 所示。

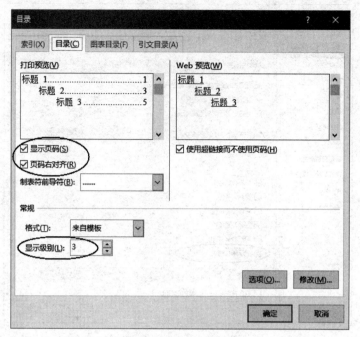

图 6-31 "目录"对话框

图 6-32 论文目录

3. 插入分节符,把论文分为 3 部分

为了在论文的不同部分设置不同的页面格式(如不同的页眉和页脚、不同的页码编号等),在"第 1 章"前插入分节符,使目录、论文正文成为两个不同的节,再在"目录"前插入分节符,以便在目录前插入论文封面和摘要。这样,就把整个文档分为 3 节:封面和摘要(第 1 节)、目录(第 2 节)和论文正文(第 3 节)。在不同的节中,可设置不同的页眉和页脚。

步骤 1:将光标置于第 1 章标题"问题的定义"的左侧。在"布局"选项卡中单击"页面设置"组中的"分隔符"下拉按钮 ,在打开的下拉列表中选择"下一页"分节符,如图 6-33 所示,从而插入"下一页"分节符。

步骤 2:使用相同的方法在"目录"前插入"下一页"分节符,在"目录"前会添加一空白页。注意,分节符显示为双虚线,而分页符显示为单虚线。

图 6-33 插入"下一页"分节符

6.4.5 任务 5:添加页眉和页脚

根据毕业论文排版要求,封面、摘要和目录页上没有页眉,论文正文有页眉。因为在任务 1 中,已设置页眉和页脚"奇偶页不同",所以要对论文正文的奇偶页的页眉分别进行设置。在奇数页的页眉中插入章标题(一级标题),在偶数页的页眉中插入论文题目。

微课:添加页眉和页脚

1. 在正文奇数页的页眉中插入章标题

步骤 1:将光标置于论文正文(第 3 节)第 1 页(奇数页)中,在"插入"选项卡中单击"页眉和页脚"组中的"页眉"下拉按钮 ,在打开的下拉列表中选择"编辑页眉"选项,切换到"页眉和页脚"的编辑状态,此时光标位于页眉中。

步骤 2:在"页眉和页脚工具"的"设计"选项卡中取消"导航"组中的"链接到前一节"按钮的选中状态,如图 6-34 所示,确保"论文正文"节(第 3 节)奇数页页眉与"目录"节(第 2 节)奇数页页眉的链接断开。链接断开后,页眉右下角的文字"与上一节相同"会消失。

步骤 3:在"设计"选项卡中单击"插入"组中的"文档部件"下拉按钮 ,在打开的下拉列表中选择"域"选项,如图 6-35 所示。

步骤 4:在打开的"域"对话框中,在"类别"下拉框中选择"链接和引用"选项,在"域名"列表框中选择"StyleRef"选项,在"样式名"列表框中选择"标题 1"选项,选中"插入段落编号"复选框,如图 6-36 所示。单击"确定"按钮,此时在奇数页页眉中插入章标题的编号"第 1 章",再在其后插入一个空格。

步骤 5:使用相同的方法再插入"域",在打开的"域"对话框中,在"类别"下拉框中选

图 6-34 断开链接

择"链接和引用"选项,在"域名"列表框中选择"StyleRef"选项,在"样式名"列表框中选择"标题 1"选项,不要选中"插入段落编号"复选框,单击"确定"按钮,此时在章编号"第 1 章"后面插入了章标题"问题的定义",如图 6-37 所示。

2. 在正文偶数页的页眉中插入论文题目

步骤 1:将光标置于论文正文第 2 页(偶数页)的页眉中,在"设计"选项卡中取消"导航"组中的"链接到前一节"按钮的选中状态,确保"论文正文"节偶数页页眉与"目录"节偶数页页眉的链接断开。

图 6-35 选择"域"选项

步骤 2:在"页眉和页脚"选项卡中单击"插入"组中的"文档部件"下拉按钮,在打开的下拉列表中选择"域"选项,打开"域"对话框,在"类别"下拉框中选择"文档信息"选项,在"域名"列表框中选择"Title"选项,如图 6-38 所示。再单击"确定"按钮,就可在偶数页页眉中插入已在任务 1 中设置好的文档标题(Title,即论文题目):"图书信息资料管理系统的研究与设计",如图 6-39 所示。

3. 在页脚中添加页码并更新目录

在不同的节中,可设置不同的页眉和页脚。根据毕业论文排版要求,封面和摘要无页码,"目录"节的页码格式为"ⅰ,ⅱ,ⅲ,…","论文正文"节的页码格式为"1,2,3,…",页码位于页脚中,并居中显示。因为在任务 1 中,已设置页眉和页脚"奇偶页不同",所以要对"论文正文"节和"目录"节的奇偶页的页脚分别进行设置。

图 6-36 "域"对话框(1)

图 6-37 奇数页的页眉内容

图 6-38 "域"对话框(2)

图 6-39 偶数页的页眉内容

步骤 1：将光标置于论文正文（第 3 节）第 1 页（奇数页）的页脚中，在"设计"选项卡中取消"导航"组中的"链接到前一节"按钮的选中状态，确保"论文正文"节（第 3 节）奇数页页脚与"目录"节（第 2 节）奇数页页脚的链接断开。链接断开后，页脚右上角的文字"与上一节相同"会消失。

步骤 2：单击"页眉和页脚"组中的"页码"下拉按钮，在打开的下拉列表中选择"设置页码格式"命令，如图 6-40 所示，打开"页码格式"对话框，选择编号格式为"1，2，3，…"，选中"起始页码"单选按钮，并设置起始页码为 1，如图 6-41 所示。再单击"确定"按钮，完成页码格式设置。

图 6-40 设置页码格式

图 6-41 "页码格式"对话框

步骤 3：再单击"页眉和页脚"组中的"页码"下拉按钮，在打开的下拉列表中选择"当前位置"→"普通数字"选项，即可在页脚中插入页码，最后设置页码居中显示。

至此，论文正文奇数页的页码已设置完成，下面设置论文正文偶数页的页码。

步骤 4：将光标置于论文正文（第 3 节）第 2 页（偶数页）的页脚中。同前面的操作方法一样，先取消"链接到前一节"按钮的选中状态，再插入页码（普通数字），并设置页码居中显示。

至此，论文正文奇数页和偶数页的页码均已设置完成。

步骤 5：同"论文正文"节中的页码设置方法一样，读者自行完成"目录"节的页码设置（页码格式为"ⅰ，ⅱ，ⅲ，…"，居中显示）。

步骤 6：页眉和页脚设置完成后，在"设计"选项卡中单击"关闭页眉和页脚"按钮，退出页眉和页脚的编辑状态。

因为论文正文中的页码已重新设置,原自动生成的目录内容(包括页码)应该更新。

步骤7:右击"目录"页中的目录内容,在弹出的快捷菜单中选择"更新域"命令,打开"更新目录"对话框,如图6-42所示。根据需要,选择"只更新页码"或"更新整个目录"单选按钮,再单击"确定"按钮,即可更新目录内容。

图6-42 "更新目录"对话框

6.4.6 任务6:添加论文摘要和封面

毕业论文中已有目录和论文正文,下面添加论文摘要和封面。

步骤1:在目录页前的空白页中(第1节),输入论文摘要(含关键词),并根据需要设置相关格式,如图6-43所示。

步骤2:将光标置于文字"摘要"前,在"插入"选项卡中单击"页"组中的"分页"按钮,在"摘要"前插入一新空白页。

微课:添加论文摘要和封面

步骤3:在新插入的空白页中,插入学校要求的毕业论文封面,封面上一般含有学校名称、论文题目、实习单位、实习岗位、专业班级、学生姓名、指导老师、日期等,如图6-44所示(各个学校对封面的要求可能会有所不同),根据实际情况填写封面上的相关内容。可以利用制表符来对齐论文题目、实习单位、指导老师等内容。

```
                    摘   要

        图书管理系统是典型的信息管理系统(MIS),其开发主要包含后台
        数据库的建立与维护和前端应用程序源码的开发两个方面。本文对数
        据库管理系统,VB应用程序源码设计,VB数据库技术进行了的学习与
        应用,主要完成对图书管理系统的需求分析、功能模块划分、数据库
        模式分析,并由此设计了数据库结构与应用程序源码。

        关键词:图书;信息管理系统;数据库;Visual Basic
```

图6-43 论文摘要

图 6-44 封面效果图

6.4.7 任务7：使用批注和修订

至此，毕业论文的排版已基本结束，通常情况下，学生会把已排版的论文提交给指导老师审阅，指导老师通过批注和修订对论文提出修改意见后，再返回给学生，学生可接受或拒绝老师添加的批注和修订。

微课：使用批注和修订

1. 更改修订者的用户名

步骤1：在"审阅"选项卡中单击"修订"组右下角的"修订选项"扩展按钮 ，打开"修订选项"对话框，如图6-45所示。

说明 "修订"按钮分为2部分，上半部分为图形按钮 ，单击它则开始修订或取消修订；下半部分为下拉按钮 ，单击它则会打开下拉列表。

步骤2：单击"更改用户名"按钮，打开"Word选项"对话框，在左侧窗格中选择"常规"选项，在右侧窗格中的"用户名"文本框中输入修订者的用户名，如"黄老师"；在"缩写"文本框中输入用户名的缩写，如"Huang"，如图6-46所示。单击"确定"按钮，返回到"修订选项"对话框，再单击"确定"按钮。

2. 使用批注和修订

步骤1：在"审阅"选项卡的"修订"组中单击"显示以供审阅"下拉按钮 ，在打开的下拉列表中选择"所有标记"选项，如图6-47所示。再单击"显示标记"下拉按钮 ，在打

图 6-45 "修订选项"对话框

图 6-46 "Word 选项"对话框中设置用户名

开的下拉列表中选中"批注框"→"在批注框中显示修订"选项,如图 6-48 所示。

图 6-47 "显示以供审阅"下拉列表

图 6-48 "显示标记"下拉列表

步骤 2：单击"修订"组中的"修订"图形按钮 ，此时该图形按钮处于选中状态，表示可以开始修订。

步骤 3：在"第 1 章"所在的页面中，在"项目"所在行中删除"馆"字，并在本行行尾的句号前插入文字"系统的研究与设计"，此时在页面右侧的批注框中显示了"删除的内容：馆"，插入的文字"系统的研究与设计"在页面中蓝色显示，并添加了单下划线。

步骤 4：使用相同的方法把下一行的"更新"两字修改为"完善"两字，修订效果如图 6-49 所示。

图 6-49 使用修订

步骤 5：选中本页面中第 1 次出现的"Basic6.0"文字，再单击"批注"组中的"新建批注"按钮 ，在页面右侧的"批注框"中输入批注信息"中间应该有一空格"，批注信息前面会自动加上人像和批注者的用户名。

步骤 6：使用相同的方法对第 2 次出现的"Basic6.0"文字添加相同的批注信息，批注效果如图 6-50 所示。

图 6-50 添加批注

步骤 7：在如图 6-47 所示的界面中，选择其他不同的选项，注意查看文档的显示效果。

步骤 8：在如图 6-48 所示的界面中，选择其他不同的选项，注意查看文档的显示效果。

当文档开始修订后，用户对文档进行修改后将显示标记，但不同类型的修改所显示的标记也不同,例如,在默认情况下插入的内容将会有单下划线。事实上,用户可以自定义修订标记的样式和颜色,以便更好地区别标记。

步骤 9:在图 6-45 所示的界面中,单击"高级选项"按钮,打开"高级修订选项"对话框,如图 6-51 所示,在该对话框中,可自定义修订标记的样式和颜色。

步骤 10:单击"保护"组中的"限制编辑"按钮，将打开"限制编辑"任务窗格,如图 6-52 所示,在该任务窗格中可对文档的格式和编辑设置各种限制,关闭"限制编辑"任务窗格。

图 6-51 "高级修订选项"对话框

图 6-52 "限制编辑"任务窗格

3. 接受或拒绝批注和修订

老师对学生的论文进行批注和修订后,学生可根据实际情况,接受或拒绝老师的批注和修订。

批注不会集成到文本编辑中,它们只是对编辑提出建议,批注中的建议文字经常会被复制并粘贴到文本中,但批注本身不是文档的一部分,所以无法接受或拒绝批注本身。接受批注就是不管它,拒绝批注则是删除它。

修订却是文档的一部分,修订是对 Word 文档所做的插入或删除等。可以查看插入或删除的内容、修改的作者,以及修改时间。当接受修订时,它将把修订内容转换为常规文字;当接受删除时,它将从整个文档中删除;拒绝插入内容即是将其删除;拒绝删除内容即是保留原始文本;如果接受格式更改,它们就会应用于文本的最终版本;拒绝格式更改,格式将被删除。

步骤1:单击"修订"组中的"审阅窗格"下拉按钮,在打开的下拉列表中选择"垂直审阅窗格"选项,如图6-53所示,可在文档窗口中显示"垂直审阅窗格",如图6-54所示。

图6-53 "审阅窗格"下拉列表

图6-54 垂直审阅窗格(左窗格)

步骤2:将光标置于"审阅窗格"中的第1条修订处,单击"更改"组中的"接受"图形按钮(或下拉列表中的"接受此修订"选项),表示接受此修订,修订内容会转换为常规文字。接受修订后,在"审阅窗格"中,光标会自动转到下一修订处。

如果单击"更改"组中的"拒绝"图形按钮(或下拉列表中的"拒绝更改"选项),表示拒绝修订,保留原始文字。

步骤3:使用相同的方法"接受"或"拒绝"其他3处的修订。

批注不同于修订,当"接受"或"拒绝"批注时,文档内容本身不会发生变化,"接受"批注就是不理批注,批注本身还会保留,拒绝批注则是删除批注本身。根据"批注"中的建议或提示,手工修改文档内容。

步骤 4:在"审阅窗格"中,当光标移到第 1 个"批注"中时,根据"批注"内容("中间应该有一空格"),在文档中的第 1 次出现的"Basic6.0"的中间插入一个空格,即把"Basic6.0"修改为"Basic 6.0",然后单击"更改"组中的"拒绝"图形按钮,删除"批注"本身。

步骤 5:使用相同的方法对另一个"批注"进行相同的处理。

说明 "接受"或"拒绝"按钮均分为两部分,上半部分为图形按钮,单击它则表示"接受"或"拒绝"修订;下半部分为下拉按钮,单击它则会打开下拉列表,如图 6-55 所示。

(a) "接受"下拉列表　　　　(b) "拒绝"下拉列表

图 6-55 "接受"和"拒绝"下拉列表

步骤 6:再次单击"修订"组中的"修订"图形按钮,此时该图形按钮处于未选中状态,表示结束修订。

6.5 总结与提高

本项目以"毕业论文排版"为例,介绍了长文档的排版方法和技巧,要重点掌握样式、节、页眉和页脚的设置方法。

在创建标题样式时,要明确各级别之间的相互关系以及正确设置标题编号格式等,否则,将会导致排版出现标题级别的混乱状况。

可以为文档自动创建目录,使目录的制作变得非常简便,但前提是已经为各级标题设置了样式。当目录标题或页码发生变化时,注意及时更新目录内容。

分节符可以将文档分成若干个"节",不同的节可以设置不同的页面格式,如不同的纸张、不同的页边距、不同的页眉页脚、不同的页码、不同的页面边框、不同的分栏等。在使用"分节符"时不要与"分页符"混淆。

设置不同的页眉和页脚时,可在"页面设置"中设置页眉和页脚"奇偶页不同",要注意断开不同"节"之间的链接,可以利用插入"域"来设置灵活的页眉和页脚内容。

题注是指给图形、表格、文本或其他项目添加一种带编号的注解,Word 会对题注进行自动编号,如果移动、添加或者删除带题注的某一项目,Word 也会自动调整编号。一旦某一项目带有题注,用户就可以对其建立交叉引用。

在文档中,有时要为某些文本内容添加注解以说明该文本的含义和来源,这种注解说明在 Word 中就称为脚注和尾注。脚注一般位于每一页文档的底部,可以用作对本页的内容进行解释,适用于对文档中的难点进行说明;而尾注一般位于整个文档的末尾,常用来列出文章或书籍的参考文献等。

6.6 拓展知识:图灵奖获得者姚期智院士

姚期智,1946年生于上海,1967年在台湾大学毕业以后去美国攻读硕士和博士学位,1972年取得哈佛大学物理学博士学位,1975年在伊利诺大学取得他的第二个博士学位——计算机科学博士学位。之后,他曾先后在麻省理工学院、斯坦福大学、加州大学伯克利分校等美国著名高等学府从事教学与研究,1986年加盟普林斯顿大学,2003年受聘为清华大学计算机系讲席教授,2004年正式加盟该校高等研究中心,担任全职教授,2007年领导成立了清华大学理论计算机科学研究中心。清华大学的"姚班"和"智班",就是姚期智院士一手创办的。

多年来,姚期智在数据组织、基于复杂性的伪随机数生成理论、密码学、通信复杂性乃至量子通信和计算等多个尖端科研领域都做出了巨大而独到的贡献。他所发表的近百篇学术论文,几乎覆盖了计算复杂性的所有方面,并在获图灵奖之前就已经在不同的科研领域屡获殊荣,曾获美国工业与应用数学学会乔治·波利亚奖和以算法设计大师克努特命名的首届克努特奖,是计算机理论方面国际上最拔尖的学者。

图灵奖是由美国计算机协会于1966年设立的计算机奖项,名称取自艾伦·马西森·图灵(Alan Mathison Tuning),旨在奖励对计算机事业做出重要贡献的个人。图灵奖的获奖条件要求极高,评奖程序很严格,一般每年仅授予一名计算机科学家。图灵奖是计算机领域的国际最高奖项,被誉为"计算机界的诺贝尔奖"。姚期智2000年获得图灵奖,是迄今为止获得此项殊荣的唯一亚裔计算机科学家。

6.7 习　　题

一、选择题

1. 在Word中进行查找和替换正文时,若操作错误,则_____。
   A. 必须手工恢复　　　　　　　　B. 有时可恢复,有时就无可挽回
   C. 无可挽回　　　　　　　　　　D. 可用"撤销"命令来恢复
2. 下列关于Word页眉和页脚的叙述中,_____是错误的。
   A. 文档内容和页眉、页脚可以同时处于编辑状态
   B. 文档内容可以和页眉、页脚一起打印
   C. 编辑页眉和页脚时不能编辑文档内容
   D. 页眉、页脚中也可以进行格式设置和插入剪贴画
3. Word的样式是一组的_____集合。

  A. 格式   B. 模板   C. 公式   D. 控制符

4. 假设插入点在文档中的某个字符之后,当选择某个样式时,该样式就对当前_____起作用。

  A. 行   B. 列   C. 段   D. 页

5. 在 Word 中编辑某毕业论文,若想为其建立便于更新的目录,应先对各行标题设置_____。

  A. 字体   B. 字号   C. 某样式   D. 居中

6. 在 Word 中,如果存在图 1~图 10 十张图,如果删除了图 2,希望编号图 3~图 10 自动变为图 2~图 9,则应将图 1~图 10 设置成_____。

  A. 脚注   B. 尾注   C. 题注   D. 索引

7. Word 2019 插入题注时如需加入章节号,如"图 1-1",无须进行的操作是_____。

  A. 将章节起始位置套用内置标题样式

  B. 将章节起始位置应用多级符号

  C. 将章节起始位置应用自动编号

  D. 自定义题注样式为"图"

8. 在 Word 2019 新建段落样式时,可以设置字体、段落、编号等多项样式属性,以下不属于样式属性的是_____。

  A. 制表位   B. 语言   C. 文本框   D. 快捷键

9. 我们常用的打印纸张 A3 号和 A4 号的关系是_____。

  A. A3 是 A4 的一半   B. A3 是 A4 的一倍

  C. A4 是 A3 的四分之一   D. A4 是 A3 的一倍

10. 若文档被分为多个节,并在"页面设置"的版式选项卡中将页眉和页脚设置为奇偶页不同,则以下关于页眉和页脚说法正确的是_____。

  A. 文档中所有奇偶页的页眉必然都不相同

  B. 文档中所有奇偶页的页眉可以都不相同

  C. 每个节中奇数页页眉和偶数页页眉必然不相同

  D. 每个节的奇数页页眉和偶数页页眉可以不相同

二、实践操作题

1. 在桌面上建立文档 MyDoc.docx。要求:

(1) 文档总共有 6 页,第 1 页和第 2 页为一节,第 3 页和第 4 页为一节,第 5 页和第 6 页为一节。

(2) 每页显示内容均为 3 行,左右居中对齐,样式为"正文"。第 1 行显示:第 x 节;第 2 行显示:第 y 页;第 3 行显示:共 z 页。其中 x、y、z 是使用插入的域自动生成的,并以中文数字(壹、贰、叁)的形式显示。

(3) 每页行数均设置为 40,每行 30 个字符。每行文字均添加行号,从"1"开始,每节重新编号。

2. 对素材库中的文件"练习文档.docx",按下列要求进行操作,并将结果存盘,注意及时保存操作结果。要求：

(1) 对正文进行排版。

① 使用多级符号对章名、小节名进行自动编号，代替原始的编号。要求如下。

- 章号的自动编号格式为：第 X 章(例：第 1 章)。其中：X 为自动排序，阿拉伯数字序号。对应级别 1，居中显示。
- 小节名自动编号格式为 X.Y。其中，X 为章数字序号，Y 为节数字序号(如 1.1)，X、Y 均为阿拉伯数字序号。对应级别 2，左对齐显示。

② 新建样式，样式名为"样式 12345"。

- 字体：中文字体为"楷体"，西文字体为 Times New Roman，字号为"小四"。
- 段落：首行缩进 2 字符，段前 0.5 行，段后 0.5 行，行距 1.5 倍；两端对齐。其余格式用默认设置。

③ 对正文中的图添加题注"图"，位于图下方，居中显示。要求如下。

- 编号为"章序号-图在章中的序号"。例如，第 1 章中第 2 幅图，题注编号为 1-2。
- 图的说明使用图下一行的文字，格式同编号。
- 图居中。

④ 对正文中出现"如下图所示"的"下图"两字，使用交叉引用。
改为"图 X-Y"，其中"X-Y"为图题注的编号。

⑤ 对正文中的表添加题注"表"，位于表上方，居中显示。

- 编号为"章序号-表在章中的序号"。例如，第 1 章中第 1 张表，题注编号为 1-1。
- 表的说明使用表上一行的文字，格式同编号。
- 表居中，表内文字不要求居中。

⑥ 对正文中出现"如下表所示"中的"下表"两字，使用交叉引用。
改为"表 X-Y"，其中"X-Y"为表题注的编号。

⑦ 对正文中首次出现 Access 的地方插入脚注。
添加文字"Access 是由微软发布的关联式数据库管理系统。"等文字。

⑧ 将②中的新建样式应用到正文中无编号的文字，不包括章名、小节名、表文字、表和图的题注、脚注。

(2) 在正文前按序插入三节，使用 Word 提供的功能，自动生成如下内容。

① 第 1 节：目录。其中："目录"使用样式"标题 1"，并居中显示；"目录"下为目录项。

② 第 2 节：图索引。其中："图索引"使用样式"标题 1"，并居中显示；"图索引"下为图索引项。

③ 第 3 节：表索引。其中："表索引"使用样式"标题 1"，并居中显示；"表索引"下为表索引项。

(3) 使用适合的分节符，对正文进行分节。添加页脚，使用域插入页码，居中显示。要求如下。

① 正文前的节，页码采用"ⅰ,ⅱ,ⅲ,…"格式，页码连续。

② 正文中的节，页码采用"1,2,3,…"格式，页码连续。

③ 正文中每章为单独一节,页码总是从奇数开始。
④ 更新目录、图索引和表索引。
(4) 添加正文的页眉。使用域,按以下要求添加内容,居中显示。其中:
① 对于奇数页,页眉中的文字为:章序号　章名。(例如:第 1 章　×××)
② 对于偶数页,页眉中的文字为:节序号　节名。(例如:1.1　×××)

项目 7 批量制作信封和成绩单

本项目是以"批量制作信封和成绩单"为例,介绍如何利用 Word 2019 的"邮件合并"功能批量制作信封和成绩单等方面的相关知识。

7.1 项目导入

每个学期结束时,计 23-1 班的班主任刘老师都要做一件比较棘手的事情:学校要求根据已有的"各科成绩",给每位学生发一个"成绩单"(见图 7-1),"成绩单"填写完成后,还要根据"班级通信录"把"成绩单"邮寄给学生。机械 23-2 班的班主任陈老师也遇到了相同的问题,陈老师一开始将"成绩单"复制了 50 份。但接下来的事却让他犯了愁,要把每位学生的姓名及分数填写进去,并不是一件轻松的事情,不仅工作量大,而且极容易出错!

学生成绩单
(2023—2024 学年第二学期 计 23-1 班)

学号	姓名	高等数学	大学英语	体育	思想道德与法治	信息技术	C语言程序设计	网页设计

图 7-1 空白的"学生成绩单"

陈老师听说刘老师利用 Word 软件的"邮件合并"功能已经解决了这个问题,因此陈老师找到刘老师,希望刘老师帮助解决以下两个问题。

(1) 根据"班级通信录",确定如何快速批量制作信封。

(2) 根据已有的"各科成绩",确定如何快速批量制作成绩单。

刘老师了解情况后,向陈老师介绍了自己的做法,经过刘老师的指点,陈老师也顺利地完成了任务。以下是刘老师提出的解决方法。

7.2 项目分析

为了下面的操作更加简便,可把"班级通信录"和"各科成绩"中的数据合并在同一个 Excel 工作表(如"学生成绩.xlsx"文件中的"学生成绩"工作表)中,工作表内容如图 7-2 所示。

图 7-2 "学生成绩"工作表

利用"信封制作向导"可快速制作信封,然后利用 Word 的"邮件合并"功能将学生的"姓名""地址""邮编"等数据合并到信封中,生成每人单独一个的信封。

对于学生成绩单,先制作好如图 7-1 所示的空白的"学生成绩单"主文档,然后利用 Word 的"邮件合并"功能将"各科成绩"的数据合并到"学生成绩单"中,生成每人单独一张的成绩单。为了提高打印速度和节约打印纸张,删除邮件合并后文件中的"分节符",可以实现在一页纸中打印多个学生的成绩单。最后,打印出每位学生的信封和成绩单,然后邮寄给他们。

由以上分析可知,"批量制作信封和成绩单"可以分解为以下两大任务:批量制作信封;批量制作成绩单。

其操作流程图如图 7-3 所示。批量制作完成的信封和成绩单的效果图分别如图 7-4、图 7-5 所示。

图 7-3 "批量制作信封和成绩单"操作流程图

图 7-4 批量制作完成的信封效果图

图 7-5 批量制作完成的成绩单效果图

7.3 相关知识点

1. 邮件合并

"邮件合并"这个名称最初是在批量处理"邮件文档"时提出的。具体地说,就是在邮件文档(主文档)的固定内容(相当于模板)中,合并与发送信息相关的一组数据,这些数据可以来自 Excel 工作表、Access 数据表等数据源中,从而批量生成需要的邮件文档,大大提高工作效率。

"邮件合并"功能除了可以批量处理信封、信函等与邮件相关的文档外,还可以轻松地批量制作标签、请柬、工资条、成绩单、准考证、获奖证书等。

"邮件合并"的适用范围:需要制作的数量比较大且文档内容可分为固定不变的部分和变化的部分(如打印信封,寄信人信息是固定不变的,而收信人信息是变化的部分),变化的内容来自数据表中含有标题行的数据记录表。

2. 信封制作向导

"信封制作向导"是 Word 中提供的一个向导式邮件合并工具,利用"信封制作向导"提供的操作步骤可以快速批量制作信封。

3. 域

简单地讲,域就是引导 Word 在文档中自动插入文字、图形、页码或其他信息的一组代码。每个域都有一个唯一的名字,它具有的功能与 Excel 中的函数非常相似。

域可以在无须人工干预的条件下自动完成任务,如编排文档页码并统计总页数;按不同格式插入日期和时间并更新;通过链接与引用在活动文档中插入其他文档;自动编制目录、关键词索引、图表目录;实现邮件的自动合并与打印;创建标准格式分数,为汉字加注拼音等。

域也可以被格式化。可以将字体、段落和其他格式应用于域结果,使它们融合在文档中,有时,如果不仔细看甚至看不出域代码中的信息。

7.4 项目实施

7.4.1 任务1:批量制作信封

批量制作信封可通过"信封制作向导"来实现。

步骤 1:启动 Word 2019 程序后,在"邮件"选项卡中单击"创建"组中的"中文信封"按钮 ,打开"信封制作向导"对话框,如图 7-6 所示。

微课:批量制作信封

图 7-6 "信封制作向导"对话框

步骤 2:单击"下一步"按钮,进入"信封样式"界面,单击"信封样式"下拉按钮,在打开的下拉列表中选择符合国家标准的信封型号。这里选择"国内信封-DL(220×110)"选项,界面中还提供了 4 个打印复选框,可以根据实际需要选中相应复选框,这里选中所有复选框,如图7-7所示。

图7-7 选择信封样式

步骤3:单击"下一步"按钮,进入"信封数量"界面,选择生成信封的方式和数量,这里选中"基于地址簿文件,生成批量信封"单选按钮,如图7-8所示。

图7-8 选择生成信封的方式和数量

步骤4:单击"下一步"按钮,进入"收信人信息"界面,单击"选择地址簿"按钮,在打开的对话框中选择并打开素材库中的Excel文件("学生成绩.xlsx"文件),打开文件后,在"匹配收信人信息"区域中设置收信人信息与地址簿中的对应信息,这里只选择了"姓名""地址"和"邮编"信息,如图7-9所示。

说明 在打开地址簿文件时,默认情况为打开文本文件。如果地址簿文件为Excel

文件,应在"打开"对话框的"文件类型"下拉列表中选择"Excel"选项。

图 7-9 匹配收信人信息

步骤 5：单击"下一步"按钮,进入"寄信人信息"界面,需要输入寄信人的姓名、单位、地址和邮编等信息。由于批量制作的信封上都需要有相同的寄信人信息,此时可填写真实的寄信人信息,如图 7-10 所示。

图 7-10 输入寄信人信息

步骤 6：单击"下一步"按钮,再单击"完成"按钮,完成信封制作向导,并生成一个新的文档,内容如图 7-4 所示。最后单击"保存"按钮保存生成的信封,命名为"批量信封.docx"。

7.4.2 任务 2：批量制作成绩单

批量制作信封可以采用"信封制作向导"的方法，批量制作成绩单可以利用 Word 2019 中的"邮件合并"功能来实现。下面先制作空白的"学生成绩单"主文档，然后利用 Word 的"邮件合并"功能将"各科成绩"的数据合并到"学生成绩单"中，生成每人单独一张的成绩单。为了提高打印速度和节约打印纸张，删除邮件合并后文件中的"分节符"，可以实现在一页纸中打印多个学生的成绩单。

微课：批量制作成绩单

1. 制作"学生成绩单"主文档

步骤 1：在 Word 2019 窗口中，新建一空白文档，输入"学生成绩单"表格，并设置适当的格式，各门成绩先空着，最后在文档末尾添加 2～3 行空行（方便下面在一页纸张上能打印多张成绩单）。

步骤 2：单击快速访问工具栏中的"保存"按钮 ![保存]，保存文件，命名为"学生成绩单主文档.docx"。

2. 利用"邮件合并"功能，批量制作成绩单

步骤 1：打开刚才建立的"学生成绩单主文档.docx"文件，在"邮件"选项卡中单击"开始邮件合并"组中的"开始邮件合并"下拉按钮，在打开的下拉列表中选择"普通 Word 文档"选项，如图 7-11 所示。

步骤 2：单击"开始邮件合并"组中的"选择收件人"下拉按钮，在打开的下拉列表中选择"使用现有列表"选项，如图 7-12 所示。

图 7-11 "开始邮件合并"下拉列表

图 7-12 "选择收件人"下拉列表

步骤 3：在打开的"选取数据源"对话框中选择素材库中的"学生成绩.xlsx"文件，如图 7-13 所示。

步骤 4：单击"打开"按钮，弹出"选择表格"对话框，选择其中的"学生成绩$"工作表，如图 7-14 所示，单击"确定"按钮。

图 7-13 "选取数据源"对话框

步骤 5：将光标定位在"学号"下面的空白单元格中,单击"编写和插入域"组中的"插入合并域"下拉按钮,在打开的下拉列表中选择"学号"选项,如图 7-15 所示,这时在"学号"下面的空白单元格中插入了"《学号》"合并域。

图 7-14 "选择表格"对话框

图 7-15 插入合并域

说明　"插入合并域"下拉列表中的各个选项就是"学生成绩$"工作表中的字段名。

步骤 6：使用相同的方法在所有其他空白单元格中插入相应的合并域,结果如图 7-16 所示。

步骤 7：单击"完成"组中的"完成并合并"下拉按钮,在打开的下拉列表中选择"编辑单个文档"选项,如图 7-17 所示。

说明　在如图 7-17 所示的界面中,如果选择"打印文档"选项,可以直接批量打印学生成绩单;如果选择"发送电子邮件"选项,可以将批量生成的学生成绩单通过邮件发送给

学生成绩单
（2023—2024 学年第二学期··计 23-1 班）

学号	姓名	高等数学	大学英语	体育	思想道德与法治	信息技术	C 语言程序设计	网页设计
《学号》	《姓名》	《高等数学》	《大学英语》	《体育》	《思想道德与法治》	《信息技术》	《C 语言程序设计》	《网页设计》

图 7-16　插入全部合并域后的"学生成绩单"主文档

指定的收件人。

步骤 8：在打开的"合并到新文档"对话框中选择"全部"单选按钮，如图 7-18 所示。

图 7-17　"完成并合并"下拉列表　　　图 7-18　"合并到新文档"对话框

步骤 9：单击"确定"按钮，完成邮件合并，系统会自动处理并生成每位学生单独一张的成绩单，并在新文档中一一列出，如图 7-19 所示。

学生成绩单
（2023—2024 学年第二学期··计 23-1 班）

学号	姓名	高等数学	大学英语	体育	思想道德与法治	信息技术	C 语言程序设计	网页设计
2023207101	蔡明	74	70	75	76	98	79	64

――――――――分节符(下一页)――――――――

图 7-19　邮件合并效果

3. 删除"分节符"并在一页中打印多份成绩单

在这个邮件合并后的新文档（信函 1.docx）中，一页只保存了一个学生的成绩单（有多页），这是因为每页的最后都包含了"分节符"（显示为双虚线）。为了提高打印速度和节约打印纸张,可设计在一张 A4 纸上打印 3~4 个学生的成绩单。

步骤 1：在"开始"选项卡中单击"编辑"组中的"替换"按钮,打开"查找和替换"对话框,如图 7-20 所示。

图 7-20 "查找和替换"对话框

步骤 2：在"替换"选项卡中,将光标定位在"查找内容"文本框中,然后单击对话框左下角的"更多"按钮,展开对话框内容,再单击对话框底部的"特殊格式"下拉按钮,在打开的下拉列表中选择"分节符"特殊格式,如图 7-21 所示,此时在"查找内容"文本框中填入了"^b"特殊格式符号。

图 7-21 选择特殊格式"分节符"

步骤3：在"替换为"文本框中不需填写任何内容，即把"分节符"替换为空白，相当于删除"分节符"，然后单击"全部替换"按钮，替换后的文档如图7-5所示，最后将它保存为"批量学生成绩单.docx"文件。

说明　删除文档中的所有"分节符"，目的是使所有的成绩单连贯起来，这样一页纸就可容纳3份左右的学生成绩单，中间以空行分隔开。

7.5　总结与提高

"邮件合并"功能将Word主文档和存储数据的文档或数据库链接在一起，成批地将数据填写到主文档的指定位置，从而极大地提高了文档的制作效率。"邮件合并"除了可以批量处理信封、信函等与邮件相关的文档外，还可以批量处理标签、请柬、工资条、成绩单、准考证和获奖证书等。

"邮件合并"的操作方法，归纳起来主要是以下3步。

(1) 建立数据源，制作文档中变化的部分。一般使用Word及Excel的表格、Access数据表等，可以事先创建好数据源，用到时直接打开它，如"学生成绩.xlsx"。

(2) 建立主文档，制作文档中不变的部分，相当于制作模板，如空白的"学生成绩表"。

(3) 插入合并域，以域的方式将数据源中相应内容插入主文档中。

如果插入的不是域的数据时，可以直接在主文档中输入。

7.6　拓展知识：863计划

1986年3月，面对世界高技术的蓬勃发展及国际竞争日趋激烈的严峻挑战，邓小平同志在王大珩、王淦昌、杨嘉墀和陈芳允四位科学家提出的"关于跟踪研究外国战略性高技术发展的建议"和朱光亚极力倡导下，做出"此事宜速作决断，不可拖延"的重要批示。在充分论证的基础上，党中央、国务院果断决策，于1986年11月启动实施了高技术研究发展计划，简称"863计划"。根据"有限目标，突出重点"的方针，"863计划"确定了7个对我国今后发展有重大影响的高技术领域，即生物技术、航天技术、信息技术、激光技术、自动化技术、能源技术和新材料领域作为我国高技术研究与开发的重点。1996年又增加了海洋技术领域。

"863计划"作为中国高技术研究发展的一项战略性计划，经过20多年的实施，有力地促进了中国高技术及其产业发展。它不仅是中国高技术发展的一面旗帜，而且成了中国科学技术发展的一面旗帜。2016年，随着国家重点研发计划的出台，863计划结束了自己的历史使命。

7.7 习　　题

实践操作题

1. 先在桌面上建立成绩信息文件 CJ.xlsx，内容如表 7-1 所示。操作要求如下。
（1）使用"邮件合并"功能，建立成绩单范本文件 CJ_T.docx，内容如图 7-22 所示。
（2）生成所有考生的成绩单文件 CJ.docx。

表 7-1　考生成绩表

姓名	语文	数学	英语
张三	80	91	98
李四	78	69	79
王五	87	86	76
赵六	65	97	81

《姓名》同学

语文	《语文》
数学	《数学》
英语	《英语》

图 7-22　成绩单范本

2. 先在桌面上建立考生信息文件 Ks.xlsx，内容如表 7-2 所示。操作要求如下。
（1）使用"邮件合并"功能，建立信息单范本文件 Ks_T.docx，内容如图 7-23 所示。
（2）生成所有考生的信息单文件 Ks.docx。

表 7-2　考生信息表

准考证号	姓名	性别	年龄
8011400001	张三	男	22
8011400002	李四	女	18
8011400003	王五	男	21
8011400004	赵六	女	20
8011400005	吴七	女	21
8011400006	陈一	男	19

准考证号：《准考证号》

姓名	《姓名》
性别	《性别》
年龄	《年龄》

图 7-23　信息单范本

学习情境 三

学习电子表格处理
（Excel 2019）

- 项目 8　学生成绩分析与统计
- 项目 9　工资表数据分析
- 项目 10　水果超市销售数据分析

项目 8　学生成绩分析与统计

本项目以"学生成绩分析与统计"为例,介绍 Excel 2019 的基本操作、工作表的格式设置、公式和函数的使用、筛选和排序的使用、图表的使用等方面的相关知识。

8.1　项目导入

以前大家可能经常看到,老师夹着一本课本和一本学生点名册走进教室开始讲课。但进入信息时代后,课本被电子教案所替代,学生点名册也采用了全新的电子表格。电子表格究竟有什么用呢?

我们举个简单的例子来说明这个问题:每一位教师期末都需要计算学生的成绩并制作相应的成绩分布图。而学生的成绩通常由学生的考勤情况、作业情况、期中成绩和期末成绩所组成。在传统的情况下,教师需要手工统计学生的到课情况,登记学生的作业及考试成绩,根据以上大量的数据进行计算和汇总,并最终计算出学生的总评成绩。而现在,教师只需要在电子表格中输入相关数据,很快便可完成各种计算和相应的统计了。

为了方便学生成绩的管理,张老师制作了四张工作表:学生考勤表(见图 8-1)、学生作业表(见图 8-2)、学生成绩表(见图 8-3)和期末成绩分析表(见图 8-4)。

学号	姓名	第1周	第2周	第3周	第4周	第5周	第6周	第7周	第8周	第9周	第10周	考勤分
2023302201	楼晶庆	√	×	√	√	△	√	√	△	√	√	
2023302202	林木森	√	√	√	×	√	√	√	√	√	√	
2023302203	吴一刚	√	√	×	√	√	×	√	√	√	√	
2023302204	胡小明	√	√	√	△	√	√	√	√	√	√	
2023302205	夏燕	√	√	√	√	√	√	√	√	√	√	
2023302206	李欢笑	√	√	√	√	√	√	√	√	√	√	
2023302207	来俊锋	√	√	√	√	√	△	√	√	√	√	
2023302208	蔡依晨	√	√	√	△	√	√	√	√	√	√	
2023302209	胡晓月	√	√	×	√	√	√	√	√	√	√	
2023302210	虞君	√	√	√	√	√	√	√	√	√	√	

图 8-1　学生考勤表

学号	姓名	作业一	作业二	作业三	作业四	作业五	作业六	平均分
2023302201	楼晶庆	61	99	90	75	60	89	
2023302202	林木森	78	98	55	60	99	92	
2023302203	吴一刚	99	52	53	92	86	54	
2023302204	胡小明	62	91	83	78	92	57	
2023302205	夏燕	78	70	53	67	64	56	
2023302206	李欢笑	51	64	71	95	80	80	
2023302207	来俊锋	69	99	93	93	93	65	
2023302208	蔡依晨	69	59	70	87	57	77	
2023302209	胡晓月	80	99	76	94	57	99	
2023302210	虞君	70	89	68	66	87	84	

图 8-2　学生作业表

学号	姓名	考勤（10%）	作业（20%）	期中（20%）	期末（50%）	总评分	评级
2023302201	楼晶庆			63	75		
2023302202	林木森			85	50		
2023302203	吴一刚			52	93		
2023302204	胡小明			67	52		
2023302205	夏燕			52	60		
2023302206	李欢笑			69	58		
2023302207	来俊锋			65	54		
2023302208	蔡依晨			52	65		
2023302209	胡晓月			68	79		
2023302210	虞君			85	64		

图 8-3　学生成绩表

由于教学管理的需要，需要进行以下五项工作。

（1）利用公式和函数，计算学生的"考勤分"、作业"平均分"和"总评分"。

（2）根据"总评分"计算相应的"评级"，并统计"期末成绩"各分数段的学生人数。

分数段	人数
90~100	
80~89	
70~79	
60~69	
0~59	

图 8-4　期末成绩分析表

（3）为了使表格更加美观、易读，需要对工作表进行各种格式设置。

（4）筛选出"期末成绩"不及格的同学，并降序排列。

（5）用图表显示"期末成绩"各分数段的学生人数。

传统的统计方法烦琐且容易出错，使用了 Excel 2019 之后，很多问题便可迎刃而解。以下是张老师的解决方法。

8.2　项目分析

"考勤表"用于记录学生的到课情况，按照传统的方法，用"√""△"或"×"分别表示学生到课、迟到、旷课三种情况。每一个"√"得 10 分，每一个"△"得 5 分，"×"不得分，可利用 COUNTIF 函数计算"√""△"的个数，再分别乘以 10 和 5 后相加得到"考勤分"。在"作业表"中，可利用 AVERAGE 函数计算 6 次作业成绩的"平均分"。在"成绩表"中，需要复制前两张表中的计算结果，并根据公式"总评分＝考勤分×10％＋作业平均分×20％＋期中成绩×20％＋期末成绩×50％"计算"总评分"。

根据"总评分"，计算相应的"评级"，如果总评分≥90，评级为"优秀"；80≤总评分＜90，评级为"良好"；70≤总评分＜80，评级为"中等"；60≤总评分＜70，评级为"及格"；总评分＜60，评级为"不及格"。在"分析表"中，根据"成绩表"中的"期末成绩"，利用 COUNTIF 函数统计"期末成绩"各分数段的学生人数。

计算完毕后，为了使表格更加美观、易读，可以对工作表中的字体、框线等进行设置。再设置条件格式，让"期末成绩"不及格的分数用红色显示。

打开自动筛选后，再设置筛选条件为"期末成绩小于60"，可筛选出"期末成绩"不及格的同学，再对"期末成绩"进行降序排列。

最后，可根据统计结果，在"分析表"中，用图表的方式显示统计结果。由于统计的是"期末成绩"各分数段的学生人数，所以用柱形图显示相对比较直观。

由以上分析可知，实现"学生成绩分析与统计"可以分解为以下五大任务：利用公式和函数，计算学生的"考勤分"、作业"平均分"和"总评分"；根据"总评分"计算相应的"评级"，并统计"期末成绩"各分数段的学生人数；设置表格格式；筛选"期末成绩"不及格的同学，并降序排列；用图表显示"期末成绩"各分数段的学生人数。

其操作流程图如图 8-5 所示。

图 8-5 "学生成绩分析与统计"操作流程图

8.3 相关知识点

1. 工作簿

在 Excel 2019 中，工作簿（又称 Excel 文件）是处理和存储数据的文件，其扩展名为".xlsx"。

2. 工作表

Excel 2019 中的工作表用于存储和处理数据，由行和列组成。每张工作表都有自己的名字。每个工作簿在新建的时候，默认包含一张标签名为 Sheet1 工作表，如图 8-6 所示。

工作表的行号由 1、2、3、…表示，列号由 A、B、C、…表示。

图 8-6 工作表标签

3. 单元格

单元格是工作表中的一个小方格,是表格的最小单位,单元格名称(也称单元格地址)由列号和行号组成,如 A1 单元格。活动单元格是指当前正在操作的单元格,由一个加粗的边框标识。任何时候只能有一个活动单元格,只有在活动单元格中才可以输入数据。活动单元格右下角的小黑点,称为填充柄,拖动填充柄可把单元格内容自动填充或复制到相邻单元格中。

单元格区域是由若干个相邻的单元格组成的矩形块,引用单元格区域可用它的左上角单元格地址和右下角单元格地址表示,中间用冒号分隔,如"B2:F5"。

4. 单元格的引用

单元格的引用是指用工作表中的坐标位置来标识单元格,即用单元格所在列号和行号表示其位置,如 C5,表示 C 列第 5 行。

在工作表中,对单元格的引用有三种方法。

(1) 相对引用。相对引用,如 A1,这是最常见的引用方式,定义为:在复制公式时,公式中的引用地址会跟着发生变化。如 D1 单元格中有公式"= A1+B1",当将公式复制到 D2 单元格时,公式变为"= A2+B2"。

(2) 绝对引用。绝对引用,如 \$A\$1,即在列号和行号前加一个"\$"符号,定义为:在复制公式时,公式中的引用地址(\$A\$1)不会跟着发生变化。如 D1 单元格中有公式"= \$A\$1+\$B\$1",当将公式复制到 D2 单元格时,公式仍为"= \$A\$1+\$B\$1"。

(3) 混合引用。混合引用,如 \$A1,即在列号或行号前加一个"\$"符号,定义为:在复制公式时,公式中引用地址的部分内容(列号或行号)会跟着发生变化。如 D1 单元格中有公式"= \$A1+B\$1",当将公式复制到 D2 单元格时,公式变为"= \$A2+B\$1"。

注意 加上了绝对地址符"\$"的列号和行号为绝对地址,在公式向旁边复制时不会发生变化,没有加上绝对地址符"\$"的列号和行号为相对地址,在公式向旁边复制时会跟着发生变化。混合引用时部分地址发生变化。

在输入单元格地址后,可以按 F4 键在"绝对引用""混合引用"和"相对引用"状态之间切换。

5. 公式

公式以等号"="开始,其后才是公式的内容。公式的输入、编辑等操作都可以在编辑栏中完成。在单元格中显示的并不是公式本身,而是公式计算的结果。公式中通常包含有函数。

6. 函数

Excel 2019 中提供了大量的函数,利用函数可实现各种复杂的计算和统计。

Excel 2019 函数共有 13 类,400 多个函数,涵盖了财务、日期与时间、数学与三角函数、统计、查找与引用、数据库、文本、逻辑、信息、工程、多维数据集、兼容性、Web 等各种不同领域的数据处理任务。其中有一类特别的函数称为"兼容性函数",这些函数实际上已经由新函数替换,但为了与以前的版本兼容,依然在 Excel 2019 中提供这些函数。

函数的语法:函数名(参数1,参数2,…)

单击编辑栏左侧的"插入函数"按钮 f_x,可方便地插入各种函数。

(1) AVERAGE 函数。

主要功能:求出所有参数的算术平均值。

使用格式:AVERAGE(number1,number2,…)

参数说明:number1,number2,…,需要求平均值的数值或引用单元格(区域),参数个数不能超过 255 个。

应用举例:在 B8 单元格中输入公式"=AVERAGE(B7:D7,F7:H7,7,8)",即可求出 B7 至 D7 区域、F7 至 H7 区域中的数值和 7、8 的平均值。

(2) COUNTIF 函数。

主要功能:统计某个单元格区域中符合指定条件的单元格数目。

使用格式:COUNTIF(range,criteria)

参数说明:range 代表要统计的单元格区域;criteria 表示指定的条件表达式。

应用举例:在 C17 单元格中输入公式"=COUNTIF(B1:B13,">=80")",即可统计出 B1 至 B13 单元格区域中,数值大于或等于 80 的单元格数目。

(3) IF 函数。

主要功能:根据对指定条件的逻辑判断的真假结果,返回相对应的内容。

使用格式:IF(logical_test,value_if_true,value_if_false)

参数说明:logical_test 代表逻辑判断表达式;value_if_true 表示当判断条件为逻辑"真(TRUE)"时的显示内容,如果忽略则返回 TRUE;value_if_false 表示当判断条件为逻辑"假(FALSE)"时的显示内容,如果忽略则返回 FALSE。

应用举例:在 C29 单元格中输入公式"=IF(C26>=18,"符合要求","不符合要求")",如果 C26 单元格中的数值大于或等于 18,则 C29 单元格显示"符合要求"字样,反之显示"不符合要求"字样。

(4) IFS 函数。

主要功能:检查是否满足一个或多个条件,且返回符合第一个 TRUE 条件的值。IFS 可以取代多个嵌套 IF 语句,并且有多个条件时更方便阅读。

使用格式:IFS(logical_test1,value_if_true1,logical_test2,value_if_true2,…)

参数说明:logical_test1 代表第 1 个逻辑判断表达式;value_if_true1 表示当第 1 个判断条件为逻辑"真(TRUE)"时的显示内容;logical_test2 代表第 2 个逻辑判断表达式;value_if_true2 表示当第 2 个判断条件为逻辑"真(TRUE)"时的显示内容;其他以此类推。

应用举例:如图 8-7 所示。

7. 筛选

数据筛选是使数据清单中只显示满足条件的数据记录,而将不满足条件的数据记录

	A	B	C	D
B2		fx	=IFS(A2>89,"A",A2>79,"B",A2>69,"C",A2>59,"D",TRUE,"E")	
1	分数	等级	结果	
2	93	A	"A"，因为A2>89	
3	89	B	"B"，因为A3>79	
4	71	C	"C"，因为A4>69	
5	60	D	"D"，因为A5>59	
6	58	E	"E"，因为58不满足其他条件，"TRUE"及其相应值"E"提供默认值	

图 8-7　IFS 函数用例

从视图中隐藏起来。可以按颜色筛选，或按文本筛选。

8. 排序

排序方式有升序和降序两种。升序是指数据按照从小到大的顺序排列。降序是指数据按照从大到小的顺序排列。空格总是排在最后。

排序并不是针对某一列进行的，而是以某一列的数据大小为顺序，对所有的记录进行排序，即无论是升序还是降序排列，每一条记录的内容都不容改变，改变的只是它在数据清单中显示的位置。

9. 图表

在 Excel 2019 中，图表是指将工作表中的数据用图形表示出来。使用图表会使得用 Excel 编制的工作表更易于理解和交流，使数据更加有趣、吸引人、易于阅读和评价，也可以帮助我们分析和比较数据。

Excel 2019 提供了 17 类的图表类型，分别是柱形图、折线图、饼图、条形图、面积图、XY 散点图、地图、股价图、曲面图、雷达图、树状图、旭日图、直方图、箱形图、瀑布图、漏斗图和组合图。

当基于工作表选定区域建立图表时，Excel 2019 使用来自工作表的值，并将其当作数据点在图表上显示。数据点可用条形、线条、柱形、切片、点及其他形状表示。这些形状称作数据标示。

建立了图表后，可以通过增加图表项，如数据标记、图例、标题、文字、趋势线、误差线及网格线来美化图表及强调某些信息。大多数图表项可被移动或调整大小。也可以用图案、颜色、对齐、字体及其他格式属性来设置这些图表项的格式。当工作表中的数据发生变化时，相应的图表也会跟着改变。

10. 常用数据类型及输入技巧

在 Excel 2019 中有多种数据类型，常用的数据类型主要有文本型、数值型、日期型等。

文本型数据可以包括中文、字母、数字、空格和符号等，其对齐方式默认为左对齐。要输入由纯数字组成的文本（如电话号码），须在其前加单引号，或者先输入一个等号（＝），再在文本前后加上双引号，如＝"010"。

数值型数据包括0~9、()、+、-等,其对齐方式默认为右对齐。当输入绝对值很大或很小的数时,自动改为科学计数法表示(如2.34E+12)。小数位数超过设定值时,自动"四舍五入",但计算时一律以输入数而不是显示数进行,故不必担心误差。输入分数时,要先输入0和空格。比如要输入分数1/4,正确的输入方法是"0 1/4",否则Excel会将分数当成日期。

日期型数据的格式为"年-月-日"或"年/月/日",当年的年份可省略不输入,但"月"和"日"必须输入。如输入5/4,一般在单元格中显示为"5月4日",其对齐方式默认为右对齐。

快速输入的方法有很多,如利用填充柄自动填充,自定义序列,按Ctrl+Enter组合键可在选定区域中自动填充相同数据等。

8.4 项目实施

8.4.1 任务1：利用公式和函数计算"考勤分"、作业"平均分"和"总评分"

1. 利用COUNTIF函数计算"考勤分"

在"考勤表"中,用"√""△"或"×"分别表示学生到课、迟到、旷课三种情况。每一个"√"得10分,每一个"△"得5分,"×"不得分,可利用COUNTIF函数计算"√""△"的个数,再分别乘以10和5后相加得到"考勤分"。

微课：利用公式和函数计算"考勤分"、作业"平均分"和"总评分"

步骤1：打开素材库中的素材文件"学生成绩(素材).xlsx",选择"考勤表"工作表标签,使该工作表成为当前工作表。在M3单元格中输入公式"=COUNTIF(C3:L3,\$L\$3)*10+COUNTIF(C3:L3,\$G\$3)*5",按Enter键确认。

【公式详解】 COUNTIF函数的作用是计算某个区域中满足给定条件的单元格数目,包含2个参数,如图8-8所示。第一个参数Range指明了要计算其中非空单元格数目的区域,在本例中为"C3:L3",即第一个学生的考勤记录区。第二个参数Criteria为统计条件,可以是以数字、表达式或者文本形式定义的条件,在本例中条件为"√"或"△",由于"√"或"△"不能在公式中直接输入,所以在公式中采用了绝对地址引用。公式"COUNTIF(C3:L3,\$L\$3)*10"将每次"到课"计算为10分,公式"COUNTIF(C3:L3,\$G\$3)*5"将每次"迟到"计算为5分。

步骤2：将光标移至M3单元格右下角小黑点处(填充柄),当鼠标箭头变成实心十字的时候,按住鼠标左键并拖动至M32单元格,结果如图8-9所示。

说明 双击单元格的填充柄,也可完成单元格的填充操作。

项目 8 学生成绩分析与统计

图 8-8 COUNTIF 函数界面

图 8-9 计算"考勤分"

2. 利用 AVERAGE 函数计算作业"平均分"

在"作业表"中，可利用 AVERAGE 函数计算 6 次作业成绩的"平均分"。

图 8-10 "自动求和"下拉列表

步骤 1：选择"作业表"工作表标签，使该工作表成为当前工作表。选中 I3 单元格后，单击"编辑"组中的"自动求和"下拉按钮 Σ，在打开的下拉列表中选择"平均值"选项，如图 8-10 所示，此时工作表的界面如图 8-11 所示，在 I3 单元格中自动填入了"= AVERAGE（C3：H3）"。确认函数的参数正确无误后，按 Enter 键，从而计算出作业

175

	A	B	C	D	E	F	G	H	I	J	K	L
1	学生作业表											
2	学号	姓名	作业一	作业二	作业三	作业四	作业五	作业六	平均分			
3	2023302201	楼晶庆	61	99	90	75	60	89	=AVERAGE(C3:H3)			
4	2023302202	林木森	78	98	55	60	99	92	AVERAGE(**number1**, [number2], ...)			
5	2023302203	吴一刚	99	52	53	92	86	54				
6	2023302204	胡小明	62	91	83	78	92	57				
7	2023302205	夏燕	78	70	53	67	64	56				

图 8-11　计算作业"平均分"(1)

"平均分"。

　　步骤 2：拖动 I3 单元格的填充柄至 I32 单元格，计算其他同学的作业"平均分"，结果如图 8-12 所示。

	A	B	C	D	E	F	G	H	I
1	学生作业表								
2	学号	姓名	作业一	作业二	作业三	作业四	作业五	作业六	平均分
3	2023302201	楼晶庆	61	99	90	75	60	89	79
4	2023302202	林木森	78	98	55	60	99	92	80.33333
5	2023302203	吴一刚	99	52	53	92	86	54	72.66667
6	2023302204	胡小明	62	91	83	78	92	57	77.16667
7	2023302205	夏燕	78	70	53	67	64	56	64.66667
8	2023302206	李欢笑	51	64	71	95	80	80	73.5
9	2023302207	来俊锋	69	99	93	51	93	65	78.33333
10	2023302208	蔡依晨	69	59	70	87	57	77	69.83333
11	2023302209	胡晓月	80	99	76	94	57	99	84.16667
12	2023302210	虞君	70	89	68	66	87	84	77.33333
13	2023302211	严必谦	59	94	68	71	60	78	71.66667
14	2023302212	朱明虹	64	80	82	53	56	75	68.33333
15	2023302213	潘双林	66	74	64	62	76	61	67.16667
16	2023302214	顾一飞	52	67	56	65	60	73	62.16667
17	2023302215	金东华	56	51	65	96	95	78	73.5
18	2023302216	屠晓洁	80	55	85	53	86	70	71.5
19	2023302217	陈碧连	90	60	82	89	76	77	77.66667
20	2023302218	吴雨	83	81	67	76	79	78	77.33333
21	2023302219	叶翰威	99	64	66	82	97	58	77.66667
22	2023302220	李成哲	80	95	95	82	57	70	79.83333
23	2023302221	邢超	89	80	76	74	59	82	76.66667
24	2023302222	周江明	92	90	56	65	67	96	77.66667
25	2023302223	宋梦	59	67	63	94	77	85	74.16667
26	2023302224	应明谕	72	85	99	94	94	85	88.16667
27	2023302225	施霎铭	92	77	59	89	84	61	73.5
28	2023302226	舒雨婷	73	76	63	60	51	91	69
29	2023302227	顾方舟	51	51	77	76	85	73	68.83333
30	2023302228	林大卫	63	78	99	59	82	77	76.16667
31	2023302229	蔡岛	59	84	91	89	91	58	78.66667
32	2023302230	胡恩慧	88	89	66	89	95	93	86.66667

图 8-12　计算作业"平均分"(2)

　　从图 8-12 所示的界面中可见，作业"平均分"保留了多位小数，小数位数显然太多了，下面设置单元格格式，保留 0 位小数(小数位后第一位四舍五入)。

　　步骤 3：选择 I3:I32 单元格区域后，右击，在弹出的快捷菜单中选择"设置单元格格式"命令，打开"设置单元格格式"对话框，在"数字"选项卡中的"分类"列表框中选择"数值"选项，调整"小数位数"为 0，如图 8-13 所示，单击"确定"按钮。

3. 利用公式计算"总评分"

　　在"考勤表"和"作业表"中已计算出"考勤分"和作业"平均分"，下面把"考勤分"和作业"平均分"选择性粘贴到"成绩表"的相应单元格区域中，然后利用公式"总评分＝考勤分＊10%＋作业平均分＊20%＋期中成绩＊20%＋期末成绩＊50%"计算"总评分"。

项目 8 学生成绩分析与统计

图 8-13 "设置单元格格式"对话框

步骤 1：选择"考勤表"中的 M3:M32 单元格区域后，右击，在弹出的快捷菜单中选择"复制"命令。再选择"成绩表"中的 C3 单元格，右击，在弹出的快捷菜单中选择"粘贴选项"中的"值"命令，如图 8-14 所示，即可粘贴"考勤表"中的"考勤分"数值，而不是粘贴"考勤分"的计算公式。

注意 如果在快捷菜单中选择"粘贴选项"→"粘贴"命令，将粘贴考勤分的计算公式，并显示"♯REF!"错误，这是因为公式中的单元格地址是在"考勤表"中，而不是在"成绩表"中。

步骤 2：使用相同的方法复制并选择性粘贴（值）"作业表"中的"平均分"至"成绩表"中的 D3:D32 单元格区域。

步骤 3：在"成绩表"的 G3 单元格中输入公式"=C3*10%+D3*20%+E3*20%+F3*50%"，然后按 Enter 键，并拖动 G3 单元格的填充柄至 G32 单元格，再设置 G3:G32 单元格区域的小数位数为 1。

图 8-14 选择性粘贴"值"

8.4.2 任务 2：根据"总评分"计算相应的"评级"，并统计 "期末成绩"各分数段的学生人数

1. 根据"总评分"计算相应的"评级"

下面根据"总评分"，计算相应的"评级"并填入"评级"列中，如果总评分≥90，评级为"优秀"；80≤总评分<90，评级为"良好"；70≤总评分<80，评级为"中等"；60≤总评

微课：根据"总评分"计算相应的"评级"，并统计"期末成绩"各分数段的学生人数

177

分<70,评级为"及格";总评分<60,评级为"不及格"。

步骤 1：在 H3 单元格中输入公式"=IF(G3>=90,"优秀",IF(G3>=80,"良好",IF(G3>=70,"中等",IF(G3>=60,"及格","不及格"))))",按 Enter 键确认。

也可使用公式"=IFS(G3>=90,"优秀",G3>=80,"良好",G3>=70,"中等",G3>=60,"及格",TRUE,"不及格")"。

步骤 2：拖动 H3 单元格的填充柄至 H32 单元格,最终结果如图 8-15 所示。

	A	B	C	D	E	F	G	H
1	学生成绩表							
2	学号	姓名	考勤(10%)	作业(20%)	期中(20%)	期末(50%)	总评分	评级
3	2023302201	楼晶庆	80	79	63	75	73.9	中等
4	2023302202	林木森	90	80	85	50	67.1	及格
5	2023302203	吴一刚	80	73	52	93	79.4	中等
6	2023302204	胡小明	95	77	67	52	64.3	及格
7	2023302205	夏燕	95	65	52	60	62.8	及格
8	2023302206	李欢笑	100	74	69	58	67.5	及格
9	2023302207	来俊锋	95	78	65	54	65.2	及格
10	2023302208	蔡依晨	95	70	52	65	66.4	及格
11	2023302209	胡晓月	90	84	68	79	78.9	中等
12	2023302210	虞君	100	77	85	64	74.5	中等
13	2023302211	严必谦	85	72	89	60	70.6	中等
14	2023302212	朱明虹	100	68	69	67	71.0	中等
15	2023302213	潘双林	95	67	53	73	70.0	中等
16	2023302214	顾一飞	100	62	76	74	74.6	中等
17	2023302215	金东华	95	74	55	85	77.7	中等
18	2023302216	屠晓洁	90	72	69	85	79.1	中等
19	2023302217	陈碧连	100	78	85	75	80.0	良好
20	2023302218	吴雨	85	77	85	77	79.5	中等
21	2023302219	叶翰威	90	78	65	82	78.5	中等
22	2023302220	李成哲	100	80	56	84	79.2	中等
23	2023302221	邢超	95	77	63	88	81.4	良好
24	2023302222	周江明	90	78	77	89	84.4	良好
25	2023302223	宋梦	95	74	60	82	77.3	中等
26	2023302224	应明谕	100	88	91	62	76.8	中等
27	2023302225	施雯铭	95	74	53	76	72.8	中等
28	2023302226	舒雨婷	95	69	72	95	85.2	良好
29	2023302227	顾方舟	85	69	76	72	73.5	中等
30	2023302228	林大卫	95	77	76	88	84.1	良好
31	2023302229	蔡岛	100	79	75	78	79.7	中等
32	2023302230	胡恩慧	100	87	69	98	90.1	优秀

图 8-15 "成绩表"计算结果

2. 利用 COUNTIF 函数统计"期末成绩"各分数段的学生人数

当统计"期末成绩"为 80~90 分的人数时,这里有两个统计条件要同时满足,一个是"≥80",另一个是"<90"。可以先用 COUNTIF 函数计算出"期末成绩≥80"的人数,再减去用 COUNTIF 函数计算出的"期末成绩≥90"的人数。计算其他分数段的人数时,可用类似的方法处理。

步骤 1：在"分析表"的 B3 单元格中输入公式"=COUNTIF(成绩表!＄F＄3:＄F＄32,">=90")",统计期末成绩 90 分以上的学生人数。

步骤 2：在 B4 单元格中输入公式"=COUNTIF(成绩表!＄F＄3:＄F＄32,">=80")-B3",统计期末成绩大于或等于 80 且小于 90 分的学生人数。

步骤 3：在 B5 单元格中输入公式"=COUNTIF(成绩表!＄F＄3:＄F＄32,">=70")-B3-B4",统计期末成绩大于或等于 70 且小于 80 分的学生人数。

步骤 4：在 B6 单元格中输入公式"=COUNTIF(成绩表!＄F＄3:＄F＄32,">=

60")−B3−B4−B5",统计期末成绩大于或等于 60 且小于 70 分的学生人数。

步骤 5：在 B7 单元格中输入公式"＝COUNTIF(成绩表!＄F＄3：＄F＄32,"＜60")",统计期末成绩不及格的学生人数。

"期末成绩"各分数段的学生人数的统计结果如图 8-16 所示。

图 8-16 期末成绩分析统计

8.4.3 任务 3：设置表格格式

为了使表格更加美观、易读，可以对工作表进行各种格式设置。

1. 设置表格的字体和对齐方式

步骤 1：在"考勤表"中选中 A1:M1 单元格区域，在"开始"选项卡中单击"对齐方式"组中的"合并后居中"按钮，将标题"学生考勤表"居中，并设置标题字号为 24。

微课：设置表格格式

步骤 2：选中 A2:M32 单元格区域，设置字号为 10，并单击"单元格"组中的"格式"下拉按钮，在打开的下拉列表中选择"自动调整列宽"选项。设置 A2:M32 单元格区域的"对齐方式"为"水平居中"。

下面为表格添加边框。

步骤 3：选中 A2:M32 单元格区域，单击"字体"组中的"下框线"下拉按钮，在打开的下拉列表中选择"所有框线"选项，这时可以看到整个表格都被添加了细边框。再选择下拉列表中的"粗匣框线"选项，这时可以看到选中区域的外部被添加了粗边框。

步骤 4：选中 A2:M2 单元格区域，在刚才的"框线"下拉列表中选择"双底框线"选项，这时表格首行被添加了双底框线，最后效果如图 8-17 所示。

步骤 5：参照上面的步骤 1～步骤 4，对"作业表""成绩表"和"分析表"设置同样的格式。设置"分析表"中 A、B 两列的宽度为 16。

2. 设置条件格式

设置"期末成绩"不及格的分数显示为红色。

步骤 1：在"成绩表"中选中 F3:F32 单元格区域，在"开始"选项卡中的"样式"组中单击"条件格式"下拉按钮，在打开的下拉列表中选择"突出显示单元格规则"→"小于"选项，如图 8-18 所示。

步骤 2：在打开的"小于"对话框中，在左边的文本框中输入 60，在右边的下拉列表中选择"红色文本"选项，如图 8-19 所示，单击"确定"按钮，此时所有"期末成绩"不及格的分数显示为红色。

信息技术基础（微课版）

图 8-17 设置格式后的"考勤表"

图 8-18 选择"小于"选项

图 8-19 "小于"对话框

8.4.4 任务4：筛选"期末成绩"不及格的同学，并降序排列

接下来，对数据进行筛选和排序，筛选"期末成绩"小于60分的同学，并按"期末成绩"进行降序排列。

步骤1：在"成绩表"中选中 A2:H2 单元格区域，在"开

微课：筛选"期末成绩"不及格的同学，并降序排列

始"选项卡中单击"编辑"组中的"排序和筛选"下拉按钮,在打开的下拉列表中选择"筛选"选项,此时可以看到列标题右侧多了一个下拉箭头,如图8-20所示。

图8-20 自动筛选

步骤2:单击"期末(50%)"单元格右侧的下拉箭头,在打开的下拉列表中选择"数字筛选"→"小于"选项,打开"自定义自动筛选方式"对话框,选择"小于"选项,并在右侧的文本框中输入60,如图8-21所示,再单击"确定"按钮,就可以看到筛选的结果。

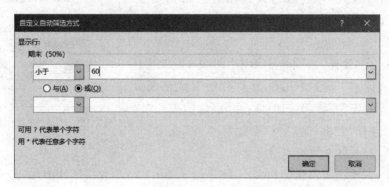

图8-21 "自定义自动筛选方式"对话框

步骤3:选择某个期末成绩所在的单击格(如F4单元格),单击"编辑"组中的"排序和筛选"下拉按钮,在打开的下拉列表中选择"降序"选项,可以看到已筛选的期末成绩按降序排列,如图8-22所示。

	A	B	C	D	E	F	G	H
1				学生成绩表				
2	学号	姓名	考勤(10%)	作业(20%)	期中(20%)	期末(50%)	总评分	评级
4	2023302206	李欢笑	100	74	69	58	67.5	及格
6	2023302207	来俊锋	95	78	65	54	65.2	及格
7	2023302204	胡小明	95	77	67	52	64.3	及格
9	2023302202	林木森	90	80	85	50	67.1	及格

图8-22 已筛选的期末成绩按降序排列

使用同样的方法也可对其他数据进行升序或降序排列。

8.4.5 任务5:用图表显示"期末成绩"各分数段的学生人数

统计的结果往往是数字式的,但是纯粹的数字却并不直观。张老师选择了用图表这种方式,以便更具体形象地显示"期末成绩"各分段的学生人数。

微课:用图表显示"期末成绩"各分数段的学生人数

步骤1:在"分析表"中选中A2:B7单元格区域,在"插入"选项卡中单击"图表"组中的"柱形图"下拉按钮,在打开的下拉列表中选择"二维柱形图"区域中的"簇状柱形图"选项,如图8-23所示。此时在"分析表"中插入了一"簇状柱形图",可对该"簇状柱形图"进一步设置样式、布局等。

步骤2:选中"簇状柱形图",在"设计"选项卡中的"图表样式"组中选择"样式1"选项,更改图表的颜色;在"图表布局"组中的"快速布局"下拉列表中选择"布局9"选项,更改图表的布局;修改图表中的水平坐标轴标题为"分数段",修改图表中的垂直坐标轴标题为"人数",修改图表中的图表标题为"期末成绩统计"。

步骤3:在"设计"选项卡中单击"图表布局"组中的"添加图表元素"下拉按钮,在打开的下拉列表中选择"图例"→"无"选项,关闭图例;在"添加图表元素"下拉列表中选择"数据标签"→"数据标签外"选项,显示数据标签,并放置在数据点结尾之外。

图8-23 选择"簇状柱形图"选项

步骤4:调整图表的位置和大小,使之位于A9:E24单元格区域中,如图8-24所示。

图8-24 期末成绩统计图表

步骤5:选中"簇状柱形图",在"设计"选项卡中单击"位置"组中的"移动图表"按钮,打开"移动图表"对话框,再选中"新工作表"单选按钮,如图8-25所示,单击"确定"按钮,图表将放置在新建的Chart1工作表中。

图 8-25 "移动图表"对话框

8.5 总结与提高

本项目主要介绍了 Excel 2019 的基本操作、工作表的格式设置、公式和函数的使用、筛选和排序的使用、图表的使用等。

在 Excel 2019 中有很多快速输入数据的技巧,如自动填充、自定义序列等,熟练掌握这些技巧可以提高输入速度。在输入数据时,要注意数据的类型,对于学号、邮编、电话号码等数据应该设置为文本型,即在前面加单引号。

工作表的格式设置,主要包括对工作表中数据的格式化、字体格式、行高和列宽、数据的对齐方式、表格的边框和底纹等进行设置。

在使用公式和函数时,要注意以下几点。

(1) 公式是对单元格中数据进行计算的等式,输入公式前应先输入"="。

(2) 函数的引用形式为:函数名(参数 1,参数 2,…),参数之间用逗号隔开。如果是单独使用函数,要在函数名称前输入"="构成公式;如果单击编辑栏左侧的"插入函数"按钮 f_x 来插入函数,会自动在函数名称前面加上"="。

(3) 复制公式时,公式中使用的单元格引用需要随着所在位置的不同而变化时,应该使用单元格的"相对引用";不随所在位置变化的,使用单元格的"绝对引用"。

使用 COUNTIF 函数时要注意,在复制公式时,如果参数 Range 的引用区域固定不变,应使用"绝对引用";如果参数 Criteria 不是单元格引用,而是表达式或字符串,应使用西文双引号括起来。

使用 IF 函数时要判断给出的条件是否满足,如果满足,返回逻辑值为真时的值;如果不满足,返回逻辑值为假的值。如果判断条件超过两个时,采用 IF 函数的嵌套,就是将一个 IF 函数返回值作为另一个 IF 函数的参数。IFS 可以取代多个嵌套 IF 语句,并且有多个条件时更方便阅读。

图表比数据更易于表达数据之间的关系及数据变化趋势。表现不同的数据关系时,要选择合适的图表类型,特别注意要正确选择数据源。创建的图表既可以插入工作表中生成嵌入表,也可以移动到一张单独的工作表中。

8.6 拓展知识：中国龙芯

2001年，中国科学院计算技术研究所研制成功我国第一款通用CPU——龙芯一号芯片。2002年，曙光公司推出完全自主知识产权的龙腾服务器。龙腾服务器采用了龙芯一号CPU，采用了曙光公司和中国科学院计算研究所联合研发的服务器专用主板，采用曙光Linux操作系统。该服务器是国内第一台完全实现自有产权的产品，在国防、安全等部门发挥了重大作用。

2005年，64位龙芯二号CPU发布，实现了从一到十的技术飞跃，震惊了世界。同年，具有完全自主产权的龙芯CPU的IP核心的推出，彻底改写了中国信息科技"有芯无核"的历史，增强了中国集成电路工业的核心竞争力。

8.7 习题

一、选择题

1. 在Excel环境中用来存储并处理工作表数据的文件称为_____。
   A. 单元格　　　　B. 工作区　　　　C. 工作簿　　　　D. 工作表
2. 默认情况下，每个工作簿包含_____个工作表。
   A. 1　　　　　　B. 2　　　　　　C. 3　　　　　　D. 4
3. 在Excel中，当公式中出现被零除的现象时，产生的错误值是_____。
   A. ♯N/A!　　　　B. ♯DIV/0!　　　C. ♯NUM!　　　　D. ♯VALUE!
4. 在Excel的单元格中输入日期时，年、月、日分隔符可以是_____。
   A. "/"或"-"　　　B. "."或"|"　　　C. "/"或"\\"　　　D. "\\"或"-"
5. 在Excel 2019中，运算符"&"表示_____。
   A. 逻辑值的与运算　　　　　　　　B. 子字符串的比较运算
   C. 数值型数据的无符号相加　　　　D. 字符型数据的连接
6. 在Excel中，当用户希望使标题位于表格中央时，可以使用_____。
   A. 居中　　　　B. 合并及居中　　C. 分散对齐　　　D. 填充
7. 在Excel中，如果在工作表中某个位置插入了一个单元格，则_____。
   A. 原有单元格必定右移
   B. 原有单元格必定下移
   C. 原有单元格被删除
   D. 原有单元格根据选择或者右移，或者下移
8. 在Excel中进行公式复制时，_____发生变化。
   A. 相对地址中的地址的偏移量　　　B. 相对地址中所引用的单元格

C. 相对地址中的地址表达式　　　　D. 绝对地址中所引用的单元格

9. 在 Excel 中，_____函数是计算工作表一串数据的总和。
　　A. SUM(A1,…,A10)　　　　　　B. AVG(A1,…,A10)
　　C. MIN(A1,…,A10)　　　　　　D. COUNT(A1,…,A10)

10. 在 Excel 中，产生图表的数据发生变化后，图表_____。
　　A. 会发生相应的变化　　　　　　B. 会发生变化，但与数据无关
　　C. 不会发生变化　　　　　　　　D. 必须进行编辑后才会发生变化

二、实践操作题

1. 打开素材库中的"工资表.xlsx"文件，按下面的操作要求进行操作，并把操作结果存盘。

（1）将工作表 Sheet1 复制到 Sheet2 中，并将 Sheet1 更名为"工资表"。

（2）在 Sheet2 的"叶业"所在行后增加一行："邹萍萍,2600,700,750,150"。

（3）在 Sheet2 的第 F 列第 1 个单元格中输入"应发工资"，F 列其余单元格存放对应行"岗位工资""薪级工资""业绩津贴"和"基础津贴"之和。

（4）将 Sheet2 中"姓名"和"应发工资"两列复制到 Sheet3 中。

（5）在 Sheet2 中利用公式统计"应发工资≥4500"的人数，并把数据放入 H2 单元格。

（6）在 Sheet3 工作表后添加工作表 Sheet4，将 Sheet2 的 A 到 F 列复制到 Sheet4。对 Sheet4 中的应发工资列设置条件格式，凡是低于 4000 的，一律显示为红色。

2. 打开素材库中的"成绩表.xlsx"文件，按下面的操作要求进行操作，并把操作结果存盘。

（1）在 Sheet1 表后插入工作表 Sheet2 和 Sheet3，并将 Sheet1 复制到 Sheet2 中。

（2）在 Sheet2 中，将学号为 131973 的学生的"微机接口"成绩改为 75 分，并在 G 列右边增加 1 列"平均成绩"，求出相应的平均值，保留且显示两位小数。

（3）将 Sheet2 中的"微机接口"成绩低于 60 分的学生复制到 Sheet3 表中（连标题行）。

（4）对 Sheet3 中的内容按"平均成绩"降序排列。

（5）在 Sheet2 中利用公式统计"电子技术"成绩在 60~69 分（含 60 和 69）的人数，将数据放入 J2 单元格。

（6）在 Sheet3 工作表后添加工作表 Sheet4，将 Sheet2 的 A~H 列复制到 Sheet4 中。

（7）对于 Sheet4，在 I1 单元格中输入"名次"（不包括引号），下面的各单元格利用公式按平均成绩从高到低填入对应的名次（说明：当平均成绩相同时，名次相同，取最佳名次）。

3. 打开素材库中的"档案表.xlsx"文件，按下面的操作要求进行操作，并把操作结果存盘。

（1）将 Sheet1 复制到 Sheet2 和 Sheet3 中，并将 Sheet1 更名为"档案表"。

（2）将 Sheet2 第 3~7 行、第 10 行以及 B、C 和 D 三列删除。

（3）将 Sheet3 中的"工资"每人增加 10%。

(4) 将 Sheet3 中"工资"列数据保留两位小数,并降序排列。

(5) 在 Sheet3 表中利用公式统计已婚职工人数,并把数据放入 G2 单元格。

(6) 在 Sheet3 工作表后添加工作表 Sheet4,将"档案表"的 A 到 E 列复制到 Sheet4 中。

(7) 对 Sheet4 数据进行筛选操作,要求只显示"已婚"的,而且工资在 3500～4000 元(含 3500 元和 4000 元)的信息行。

项目9　工资表数据分析

本项目以"工资表数据分析"为例,介绍 Excel 2019 中 VLOOKUP 函数、COUNTIF 函数、SUMIF 函数、RANK.EQ 函数的使用,以及排序、分类汇总、高级筛选、数据透视表的使用等方面的相关知识。

9.1　项目导入

作为一名企业的财务人员,经常需要记录员工的生产信息,计算员工的工资,并向企业的领导者提供准确、直观的数据信息,供企业的领导者参考。进入信息社会后,传统的账本已经远远不能满足以上的需求。厚重、难以长期保存、数据显示不直观等缺点严重阻碍着企业领导人的决策,人们急需一种崭新的解决方案。

举个简单的例子:在某企业(如浙江玩具厂)中,财务人员需要记录每位员工每月生产的某种玩具的数量;需要根据生产的玩具的数量以及玩具的单价计算该员工的计件工资;需要根据员工的计件工资、基本工资、应扣项目等计算应发工资和实发工资;需要根据计件工资表统计出该月各类产品的生产数量及汇总情况和各生产车间该月的生产情况;还要根据以上数据制作相应的图表。

为了完成以上的工作,财务处的张会计制作了三张工作表:员工计件工资表(见图 9-1)、员工工资总表(见图 9-2)和各车间数据统计表(见图 9-3)。

	A	B	C	D	E	F	G	H	I	J
1	浙江玩具厂员工计件工资表								产品单价表	
2					2023年7月					
3	员工姓名	所属车间	产品名称	产品单价(元)	数量	产值	计件工资		产品名称	单价(元)
4	黄龙	二车间	七巧板		2909				地球仪	30
5	缪天鹏	三车间	地球仪		839				七巧板	5
6	林浪留	三车间	水枪		1351				水枪	15
7	汤娇丹	一车间	玩具手机		1453				玩具车	13
8	赵成	二车间	玩具手机		1332				玩具手机	18
9	洪慧婷	三车间	玩具车		1420					
10	邵隽霞	二车间	七巧板		1905					
11	姜徽	一车间	玩具车		1457					
12	胡诚诚	三车间	地球仪		842					
13	李冬	二车间	地球仪		1100					
14	钟丽丽	三车间	水枪		1326					
15	龚维维	三车间	水枪		1487					
16	周从明	二车间	玩具手机		1321					
17	林建柱	三车间	玩具手机		1475					
18	徐敏岳	二车间	玩具车		1623					
19	周益淼	二车间	玩具车		1439					
20	吴金坦	一车间	七巧板		1938					
21	薛北比	二车间	地球仪		1225					
22	林姿娟	二车间	水枪		1254					
23	林伟	三车间	玩具车		1465					

图 9-1　员工计件工资表

	A	B	C	D	E	F	G	H	I
1	浙江玩具厂员工工资总表								
2	2023年7月								
3	员工姓名	所属车间	计件工资	基本工资	水电费	房租	公积金	应发工资	实发工资
4	黄龙	二车间		3400.00	20.00	350.00	600.00		
5	缪天鹏	三车间		3600.00	20.00	250.00	700.00		
6	林淑眉	三车间		3400.00	20.00	300.00	600.00		
7	汤娇丹	一车间		3400.00	20.00	250.00	600.00		
8	赵成	二车间		3600.00	20.00	250.00	700.00		
9	洪慧婷	三车间		3400.00	20.00	300.00	600.00		
10	邵隽霞	二车间		3400.00	20.00	200.00	600.00		
11	姜微	一车间		3400.00	20.00	350.00	600.00		
12	胡诚诚	三车间		3400.00	20.00	350.00	600.00		
13	李冬	一车间		3400.00	20.00	300.00	600.00		
14	钟丽丽	三车间		3400.00	20.00	350.00	600.00		
15	龚维维	三车间		3600.00	20.00	350.00	700.00		
16	周从明	一车间		3400.00	20.00	350.00	600.00		
17	林建柱	三车间		3400.00	20.00	300.00	600.00		
18	徐敏岳	一车间		3400.00	20.00	350.00	600.00		
19	周益森	二车间		3400.00	20.00	350.00	600.00		
20	吴全坦	一车间		3600.00	20.00	200.00	700.00		
21	薛北北	二车间		3400.00	20.00	350.00	600.00		
22	林姿娟	一车间		3600.00	20.00	300.00	700.00		
23	林伟	三车间		3400.00	20.00	350.00	600.00		

图 9-2 员工工资总表

	A	B	C	D	E
1	各车间数据统计				
2	2023年7月				
3	车间	员工人数	总产值	人均产值	排名
4	一车间				
5	二车间				
6	三车间				

图 9-3 各车间数据统计表

由于财务管理的需要,需要进行以下六项工作。

(1)计算员工的计件工资。

(2)计算员工的应发工资和实发工资。

(3)筛选出实发工资为 3000~4000 元的员工信息,以便安排补助等。

(4)对各产品的生产量进行分类汇总。

(5)使用数据透视表,统计各车间各产品的生产量。

(6)统计各车间的员工人数、总产值、人均产值及其排名等数据。

9.2 项目分析

(1)在"产品单价表"中,已经有各产品的"单价",可以利用 VLOOKUP 函数在"产品单价表"中查找某产品的"单价",再填入相应的"产品单价"列中。利用公式可以计算"产值"和"计件工资","计件工资"为"产值"的 10%。

$$产值 = 产品单价 \times 数量$$
$$计件工资 = 产值 \times 10\%$$

(2) 在"员工工资总表"中，先引用"员工计件工资表"中的"计件工资"，然后利用公式计算"应发工资"和"实发工资"。

$$应发工资 = 计件工资 + 基本工资$$
$$实发工资 = 应发工资 - 水电费 - 房租 - 公积金$$

(3) 有了工资数据，可以利用"高级筛选"功能，将工资较低（如"实发工资"为3000~4000元）的员工筛选出来，以便安排补助等。高级筛选前，要先设置筛选条件。

(4) 可以利用"分类汇总"功能，统计本月每一种玩具的生产数量。分类汇总前一定要先对"产品名称"进行排序。

(5) 使用数据透视表，可以统计各车间各产品的生产量。

(6) 利用COUNTIF函数可以统计各车间的员工人数；利用SUMIF函数可以统计各车间的总产值；利用公式可以计算各车间的人均产值，计算公式为：人均产值＝总产值/员工人数；利用RANK.EQ函数可以计算各车间人均产值的排名。

由以上分析可知，实现"工资表数据分析"（实现6项工作）可以分解为以下六大任务：利用公式和函数计算"计件工资"；利用公式计算"应发工资"和"实发工资"；筛选出"实发工资"为3000~4000元的员工信息；按"产品名称"分类汇总；使用数据透视表统计各车间各产品的生产量；统计各车间的员工人数、总产值、人均产值及其排名。

其操作流程图如图9-4所示。

图9-4 "工资表数据分析"操作流程图

9.3 相关知识点

1. 分类汇总

分类汇总是指对工作表中的某一项数据先按照某一标准进行分类,然后在分完类的基础上对各类相关数据分别进行求和、求平均值、求个数、求最大值、求最小值等方法的汇总。分类是通过排序来实现的,即将同类记录组织在一起。因此,在进行分类汇总的操作之前,要先对分类字段进行排序。

2. 高级筛选

相对于自动筛选,高级筛选可以根据复杂条件进行筛选,而且还可以把筛选的结果复制到指定的地方,更方便进行对比。

在高级筛选的指定条件中,如果遇到要满足多个条件中任何一个,此时需要把所有条件写在同一列中;如果遇到要同时满足多个条件,此时需要把所有条件写在相同的行中。

在高级筛选中,还可以筛选出不重复的数据。

3. 数据透视表

数据透视表是一种可以快速汇总大量数据的交互式工作表,用于对现有工作表从多种角度进行汇总和分析,可快速合并和比较大量数据。创建数据透视表后,可以按不同的需要、依不同的关系来提取和组织数据。

数据透视表能帮助用户分析、组织数据,利用它可以很快地从不同角度对数据进行分类汇总。

4. VLOOKUP 函数

主要功能:在表格或单元格区域的第一列中查找指定的数值,然后返回该区域中该数值所在行中指定列处的数值。在默认情况下,表是以升序排序的。

使用格式:VLOOKUP(lookup_value,table_array,col_index_num,[range_lookup])

参数说明:lookup_value 代表在表格或区域的第一列中需要查找的数值;table_array 代表需要在其中查找数据的单元格区域;col_index_num 为在 table_array 区域中待返回的匹配值的列序号(当 col_index_num 为 2 时,返回 table_array 中第 2 列中的数值;为 3 时,返回第 3 列的值…);range_lookup 为一逻辑值,如果为 TRUE 或被省略,则返回精确匹配值或近似匹配值。也就是说,如果找不到精确匹配值,则返回小于 lookup_value 的最大数值。如果为 FALSE,只查找精确匹配值,且不需要对表格或区域第一列中的值进行排序;如果找不到,则返回错误值♯N/A。

该函数的应用举例如图 9-5 所示。

	A	B	C
1	密度	粘度	温度
2	0.457	3.55	500
3	0.525	3.25	400
4	0.616	2.93	300
5	0.675	2.75	250
6	0.746	2.57	200
7	0.835	2.38	150
8	0.946	2.17	100
9	1.09	1.95	50
10	1.29	1.71	0
11	公式	说明（结果）	
12	=VLOOKUP(1,A2:C10,2)	在 A 列中查找 1，并从相同行的 B 列返回值（2.17）	
13	=VLOOKUP(1,A2:C10,3,TRUE)	在 A 列中查找 1，并从相同行的 C 列返回值（100）	
14	=VLOOKUP(0.7,A2:C10,3,FALSE)	在 A 列中查找 0.7。因为 A 列中没有精确地匹配，所以返回了一个错误值（#N/A）	
15	=VLOOKUP(0.1,A2:C10,2,TRUE)	在 A 列中查找 0.1。因为 0.1 小于 A 列的最小值，所以返回了一个错误值（#N/A）	
16	=VLOOKUP(2,A2:C10,2,TRUE)	在 A 列中查找 2，并从相同行的 B 列返回值（1.71）	

图 9-5　VLOOKUP 函数用法示例

5. SUMIF 函数

主要功能：对满足条件的单元格求和。

使用格式：SUMIF(range,criteria,sum_range)

参数说明：range 代表条件判断的单元格区域；criteria 为指定条件表达式；sum_range 代表需要求和的实际单元格区域。

该函数的应用举例如图 9-6 所示。

	A	B
1	属性值	佣金
2	100,000	7,000
3	200,000	14,000
4	300,000	21,000
5	400,000	28,000
6	公式	说明（结果）
7	=SUMIF(A2:A5,">160000",B2:B5)	属性值超过160,000的佣金的和（63,000）

图 9-6　SUMIF 函数用法示例

6. RANK.EQ 函数

主要功能：返回某数字在一列数字中相对于其他数值的大小排名；如果多个数值排名相同，则返回该组数值的最高排名。

使用格式：RANK.EQ(number,ref,[order])

参数说明：number 代表需要找到排名的数字；ref 为数字列表数组或对数字列表的引用；order 为一数字，指明数字排名的方式。如果 order 为 0 或省略，表示降序排列；如果 order 不为 0，表示升序排列。

该函数的应用举例如图 9-7 所示。

	A	B
1	数据	
2	7	
3	3.5	
4	3.5	
5	1	
6	2	
7	公式	说明（结果）
8	=RANK.EQ(A3,A2:A6,1)	3.5在上表中的排名(3)
9	=RANK.EQ(A2,A2:A6,1)	7在上表中的排名(5)

图 9-7　RANK.EQ 函数用法示例

9.4　项目实施

9.4.1　任务1：利用公式和函数计算"计件工资"

先利用 VLOOKUP 函数在"产品单价表"中查找"产品单价"，再利用公式计算"产值"和"计件工资"。

1. 利用 VLOOKUP 函数查找"产品单价"

步骤 1：打开素材文件"工资表（素材）.xlsx"文件，选择"员工计件工资表"工作表，内容如图 9-8 所示。

下面根据图 9-8 所示界面中右侧的"产品单价表"，把相应产品的"单价"填入 D4:D23 单元格区域中。

微课：利用公式和函数计算"计件工资"

图 9-8　员工计件工资表

步骤 2：选中 D4 单元格，单击编辑栏左侧的"插入函数"按钮 f_x，在打开的"插入函数"对话框中,在"或选择类别"下拉列表中选择"查找与引用"选项,在"选择函数"列表框中选择"VLOOKUP"函数,如图 9-9 所示。

图 9-9 "插入函数"对话框

步骤 3：单击"确定"按钮,打开"函数参数"对话框,如图 9-10 所示,在 Lookup_value 文本框中输入 C4,在 Table_array 文本框中输入 ＄I＄4：＄J＄8,在 Col_index_num 文本框中输入 2,在 Range_lookup 文本框中输入 FALSE。

图 9-10 "函数参数"对话框

步骤 4：单击"确定"按钮,此时 D4 单元格中显示 5,编辑栏中显示"＝VLOOKUP(C4,＄I＄4：＄J＄8,2,FALSE)"。

步骤 5：拖动 D4 单元格的填充柄至 D23 单元格,从而填入其他产品单价。

2. 利用公式计算"产值"和"计件工资"

"产值"和"计件工资"的计算公式如下：

产值＝产品单价×数量

计件工资＝产值×10％

步骤1：在F4单元格中输入公式"＝D4 * E4"，计算第一个员工的产值，拖动F4单元格的填充柄至F23单元格，计算所有员工的产值。

步骤2：在G4单元格中输入公式"＝F4 * 10％"，计算第一个员工的计件工资，拖动G4单元格的填充柄至G23单元格，计算所有员工的计件工资。

下面设置"计件工资"并保留2位小数。

步骤3：选中G4:G23单元格区域，右击，在弹出的快捷菜单中选择"设置单元格格式"命令，打开"设置单元格格式"对话框。在"数字"选项卡中，在"分类"列表框中选择"数值"选项，设置"小数位数"为2，如图9-11所示，单击"确定"按钮，最终计算结果如图9-12所示。

图9-11 "设置单元格格式"对话框

9.4.2 任务2：利用公式计算"应发工资"和"实发工资"

在"员工工资总表"中，先引用"员工计件工资表"中的"计件工资"，然后利用公式计算"应发工资"和"实发工资"。

应发工资＝计件工资＋基本工资

实发工资＝应发工资－水电费－房租－公积金

步骤1：选择"员工工资总表"工作表，内容如图9-13所示。

微课：利用公式计算"应发工资"和"实发工资"

浙江玩具厂员工计件工资表

2023年7月

员工姓名	所属车间	产品名称	产品单价(元)	数量	产值	计件工资
黄龙	二车间	七巧板	5	2909	14545	1454.50
缪天鹏	三车间	地球仪	30	839	25170	2517.00
林淑眉	三车间	水枪	15	1351	20265	2026.50
汤娇丹	一车间	玩具手机	18	1453	26154	2615.40
赵成	二车间	玩具手机	18	1332	23976	2397.60
洪慧婷	三车间	玩具车	13	1420	18460	1846.00
邵隽霞	二车间	七巧板	5	1905	9525	952.50
姜微	一车间	玩具车	13	1457	18941	1894.10
胡诚诚	三车间	地球仪	30	842	25260	2526.00
李冬	一车间	地球仪	30	1100	33000	3300.00
钟丽丽	三车间	水枪	15	1326	19890	1989.00
龚维维	三车间	水枪	15	1487	22305	2230.50
周从明	一车间	玩具手机	18	1321	23778	2377.80
林建柱	三车间	玩具手机	18	1475	26550	2655.00
徐敏岳	一车间	玩具车	13	1623	21099	2109.90
周益淼	二车间	玩具车	13	1439	18707	1870.70
吴全坦	一车间	七巧板	5	1938	9690	969.00
薛北北	二车间	地球仪	30	1225	36750	3675.00
林姿娟	一车间	玩具车	13	1254	16302	1630.20
林伟	三车间	玩具车	13	1465	19045	1904.50

产品单价表

产品名称	单价(元)
地球仪	30
七巧板	5
水枪	15
玩具车	13
玩具手机	18

图 9-12 计算后的员工计件工资表

浙江玩具厂员工工资总表

2023年7月

员工姓名	所属车间	计件工资	基本工资	水电费	房租	公积金	应发工资	实发工资
黄龙	二车间		3400.00	20.00	350.00	600.00		
缪天鹏	三车间		3600.00	20.00	250.00	700.00		
林淑眉	三车间		3400.00	20.00	300.00	600.00		
汤娇丹	一车间		3400.00	20.00	250.00	600.00		
赵成	二车间		3600.00	20.00	250.00	700.00		
洪慧婷	三车间		3400.00	20.00	250.00	600.00		
邵隽霞	二车间		3400.00	20.00	200.00	600.00		
姜微	一车间		3400.00	20.00	350.00	600.00		
胡诚诚	三车间		3400.00	20.00	300.00	600.00		
李冬	一车间		3400.00	20.00	300.00	600.00		
钟丽丽	三车间		3400.00	20.00	350.00	600.00		
龚维维	三车间		3600.00	20.00	350.00	700.00		
周从明	一车间		3400.00	20.00	300.00	600.00		
林建柱	三车间		3400.00	20.00	350.00	600.00		
徐敏岳	一车间		3400.00	20.00	350.00	600.00		
周益淼	二车间		3400.00	20.00	300.00	600.00		
吴全坦	一车间		3600.00	20.00	200.00	700.00		
薛北北	二车间		3400.00	20.00	300.00	600.00		
林姿娟	一车间		3600.00	20.00	300.00	700.00		
林伟	三车间		3400.00	20.00	350.00	600.00		

图 9-13 员工工资总表

步骤 2：选择 C4 单元格，在编辑栏中输入"="，单击"员工计件工资表"标签，并单击"员工计件工资表"中的 G4 单元格，按 Enter 键，这时可以看到第一个员工的"计件工资"被引用过来了。拖动 C4 单元格的填充柄至 C23 单元格，计算(引用)所有员工的"计件工资"。

步骤 3：在 H4 单元格中输入公式"＝C4＋D4"，拖动 H4 单元格的填充柄至 H23 单元格，计算所有员工的"应发工资"。

步骤 4：在 I4 单元格中输入公式"＝H4－E4－F4－G4"，拖动 I4 单元格的填充柄至 I23 单元格，计算所有员工的"实发工资"。

步骤 5：设置"计件工资""应发工资"和"实发工资"保留 2 位小数，最终计算结果如

图 9-14 所示。

	A	B	C	D	E	F	G	H	I
1	浙江玩具厂员工工资总表								
2	2023年7月								
3	员工姓名	所属车间	计件工资	基本工资	水电费	房租	公积金	应发工资	实发工资
4	黄龙	二车间	1454.50	3400.00	20.00	350.00	600.00	4854.50	3884.50
5	缪天鹏	三车间	2517.00	3600.00	20.00	250.00	700.00	6117.00	5147.00
6	林淑眉	三车间	2026.50	3400.00	20.00	300.00	600.00	5426.50	4506.50
7	汤娇丹	一车间	2615.40	3400.00	20.00	300.00	600.00	6015.40	5145.40
8	赵成	二车间	2397.60	3600.00	20.00	250.00	700.00	5997.60	5027.60
9	洪慧婷	三车间	1846.00	3400.00	20.00	250.00	600.00	5246.00	4376.00
10	邵隽霞	二车间	952.50	3400.00	20.00	200.00	600.00	4352.50	3532.50
11	姜微	一车间	1894.10	3400.00	20.00	300.00	600.00	5294.10	4324.10
12	胡诚诚	三车间	2526.00	3400.00	20.00	300.00	600.00	5926.00	4956.00
13	李冬	一车间	3300.00	3400.00	20.00	300.00	600.00	6700.00	5780.00
14	钟丽丽	三车间	1989.00	3400.00	20.00	300.00	600.00	5389.00	4419.00
15	龚维维	三车间	2230.50	3400.00	20.00	350.00	700.00	5830.50	4760.50
16	周从明	三车间	2377.80	3400.00	20.00	300.00	600.00	5777.80	4807.80
17	林建柱	三车间	2655.00	3400.00	20.00	300.00	600.00	6055.00	5135.00
18	徐敏岳	一车间	2109.90	3400.00	20.00	300.00	600.00	5509.90	4539.90
19	周益森	二车间	1870.70	3400.00	20.00	350.00	600.00	5270.70	4300.70
20	吴全坦	一车间	969.00	3400.00	20.00	300.00	700.00	4569.00	3649.00
21	薛北北	二车间	3675.00	3400.00	20.00	300.00	600.00	7075.00	6105.00
22	林姿娟	一车间	1630.20	3600.00	20.00	300.00	700.00	5230.20	4210.20
23	林伟	三车间	1904.50	3400.00	20.00	350.00	600.00	5304.50	4334.50

图 9-14 计算后的员工工资总表

9.4.3 任务3：筛选出"实发工资"为3000～4000元的员工信息

可以利用"高级筛选"功能筛选出"实发工资"为3000～4000元的员工信息，以便安排补助等。高级筛选前，要先设置筛选条件。

微课：筛选出"实发工资"为3000～4000元的员工信息

1. 设置筛选条件

步骤1：单击窗口底部的"插入工作表"按钮 ⊕，插入一新工作表Sheet1，将其重命名为"员工工资情况统计"。复制"员工工资总表"中的所有单元格至"员工工资情况统计"中的相同位置，并修改标题为"浙江玩具厂员工工资统计"。

步骤2：在A25和B25单元格中输入"实发工资"，在A26单元格中输入"＞＝3000"，在B26单元格中输入"＜4000"，在A28单元格中输入"需补助员工"。

2. 高级筛选

利用"高级筛选"功能筛选出"实发工资"为3000～4000元的员工信息。

步骤1：选中A3:I23单元格区域，在"数据"选项卡中单击"排序和筛选"组中的"高级"按钮 ▼。

步骤2：在打开的"高级筛选"对话框中选中"将筛选结果复制到其他位置"单选按钮，设置"条件区域"为"＄A＄25:＄B＄26"，并设置"复制到"为"＄A＄29:＄I＄36"，如

图 9-15 所示。单击"确定"按钮,此时可以看到需要的筛选结果("实发工资"为 3000~4000 元的员工信息),如图 9-16 所示。

图 9-15 "高级筛选"对话框

25	实发工资	实发工资						
26	>=3000	<4000						
27								
28	需补助员工							
29	员工姓名	所属车间	计件工资	基本工资	水电费	房租	公积金	应发工资	实发工资
30	黄龙	二车间	1454.50	3400.00	20.00	350.00	600.00	4854.50	3884.50
31	邵隽霞	二车间	952.50	3400.00	20.00	200.00	600.00	4352.50	3532.50
32	吴全坦	一车间	969.00	3600.00	20.00	200.00	700.00	4569.00	3649.00

图 9-16 "实发工资"为 3000~4000 元的员工信息

9.4.4 任务 4:按"产品名称"分类汇总

可以利用"分类汇总"功能统计本月每一种玩具的生产数量。分类汇总前一定要先对"产品名称"进行排序。

微课:按"产品名称"分类汇总

1. 对"产品名称"进行排序

图 9-17 "排序和筛选"下拉列表

步骤 1:单击窗口底部的"插入工作表"按钮⊕,插入一新工作表 Sheet2,将其重命名为"各类产品分类汇总"。复制"员工计件工资表"中的 A1:J23 单元格区域至"各类产品分类汇总"工作表中的相同位置,并修改标题为"浙江玩具厂产品分类汇总"。

步骤 2:选中 A3:G23 单元格区域,在"开始"选项卡中单击"编辑"组中的"排序和筛选"下拉按钮,在下拉列表中选择"自定义排序"选项,如图 9-17 所示。

步骤 3:在打开的"排序"对话框中选择主要关键字为"产品名称",次序为"升序",并选中右上角的"数据包含标题"复选框,如图 9-18 所示,单击"确定"按钮,此时,"计件工资表"已按"产品名称"进行了升序排列。

图 9-18 "排序"对话框

2. 按"产品名称"进行分类汇总

步骤 1：选中 A3:G23 单元格区域，在"数据"选项卡中单击"分级显示"组中的"分类汇总"按钮 。

步骤 2：在打开的"分类汇总"对话框中设置"分类字段"为"产品名称"，"汇总方式"为"求和"，"选定汇总项"为"数量"，如图 9-19 所示，单击"确定"按钮。此时，各类产品的生产数量已经进行汇总求和了，如图 9-20 所示。

图 9-19 "分类汇总"对话框   图 9-20 按"产品名称"分类汇总

9.4.5 任务5：使用数据透视表统计各车间各产品的生产量

使用数据透视表可以统计各车间各产品的生产量。

步骤1：在"员工计件工资表"中选中 A3:G23 单元格区域，在"插入"选项卡中单击"表格"组中的"数据透视表"按钮，在打开的"创建数据透视表"对话框中，"表/区域"文本框中已自动填入选中的单元格区域，选中"新工作表"单选按钮，如图9-21所示。

微课：使用数据透视表统计各车间各产品的生产量

步骤2：单击"确定"按钮，打开"数据透视表字段"任务窗格，把"所属车间"字段拖至"行"区域，将"产品名称"字段拖至"列"区域，将"数量"字段拖至"值"区域（默认汇总方式为"求和"），如图9-22所示。

步骤3：此时，在新工作表中显示了"数据透视表"，更改新建的"数据透视表"中的"行标签"文字为"所属车间"，更改"列标签"文字为"产品名称"，结果如图9-23所示，将"数据透视表"所在的工作表名称(Sheet3)重命名为"产品数据透视表"。

图9-21 "创建数据透视表"对话框

图9-22 "数据透视表字段"任务窗格

	A	B	C	D	E	F	G
1							
2							
3	求和项:数量	产品名称					
4	所属车间	地球仪	七巧板	水枪	玩具车	玩具手机	总计
5	二车间	1225	4814		1439	1332	8810
6	三车间	1681		4164	2885	1475	10205
7	一车间	1100	1938		4334	2774	10146
8	总计	4006	6752	4164	8658	5581	29161

图9-23 数据透视表

9.4.6 任务6：统计各车间的员工人数、总产值、人均产值及其排名

最后，对各车间的员工人数、总产值、人均产值及其排名等数据进行统计。

1. 利用COUNTIF函数统计各车间的员工人数

微课：统计各车间的员工人数、总产值、人均产值及其排名

步骤1：在"各车间数据统计"工作表中选中B4单元格，单击编辑栏左侧的"插入函数"按钮 f_x，在打开的"插入函数"对话框中选择"统计"类别，拖动垂直滚动条，找到并选中COUNTIF函数，单击"确定"按钮。

步骤2：在打开的"函数参数"对话框中设置Range参数为"员工计件工资表"中的$B$4:$B$23单元格区域，并设置Criteria参数为A4，这时可以看到计算结果为7，如图9-24所示。单击"确定"按钮，在B3单元格中就得到了一车间的员工人数(7)。

图9-24 "函数参数"对话框(1)

步骤3：拖动B4单元格的填充柄到B6单元格，从而在B5、B6单元格中统计出二车间、三车间的员工人数。

2. 利用SUMIF函数统计各车间的总产值

步骤1：选中C4单元格，单击编辑栏左侧的"插入函数"按钮 f_x，在打开的"插入函数"对话框中选择"数学与三角函数"类别，拖动垂直滚动条，找到并选中SUMIF函数，单击"确定"按钮。

步骤2：在打开的"函数参数"对话框中设置Range参数为"员工计件工资表"中的$B$4:$B$23单元格区域，设置Criteria参数为A4，设置Sum_range参数为"员工计件工资表"中的$F$4:$F$23单元格区域，这时可以看到计算结果为148964，如图9-25所示，单击"确定"按钮。

步骤3：拖动C4单元格的填充柄到C6单元格，从而在C5、C6单元格中统计出二车

图 9-25 "函数参数"对话框(2)

间、三车间的总产值。

3. 利用公式计算各车间的人均产值

"人均产值"的计算公式如下：

$$人均产值=总产值/员工人数$$

步骤 1：在 D4 单元格中输入公式"=C4/B4"，计算一车间的人均产值(21280.57)。

步骤 2：拖动 D4 单元格的填充柄至 D6 单元格，计算其他车间的人均产值。

4. 利用 RANK.EQ 函数计算各车间人均产值的排名

步骤 1：计算各车间人均产值排名。选中 E4 单元格，单击编辑栏左侧的"插入函数"按钮f_x，在打开的"插入函数"对话框中选择"统计"类别，拖动垂直滚动条，找到并选中 RANK.EQ 函数，单击"确定"按钮。

步骤 2：在打开的"函数参数"对话框中设置 Number 参数为 D4，Ref 参数为 \$D\$4：\$D\$6 单元格区域，Order 参数为 0，这时可以看到计算结果为 2，如图 9-26 所示。单击"确定"按钮后，在 E3 单元格中就得到了一车间人均产值的排名(2)。

图 9-26 "函数参数"对话框(3)

说明 Order 参数指定排名的方式,如果为 0 或忽略,表示降序;如果为非零值,表示升序。

步骤 3:拖动 E4 单元格的填充柄至 E6 单元格,计算出二车间、三车间人均产值的排名,结果如图 9-27 所示。

车间	员工人数	总产值	人均产值	排名
一车间	7	148964	21280.57	2
二车间	5	103503	20700.60	3
三车间	8	176945	22118.13	1

各车间数据统计 2023年7月

图 9-27 各车间数据统计结果

9.5 总结与提高

本项目主要介绍了 Excel 2019 中 VLOOKUP 函数、COUNTIF 函数、SUMIF 函数、RANK.EQ 函数的使用,以及排序、分类汇总、高级筛选、数据透视表的使用等。

在使用 VLOOKUP 函数时,要注意把要查找的内容定义在数据区域的第一列。在使用 VLOOKUP、COUNTIF、SUMIF、RANK.EQ 等函数时,其中用到的数据区域一般要用绝对引用。

分类汇总是一种条件求和,很多统计类的问题都可以使用"分类汇总"来完成,在进行分类汇总之间,必须先对要分类的字段进行排序。

高级筛选可以根据复杂条件进行筛选,而且还可以把筛选的结果复制到指定的地方。在高级筛选的指定条件中,如果遇到要满足多个条件中任何一个,此时需要把所有条件写在同一列中;如果遇到要同时满足多个条件,此时需要把所有条件写在相同的行中。

数据透视表是一个功能强大的数据分析工具,在创建数据透视表时,要正确选择行标签、列标签和汇总项的内容。

9.6 拓展知识:中国计算机事业奠基人夏培肃院士

夏培肃(1923 年 7 月 28 日—2014 年 8 月 27 日),女,四川省江津市(今重庆市江津区)人。电子计算机专家,中国计算机事业的奠基人之一,被誉为"中国计算机之母"。1945 年毕业于中央大学电机系,1950 年获英国爱丁堡大学博士学位,1991 年当选为中国科学院院士(学部委员)。

夏培肃在 20 世纪 50 年代设计试制成功中国第一台自行设计的通用电子数字计算机,她从 60 年代开始在高速计算机的研究和设计方面做出了系统的创造性的成果,解决了数字信号在大型高速计算机中传输的关键问题。她负责设计研制的高速阵列处理机使石油勘探中的常规地震资料处理速度提高了 10 倍以上。她还提出了最大时间差流水线设计原则,根据这个原则设计的向量处理机的运算速度比当时国内向量处理机快 4 倍。多年来,夏培肃还负责设计、研制成功多台不同类型的并行计算机。

9.7 习　　题

一、选择题

1. Excel 文档包括_____。
   A. 工作表　　　　　B. 工作簿　　　　　C. 编辑区域　　　　D. 以上都是
2. 以下哪种方式可在 Excel 中输入文本类型的数字"0001"_____。
   A. "0001"　　　　　B. '0001　　　　　C. \0001　　　　　D. \\0001
3. Excel 一维水平数组中元素用_____分开。
   A. ;　　　　　　　B. \　　　　　　　C. ,　　　　　　　D. \\
4. Excel 一维垂直数组中元素用_____分开。
   A. \　　　　　　　B. \\　　　　　　C. ,　　　　　　　D. ;
5. 以下 Excel 运算符中优先级最高的是_____。
   A. :　　　　　　　B. ,　　　　　　　C. *　　　　　　　D. +
6. 在 Excel 中使用填充柄对包含数字的区域复制时应按住_____键。
   A. Alt　　　　　　B. Ctrl　　　　　　C. Shift　　　　　　D. Tab
7. 关于 Excel 表格,下面说法不正确的是_____。
   A. 表格的第一行为列标题(称字段名)
   B. 表格中不能有空列
   C. 表格与其他数据间至少留有空行或空列
   D. 为了清晰,表格总是把第一行作为列标题,而把第二行空出来
8. 关于 Excel 区域定义不正确的论述是_____。
   A. 区域可由单一单元格组成
   B. 区域可由同一列连续多个单元格组成
   C. 区域可由不连续的单元格组成
   D. 区域可由同一行连续多个单元格组成
9. VLOOKUP 函数从一个数组或表格的_____中查找含有特定值的字段,再返回同一列中某一指定单元格中的值。
   A. 第一行　　　　　B. 最末行　　　　　C. 最左列　　　　　D. 最右列
10. 在一个表格中,为了查看满足部分条件的数据内容,最有效的方法是_____。
    A. 选中相应的单元格　　　　　　　　B. 采用数据透视表工具
    C. 采用数据筛选工具　　　　　　　　D. 通过宏来实现

二、实践操作题

打开素材库中的"公务员考试成绩表.xlsx"文件,按下面的操作要求进行操作,并把操作结果存盘。

注意 在做题时,不得将数据表进行随意更改。

操作要求:

(1) 在 Sheet5 的 A1 单元格中输入分数 1/3。

(2) 在 Sheet1 中,使用条件格式将性别列中为"女"的单元格中字体颜色设置为红色、字形加粗显示。

(3) 使用 IF 函数,对 Sheet1 中的"学位"列进行自动填充。要求:填充的内容根据"学历"列的内容来确定(假定学生均已获得相应学位)。

- 博士研究生:博士。
- 硕士研究生:硕士。
- 本科:学士。
- 其他:无。

(4) 使用数组公式,在 Sheet1 中计算:

① 计算笔试比例分,并将结果保存在"公务员考试成绩表"中的"笔试比例分"中。

计算方法:笔试比例分=(笔试成绩/3)*60%。

② 计算面试比例分,并将结果保存在"公务员考试成绩表"中的"面试比例分"中。

计算方法:面试比例分=面试成绩 * 40%。

③ 计算总成绩,并将结果保存在"公务员考试成绩表"中的"总成绩"中。

计算方法:总成绩=笔试比例分+面试比例分。

(5) 将 Sheet1 中的"公务员考试成绩表"复制到 Sheet2 中,根据以下要求修改"公务员考试成绩表"中的数组公式,并将结果保存在 Sheet2 表的相应列中。

① 要求:修改"笔试比例分"的计算,计算方法:笔试比例分=(笔试成绩/2)*60%,并将结果保存在"笔试比例分"列中。

② 注意:复制过程中,将标题项"公务员考试成绩表"连同数据一同复制。

复制数据表后,粘贴时数据表必须顶格放置。

(6) 在 Sheet2 中,使用函数,根据"总成绩"列对所有考生进行排名(如果多个数值排名相同,则返回该数值的最佳排名)。

要求:将排名结果保存在"排名"列中。

(7) 将 Sheet2 中的"公务员考试成绩表"复制到 Sheet3,并对 Sheet3 进行高级筛选。

① 要求如下。

- 筛选条件:"报考单位"为"一中院""性别"为"男",并且"学历"为"硕士研究生"。
- 将筛选结果保存在 Sheet3 的 A25 单元格中。

② 注意:

- 无须考虑是否删除或移动筛选条件。
- 复制过程中,将标题项"公务员考试成绩表"连同数据一同复制。

- 复制数据表后,粘贴时数据表必须顶格放置。

(8) 根据 Sheet2 中的"公务员考试成绩表",在 Sheet4 中创建一张数据透视表。要求:

① 显示每个报考单位的人的不同学历的人数汇总情况。
② "行"区域设置为"报考单位"。
③ "列"区域设置为"学历"。
④ "数值"区域设置为"学历"。
⑤ "计数项"为"学历"。

项目 10 水果超市销售数据分析

本项目以"水果超市销售数据分析"为例,介绍 Excel 2019 中 VLOOKUP 函数、MAX 函数的使用,以及定义单元格区域的名称、排序、分类汇总、数据透视表、数据透视图、数据验证设置、锁定单元格和保护工作表等方面的相关知识。

10.1 项目导入

小李大学毕业后选择了自主创业,在台州市的黄岩区、路桥区和椒江区各开了若干家水果超市连锁店。随着水果超市业务的不断扩大,对水果超市日常销售数据的管理也需要不断提高,为此,他打算用 Excel 2019 来管理日常销售数据。他制作了"销售记录""水果价格"和"水果店信息"三张工作表,内容分别如图 10-1~图 10-3 所示。其中"销售记录"工作表中记录了 2023 年 8 月 14 日各连锁店的水果销售情况;"水果价格"工作表给出了每种水果的"进价"和"售价";"水果店信息"工作表给出了各水果店的名称和所在的区。

	A	B	C	D	E	F	G	H	I
1	销售记录表								
2	日期	所在区	水果店	水果名称	数量	进价	售价	销售额	毛利润
3	2023-8-14	黄岩区	九峰店	苹果	59				
4	2023-8-14	黄岩区	九峰店	香蕉	15				
5	2023-8-14	黄岩区	九峰店	芒果	65				
6	2023-8-14	黄岩区	九峰店	火龙果	5				
7	2023-8-14	黄岩区	九峰店	鸭梨	97				
8	2023-8-14	黄岩区	九峰店	草莓	74				
9	2023-8-14	黄岩区	九峰店	橘子	83				
10	2023-8-14	黄岩区	九峰店	西瓜	91				
11	2023-8-14	黄岩区	九峰店	葡萄	22				
12	2023-8-14	黄岩区	九峰店	甜橙	45				
13	2023-8-14	黄岩区	九峰店	菠萝	36				
14	2023-8-14	黄岩区	九峰店	哈密瓜	62				
15	2023-8-14	路桥区	都市店	苹果	65				
16	2023-8-14	路桥区	都市店	香蕉	77				

图 10-1 "销售记录"工作表

现在小李想统计 2023 年 8 月 14 日各水果店和各水果的销售情况。由于销售管理的需要,需要进行以下 6 项工作。

(1) 在"销售记录"工作表中,计算进价、售价、销售额和毛利润。

(2) 汇总各个区的销售额和毛利润,找出毛利润最大的水果名称,并统计各个区各水果店的销售额和毛利润。

图 10-2 "水果价格"工作表

图 10-3 "水果店信息"工作表

（3）使用"数据透视表"统计各个区各种水果的销售情况，找出各个区销售额最大的水果所对应的销售额和水果名称。

（4）使用"数据透视图"统计各个区各种水果的销售情况。

（5）设置数据验证，使得在输入"所在区""水果店""水果名称"等字段的数据时，只能在下拉列表中选择，不能随意输入；输入"数量"字段的数据时，只允许输入大于 0 的整数。

（6）锁定单元格和保护工作表，防止销售记录表中的"标题"行文字被选定和修改。

10.2 项目分析

以下是小李的解决方法。

在很多函数的参数中都用到了单元格区域，为了操作方便，可以对这些单元格区域定义名称，当需要引用这些单元格区域时，直接引用它们的名称即可。

在"销售记录"工作表中，可以利用 VLOOKUP 函数在"水果价格"工作表中查找各种水果的进价和售价，然后利用公式计算销售额和毛利润。

销售额＝售价×数量

毛利润＝（售价－进价）×数量

按"所在区"汇总销售额和毛利润，可以知道各个区的销售额和毛利润。也可按"水果名称"汇总销售额和毛利润，再降序排列汇总后的毛利润，就可知道出毛利润最大的水果名称。利用"嵌套分类汇总"可以统计各个区各水果店的销售额和毛利润。分类汇总前要先对要分类的字段进行排序。

可以利用 Excel 2019 中的"数据透视表"统计各个区的水果销售情况，再利用 MAX 函数找出各个区销售额最大的水果所对应的销售额，然后利用 VLOOKUP 函数找出各个区销售额最大的水果所对应的水果名称。

为了使统计的数据更直观明了，还可以使用"数据透视图"统计各个区各种水果的销售情况。

在"销售记录"工作表中，添加新的记录时，每次都要手工输入"所在区""水果店"和

"水果名称"等字段的数据,而且所有单元格默认可以输入任何值,这使得输入这些数据时既麻烦,又容易出错。通过设置数据验证可解决这些问题,如输入"所在区""水果店"和"水果名称"等字段的数据时,不必手工输入,只要在相应的下拉列表中选择即可,对于"数量"字段,可以设置只允许输入大于0的整数,否则提示出错,并要求重新输入。

为了防止"销售记录"工作表中的"标题"行文字被选定和修改,可以锁定"标题"行文字所在的单元格区域,启用"保护工作表"的功能后,这些被锁定的单元格区域就不能被选中和修改。

由以上分析可知,实现"水果超市销售数据分析"(实现六项工作)可以分解为以下六大任务:计算进价、售价、销售额和毛利润;对销售额和毛利润进行分类汇总;使用数据透视表统计各个区各种水果的销售情况;使用数据透视图统计各个区各种水果的销售情况;设置数据验证;锁定单元格和保护工作表。

其操作流程图如图10-4所示。

图10-4 "水果超市销售数据分析"操作流程图

10.3 相关知识点

1. 单元格区域名称的定义

在工作表中,可以用列标号和行标号来引用单元格,也可以用自定义的名称来表示单元格、单元格区域。

2. 数据透视表和数据透视图

数据透视表是一种多维式表格,可快速合并和比较大量数据,它可以从不同角度对数据进行分析,以浓缩信息为决策者提供参考。

数据透视图是另一种数据表现形式,与数据透视表不同之处在于它可以选择适当的图形和色彩来描述数据的特性。数据透视图通过对数据透视表中的汇总数据添加可视化效果来对其进行补充,以便用户轻松查看比较、模式和趋势。

3. 数据验证

数据验证是一个可以在工作表中输入数据时产生提示信息的工具。它具有如下功能:给用户提供一个选择列表、限定输入内容的类型或大小、自定义设置等。

当用户所设计的表单或工作表要被其他人用来输入数据时,数据验证尤为有用。

4. 锁定单元格和保护工作表

锁定单元格和保护工作表,是指将某块区域的一些单元格锁定并保护起来,保护后是无法进行选定、编辑和修改的,只有通过输入先前设置的正确密码后才可以重新开始选定、编辑和修改。

5. MAX 函数

主要功能:求出一组值中的最大值。

使用格式:MAX(number1,number2,…)

参数说明:"number1,number2,…"代表需要求出最大值的数值或引用单元格(区域)。参数不能超过 255 个。

应用举例:输入公式"=MAX(E44:J44,7,8,9,10)",即可求出 E44 至 J44 单元格区域和数值 7~10 中的最大值。

提示 MIN 函数是求出一组值中的最小值,其使用方法和 MAX 函数类似。ABS 函数是返回某个数值的绝对值。INT 函数将数字向下舍入最接近的整数。

10.4 项目实施

10.4.1 任务1：计算进价、售价、销售额和毛利润

在很多函数的参数中都用到了单元格区域,为了操作方便,可以对这些单元格区域定义名称,当需要引用这些单元格区域时,直接引用它们的名称即可。

微课：计算进价、售价、销售额和毛利润

1. 定义单元格区域的名称

步骤1：打开素材文件"水果超市销售数据分析（素材）.xlsx",在"水果价格"工作表中,选择B3:D14单元格区域,如图10-5所示。

图10-5 选择B3:D14单元格区域

图10-6 "新建名称"对话框

步骤2：右击,在弹出的快捷菜单中选择"定义名称"命令,打开"新建名称"对话框,在"名称"文本框中输入"价格区域",在"引用位置"文本框中已自动填入刚选中的单元格区域"=水果价格!＄B＄3:＄D＄14",如图10-6所示,单击"确定"按钮。

可见,定义的名称"价格区域"代表了"水果价格!＄B＄3:＄D＄14"单元格区域,定义名称的目的是在下面VLOOKUP函数的Table_array参数中使用这个名称,方便操作。

说明

(1) 定义单元格区域的名称也可以先选择要定义的区域,然后在名称框中直接输入定义的名称,如图10-7所示,输入定义的名称后要按Enter键确认。

(2) 如果要删除已定义的名称,在"公式"选项卡中单击"定义的名称"组中的"名称管理器"按钮,在打开的"名称管理器"对话框中可删除该名称。

图10-7 在名称框中定义名称

2. 利用 VLOOKUP 函数查找水果的进价和售价

下面根据如图 10-7 所示界面中的"水果价格"工作表，利用 VLOOKUP 函数查找各种水果的进价和售价，并填入"销售记录"工作表的相应单元格中。

步骤 1：在"销售记录"工作表中选择 F3 单元格，单击编辑栏左侧的"插入函数"按钮 f_x，在打开的"插入函数"对话框中，在"或选择类别"下拉列表中选择"查找与引用"选项，在"选择函数"列表框中选择 VLOOKUP 函数，如图 10-8 所示。

图 10-8 "插入函数"对话框

步骤 2：单击"确定"按钮，打开"函数参数"对话框，如图 10-9 所示，在 Lookup_value 文本框中输入 D3；光标定位在 Table_array 文本框中，在"公式"选项卡中，单击"定义的名称"组中的"用于公式"下拉按钮，在打开的下拉列表中选择已定义的名称"价格区域"，此时 Table_array 文本框中会自动填入"价格区域"；在 Col_index_num 文本框中输入

图 10-9 "函数参数"对话框

211

2("进价"位于第2列);在Range_lookup文本框中输入FALSE,表示只查找精确匹配值。

步骤3:单击"确定"按钮,此时F3单元格中显示苹果的进价(2.2),编辑栏中显示公式"=VLOOKUP(D3,价格区域,2,FALSE)"。

步骤4:拖动F3单元格的填充柄至F110单元格,查找出其他水果的进价。

说明 双击F3单元格的填充柄,也可查找出其他水果的进价。

步骤5:在G3单元格中输入公式"=VLOOKUP(D3,价格区域,3,FALSE)",查找苹果的售价(4),双击G3单元格的填充柄,查找所有水果的售价。

3. 利用公式计算销售额和毛利润

销售额和毛利润的计算公式如下:

$$销售额 = 售价 \times 数量$$
$$毛利润 = (售价 - 进价) \times 数量$$

步骤1:在H3单元格中输入公式"=G3*E3",计算苹果的销售额(236),双击H3单元格的填充柄,计算所有水果的销售额。

步骤2:在I3单元格中输入公式"=(G3-F3)*E3",计算苹果的毛利润(106.2),双击I3单元格的填充柄,计算所有水果的毛利润。

下面设置进价、售价、销售额和毛利润的数字格式为"货币",保留2位小数。

步骤3:选择F、G、H和I列,右击,在弹出的快捷菜单中选择"设置单元格格式"命令,打开"设置单元格格式"对话框,在"数字"选项卡中,在"分类"列表框中选择"货币"选项,设置"小数位数"为2,"货币符号(国家/地区)"为¥,如图10-10所示,单击"确定"按钮,最终计算结果如图10-11所示。

图10-10 "设置单元格格式"对话框

项目 10 水果超市销售数据分析

	A	B	C	D	E	F	G	H	I
1					销售记录表				
2	日期	所在区	水果店	水果名称	数量	进价	售价	销售额	毛利润
3	2023-8-14	黄岩区	九峰店	苹果	59	¥2.20	¥4.00	¥236.00	¥106.20
4	2023-8-14	黄岩区	九峰店	香蕉	15	¥2.10	¥3.80	¥57.00	¥25.50
5	2023-8-14	黄岩区	九峰店	芒果	65	¥4.80	¥8.60	¥559.00	¥247.00
6	2023-8-14	黄岩区	九峰店	火龙果	5	¥3.10	¥5.60	¥28.00	¥12.50
7	2023-8-14	黄岩区	九峰店	鸭梨	97	¥1.70	¥3.00	¥291.00	¥126.10
8	2023-8-14	黄岩区	九峰店	草莓	74	¥6.80	¥12.20	¥902.80	¥399.60
9	2023-8-14	黄岩区	九峰店	橘子	83	¥1.90	¥3.40	¥282.20	¥124.50
10	2023-8-14	黄岩区	九峰店	西瓜	91	¥2.80	¥5.00	¥455.00	¥200.20
11	2023-8-14	黄岩区	九峰店	葡萄	22	¥1.90	¥3.40	¥74.80	¥33.00
12	2023-8-14	黄岩区	九峰店	甜橙	45	¥5.00	¥9.00	¥405.00	¥180.00
13	2023-8-14	黄岩区	九峰店	菠萝	36	¥4.00	¥7.20	¥259.20	¥115.20
14	2023-8-14	黄岩区	九峰店	哈密瓜	62	¥1.20	¥2.20	¥136.40	¥62.00
15	2023-8-14	路桥区	都市店	苹果	65	¥2.20	¥4.00	¥260.00	¥117.00
16	2023-8-14	路桥区	都市店	香蕉	77	¥2.10	¥3.80	¥292.60	¥130.90

图 10-11　计算后的销售记录表

10.4.2　任务 2：对销售额和毛利润进行分类汇总

下面在销售记录表中对销售额和毛利润按"所在区"进行分类汇总。分类汇总前须对"所在区"字段进行排序。先创建 3 个"销售记录"工作表的副本，用于分类汇总。

微课：对销售额
和毛利润进
行分类汇总

1. 创建 3 个"销售记录"工作表的副本

步骤 1：右击"销售记录"工作表标签，在弹出的快捷菜单中选择"移动或复制"命令，打开"移动或复制工作表"对话框，选中"建立副本"复选框，如图 10-12 所示，单击"确定"按钮，建立一个副本"销售记录(2)"工作表。

步骤 2：重复上面的步骤 1，再建立 2 个副本"销售记录(3)"和"销售记录(4)"工作表。

2. 按"所在区"汇总销售额和毛利润

步骤 1：在"销售记录(2)"工作表中选择"所在区"列(B 列)中的任一单元格，在"数据"选项卡中单击"排序和筛选"组中的"升序"按钮，对"所在区"列中的数据进行升序排列。

步骤 2：在"数据"选项卡中单击"分级显示"组中的"分类汇总"按钮，打开"分类汇总"对话框，在"分类字段"下拉列表中选择"所在区"字段，在"汇总方式"下拉列表中选择"求和"，在"选定汇总项"列表框中选中"销售额"和"毛利润"字段，如图 10-13 所示。

步骤 3：单击"确定"按钮，再单击分级显示符号 2，隐藏分类汇总表中的明细数据行，结果如图 10-14 所示。

如果 H 列和 I 列中的数据显示为"＃＃＃＃＃＃＃＃"，则需要增加这两列的宽度。

图10-12 "移动或复制工作表"对话框

图10-13 "分类汇总"对话框

图10-14 按"所在区"汇总销售额和毛利润

3. 按"水果名称"汇总销售额和毛利润,并找出毛利润最大的水果名称

下面对销售额和毛利润按"水果名称"进行分类汇总,并找出毛利润最大的水果名称。分类汇总前须对"水果名称"进行排序。

步骤1:在"销售记录(3)"工作表中选择"水果名称"列(D列)中的任一单元格,在"数据"选项卡中单击"排序和筛选"组中的"升序"按钮,对"水果名称"列中的数据进行升序排列。

步骤2:在"数据"选项卡中单击"分级显示"组中的"分类汇总"按钮,打开"分类汇总"对话框,在"分类字段"下拉列表中选择"水果名称"字段,在"汇总方式"下拉列表中选择"求和",在"选定汇总项"列表框中选中"销售额"和"毛利润"字段。

步骤3:单击"确定"按钮,再单击分级显示符号 2 ,隐藏分类汇总表中的明细数据行,结果如图10-15所示。

步骤4:选择"毛利润"列(I列)中的任一单元格,在"数据"选项卡中单击"排序和筛选"组中的"降序"按钮,对"毛利润"列中的数据进行降序排列,找出毛利润最大的水果名称,结果如图10-16所示,可见草莓的毛利润最大。

图 10-15 按"水果名称"汇总销售额和毛利润

图 10-16 利用排序找出毛利润最大的水果

4. 利用"嵌套分类汇总"统计各个区各水果店的销售额和毛利润

利用"嵌套分类汇总"还可以对各个区各水果店的销售额和毛利润进行分类汇总,汇总前先进行排序。

步骤1:在"销售记录(4)"工作表中选择数据清单中的任一单元格,在"数据"选项卡中单击"排序和筛选"组中的"排序"按钮,打开"排序"对话框,选择"主要关键字"为"所在区",单击"添加条件"按钮后,再选择"次要关键字"为"水果店",如图10-17所示,单击"确定"按钮。

图 10-17 "排序"对话框

步骤 2：在"数据"选项卡中单击"分级显示"组中的"分类汇总"按钮，打开"分类汇总"对话框，在"分类字段"下拉列表中选择"所在区"字段，在"汇总方式"下拉列表中选择"求和"，在"选定汇总项"列表框中选中"销售额"和"毛利润"字段，单击"确定"按钮。

步骤 3：在前面分类汇总的基础上，再用相同的方法进行第二次分类汇总。其中，"分类字段"为"水果店"，"汇总方式"为"求和"，"选定汇总项"为"销售额"和"毛利润"，此时取消选中"替换当前分类汇总"复选框，如图 10-18 所示，单击"确定"按钮。

步骤 4：单击分级显示符号 3，隐藏分类汇总表中的明细数据行，各个区、各水果店的"销售额"和"毛利润"的分类汇总结果如图 10-19 所示。

图 10-18　"分类汇总"对话框

图 10-19　各个区、各水果店的"销售额"和"毛利润"的分类汇总结果

10.4.3 任务 3：使用数据透视表统计各个区各种水果的销售情况

在任务 2 中，使用"嵌套分类汇总"已经统计了各个区每个水果店的"销售额"和"毛利润"，但没有给出各个区中销售额最大的水果名称。

下面先使用 Excel 中的"数据透视表"统计各个区的水果销售情况，再利用 MAX 函数找出各个区销售额最大的水果所对应的销售额，然后利用 VLOOKUP 函数找出各个区销售额最大的水果所对应的水果名称。

微课：使用数据透视表统计各个区各种水果的销售情况

1. 使用数据透视表统计各个区各种水果的销售情况

步骤 1：在"销售记录"工作表中选择其中的某一单元格，在"插入"选项卡中单击"表

格"组中的"数据透视表"按钮,打开"创建数据透视表"对话框,在"表/区域"文本框中已自动填入数据清单所在的区域,选中"新工作表"单选按钮,如图10-20所示。

步骤2:单击"确定"按钮,新建了一工作表(Sheet4),并在窗口右侧显示了"数据透视表字段"任务窗格,把"数据透视表字段"任务窗格中的"水果名称"字段拖动到"行"区域,把"所在区"字段拖动到"列"区域,把"销售额"字段拖动到"值"区域,如图10-21所示。

图10-20 "创建数据透视表"对话框   图10-21 "数据透视表字段"任务窗格

步骤3:此时新工作表中显示了相应的数据透视表。更改新建的数据透视表中的"行标签"文字为"水果名称",更改"列标签"文字为"所在区",将数据透视表所在的工作表名称(Sheet4)重命名为"数据透视表"。

步骤4:对"总计"列进行"降序"排列,可以找到"销售额"最大的水果名称(草莓),如图10-22所示。

	A	B	C	D	E
3	求和项:销售额	所在区			
4	水果名称	黄岩区	椒江区	路桥区	总计
5	草莓	2061.8	1464	1512.8	5038.6
6	甜橙	1494	1512	1188	4194
7	菠萝	698.4	1159.2	1468.8	3326.4
8	芒果	877.2	1023.4	1032	2932.6
9	西瓜	900	780	670	2350
10	香蕉	532	744.8	839.8	2116.6
11	火龙果	627.2	1008	386.4	2021.6
12	鸭梨		639	768	408	1815
13	葡萄	404.6	693.6	588.2	1686.4
14	苹果		648	480	532	1660
15	橘子	663	316.2	292.4	1271.6
16	哈密瓜	250.8	281.6	279.4	811.8
17	总计	9796	10230.8	9197.8	29224.6

图10-22 对"总计"列进行"降序"排列的数据透视表

2. 利用MAX函数找出各个区销售额最大的水果所对应的销售额

步骤1：选择"数据透视表"工作表，在G5单元格中输入文字"最大销售额"，在G6单元格中输入文字"水果名称"。

步骤2：在H4单元格中输入公式"=B4"，拖动H4单元格的填充柄至J4单元格。

步骤3：在H5单元格中输入公式"=MAX(B5：B16)"，拖动H5单元格的填充柄至J5单元格，从而找出各个区销售额最大的水果所对应的销售额，结果如图10-23所示。

图10-23 利用MAX函数找出各个区销售额的最大值

3. 利用VLOOKUP函数找出各个区销售额最大的水果所对应的水果名称

使用VLOOKUP函数时，要查找的对象（销售额最大值）必须位于查找数据区域的第1列，所以在使用VLOOKUP函数查找前，应先将"水果名称"列放在查找数据区域的右侧，这可以通过把"水果名称"列(A列)引用到"总计"列(E列)右侧的空白列(F列)中来实现。

步骤1：在F5单元格中输入公式"=A5"，然后拖动F5单元格的填充柄至F16单元格，引用所有水果的名称，如图10-24所示。

图10-24 将"水果名称"引用到F列

步骤2：将B5:F16单元格区域定义名称为"黄岩区"，将C5:F16单元格区域定义名称为"椒江区"，将D5:F16单元格区域定义名称为"路桥区"。

步骤3：在H6单元格中输入公式"=VLOOKUP(H5,黄岩区,5,FALSE)"，在I6单元格中输入公式"=VLOOKUP(I5,椒江区,4,FALSE)"，在J6单元格中输入公式"=VLOOKUP(J5,路桥区,3,FALSE)"，计算结果如图10-25所示。

图10-25 各个区"最大销售额"对应的"水果名称"

10.4.4 任务4：使用数据透视图统计各个区各种水果的销售情况

除了用数据透视表来分析各个区的各种水果销售情况之外，还可以用数据透视图来分析，数据透视图比数据透视表更直观明了。

微课：使用数据透视图统计各个区各种水果的销售情况

步骤1：在"销售记录"工作表中选择其中的某一单元格，在"插入"选项卡中单击"图表"组中的"数据透视图"下拉按钮，在打开的下拉列表中选择"数据透视图"选项，打开"创建数据透视图"对话框，在"表/区域"文本框中已自动填入数据清单所在的区域，选中"新工作表"单选按钮，如图10-26所示。

步骤2：单击"确定"按钮，新建了一工作表（Sheet5），并在窗口右侧显示了"数据透视图字段"任务窗格，把"数据透视图字段"任务窗格中的"水果名称"字段拖动到"轴（类别）"区域，把"所在区"字段拖动到"筛选"区域，把"销售额"字段拖动到"值"区域，如图10-27所示。

图10-26 "创建数据透视图"对话框

图10-27 "数据透视图字段"任务窗格

步骤3：此时新工作表中显示了相应的数据透视表和数据透视图，如图10-28所示。更改新建的数据透视表中的"行标签"文字为"水果名称"，将数据透视图所在的工作表名称（Sheet5）重命名为"数据透视图"。

步骤4：单击数据透视图左上角的"所在区"下拉按钮，打开"筛选"窗格，在"筛选"窗格中选择"黄岩区"选项，如图10-29所示，则数据透视表和数据透视图中汇总的是"黄岩区"的各种水果的销售额。

图 10-28　数据透视表和数据透视图

如果在"筛选"窗格中选中"选择多项"复选框,并选中多个所在区,如图 10-30 所示,在数据透视表和数据透视图中可同时汇总多个区的各种水果的销售额。

图 10-29　选择单个区

图 10-30　选择多个区

单击数据透视图左下角的"水果名称"下拉按钮,在打开的下拉列表中选择一个或多个水果名称,可汇总选中的水果的销售额。

10.4.5　任务 5:设置数据验证

在"销售记录"工作表中添加新记录时,每次都要手工输入"所在区""水果店"和"水果名称"等字段的数据,而且所有单元格默认可以输入任何值,这使得输入这些数据时既麻烦,又容易出错。通过设置数据验证可解决这些问题,如输入"所在区""水果店"和"水果名称"等字段的数据时,不必手工输入,只要在相应的下拉列表中选择即可,对于"数量"字段,设置只允许输入大于 0 的整数,否则提示出错,并要求重新输入。

微课:设置
数据验证

1. 设置"水果店""水果名称"和"所在区"等字段的数据验证

各水果店的名称在"水果店"工作表中已列出,各水果名称在"水果价格"工作表中已列出,设置"水果店"和"水果名称"列的数据验证时,只要引用相应的单元格区域即可,为了操作方便,可先定义这些单元格区域的名称。

步骤 1：定义"水果店"工作表中的 B3:B11 单元格区域的名称为"水果店区域",定义"水果价格"工作表中的 B3:B14 单元格区域的名称为"水果名称区域"。

步骤 2：在"销售记录"工作表中选择"水果店"列(C 列),在"数据"选项卡中单击"数据工具"组中的"数据验证"下拉按钮,在打开的下拉列表中选择"数据验证"选项,打开"数据验证"对话框。在"设置"选项卡中,在"允许"下拉列表中选择"序列"选项,将光标置于"来源"文本框中;在"公式"选项卡中单击"定义的名称"组中的"用于公式"下拉按钮,在打开的下拉列表中选择"水果店区域"名称,此时"来源"文本框中自动填入"=水果店区域",如图 10-31 所示,单击"确定"按钮。

图 10-31 "数据验证"对话框

设置了数据验证后的"水果店"列,可以用下拉列表来选取水果店的名称,如图 10-32 所示。

图 10-32 设置了数据验证后的"水果店"列

步骤 3：使用相同的方法对"水果名称"列(D 列)进行数据验证设置,结果如图 10-33 所示。

图 10-33 设置了数据验证后的"水果名称"列

步骤 4：使用相同的方法对"所在区"列(B 列)进行数据验证设置,只是在"来源"文本框要输入文字"黄岩区,路桥区,椒江区"(中间用英文半角逗号),如图 10-34 所示,单击"确定"按钮,结果如图 10-35 所示。

图 10-34　对"所在区"字段设置数据验证

	A	B	C	D	E	F	G	H	I
109	2023-8-14	椒江区	太平店	菠萝	70	¥4.00	¥7.20	¥504.00	¥224.00
110	2023-8-14	椒江区	太平店	哈密瓜	23	¥1.20	¥2.20	¥50.60	¥23.00
111									
112		黄岩区							
113		路桥区							
114		椒江区							

图 10-35　设置了数据验证后的"所在区"列

2. 设置"数量"字段的数据验证

对于"数量"字段，设置只允许输入大于 0 的整数，否则提示出错，并要求重新输入。

步骤 1：选中"数量"列（E 列），在"数据"选项卡中单击"数据工具"组中的"数据验证"下拉按钮，在打开的下拉列表中选择"数据验证"选项，打开"数据验证"对话框，在该对话框的"设置"选项卡中，在"允许"下拉列表中选择"整数"选项，在"数据"下拉列表中选择"大于"选项，在"最小值"文本框中输入 0，如图 10-36 所示。

步骤 2：在"出错警告"选项卡中选择样式为"停止"，错误信息为"只能输入大于 0 的整数"，如图 10-37 所示，单击"确定"按钮。

图 10-36　设置有效性条件

图 10-37　设置出错警告

步骤 3：在"数量"列（E 列）的空白单元格中输入 0，按 Enter 键后会弹出"停止"对话框，如图 10-38 所示，单击"重试"按钮可重新输入数据。

图 10-38 "停止"对话框

10.4.6 任务 6：锁定单元格和保护工作表

为了防止某些单元格区域中的数据被选定和修改，可锁定这些单元格区域，启用"保护工作表"的功能后，这些被锁定的单元格区域就不能被选中和修改。下面对"销售记录"工作表中的"标题"行所在的单元格区域（A2:I2）进行锁定，防止被修改。

微课：锁定单元格和保护工作表

1. 锁定"标题"行所在的单元格区域

默认情况下，工作表中的所有单元格都是被锁定的，所以要先取消对所有单元格的锁定，再仅锁定"标题"行所在的单元格区域。

步骤 1：在"销售记录"工作表中单击左上角的"全选"按钮 ◢，选中所有单元格，然后右击，在弹出的快捷菜单中选择"设置单元格格式"命令，打开"设置单元格格式"对话框，在该对话框的"保护"选项卡中取消选中"锁定"复选框，如图 10-39 所示，单击"确定"按钮。

图 10-39 "设置单元格格式"对话框

步骤 2：选中 A2:I2 单元格区域（标题区域），然后右击，在弹出的快捷菜单中选择"设置单元格格式"命令，打开"设置单元格格式"对话框，在该对话框的"保护"选项卡中选中"锁定"复选框，单击"确定"按钮。

2. 保护工作表

要使被锁定的单元格区域不能被选定和修改，还要启用"保护工作表"功能。

步骤1：在"审阅"选项卡中单击"保护"组中的"保护工作表"按钮，打开"保护工作表"对话框，选中"选定解除锁定的单元格"复选框，取消选中"选定锁定单元格"复选框，在"取消工作表保护时使用的密码"文本框中输入密码，如图10-40所示。

步骤2：单击"确定"按钮，弹出"确认密码"对话框，再次输入相同的密码，如图10-41所示，单击"确定"按钮。

图10-40 "保护工作表"对话框

图10-41 "确认密码"对话框

步骤3：此时仅A2:I2单元格区域被锁定和保护，用户不能选中该单元格区域中的任一单元格，当然也不能修改其中的内容。

如果要取消工作表保护，只要单击"更改"组中的"撤销工作表保护"按钮并输入相应的密码即可。

10.5 总结与提高

本项目主要介绍了Excel 2019中VLOOKUP函数、MAX函数的使用，以及定义单元格区域的名称、排序、分类汇总、数据透视表、数据透视图、数据验证设置、锁定单元格和保护工作表等。

在很多函数的参数中都用到了单元格区域，为了操作方便，可以对这些单元格区域定义名称，当需要引用这些单元格区域时，直接引用它们的名称即可。在"名称管理器"中，可以对定义的单元格区域名称进行管理，如修改（编辑）名称或删除名称等。

在使用VLOOKUP函数时，要注意把要查找的内容定义在数据区域的第一列。在实际应用中有很多需求可以使用VLOOKUP函数来解决。

分类汇总是一种条件求和，很多统计类的问题都可以使用"分类汇总"来完成，在进行分类汇总之间,必须先对要分类的字段进行排序。利用"嵌套分类汇总",可以实现各种复杂的数据统计,如本项目中的统计各个区各水果店的销售额和毛利润。

数据透视表是一种多维式表格,可快速合并和比较大量数据,它可以从不同角度对数据进行分析,以浓缩信息为决策者提供参考。数据透视图是另一种数据表现形式,与数据透视表不同之处在于它可以选择适当的图形和色彩来描述数据的特性。利用数据透视图显示统计数据,更加直观明了。

设置数据验证可以限制在单元格中输入数据的类型或大小等,当用户所设计的表单或工作表要被其他人用来输入数据时,数据验证尤为有用。

为了防止某些单元格区域中的数据被选定和修改,可锁定这些单元格区域,启用"保护工作表"的功能后,这些被锁定的单元格区域就不能被选中和修改。

在 Excel 2019 中进行各种统计计算时,经常要用到各种 Excel 函数,除了项目中用到的几个函数之外,常用的 Excel 函数主要还有以下几种。

(1) AND 函数。

主要功能:返回逻辑值,如果所有参数值均为逻辑"真(TRUE)",则返回逻辑"真(TRUE)",反之返回逻辑"假(FALSE)"。

使用格式:AND(logical1,logical2,…)

参数说明:"logical1,logical2,…"表示待测试的条件值或表达式,最多为 255 个。

应用举例:在 C5 单元格中输入公式"=AND(A5>=60,B5>=60)",如果 C5 中返回 TRUE,说明 A5 和 B5 中的数值均大于或等于 60;如果返回 FALSE,说明 A5 和 B5 中的数值至少有一个小于 60。

(2) OR 函数。

主要功能:返回逻辑值,仅当所有参数值均为逻辑"假(FALSE)"时,返回逻辑"假(FALSE)",否则返回逻辑"真(TRUE)"。

使用格式:OR(logical1,logical2,…)

参数说明:"logical1,logical2,…"表示待测试的条件值或表达式,最多为 255 个。

应用举例:在 C62 单元格中输入公式"=OR(A62>=60,B62>=60)",如果 C62 中返回 TRUE,说明 A62 和 B62 中的数值至少有一个大于或等于 60;如果返回 FALSE,说明 A62 和 B62 中的数值都小于 60。

(3) NOT 函数。

主要功能:对参数值求反,当要确保一个值不等于某一特定值时,可以使用 NOT 函数。

使用格式:NOT(logical)

参数说明:logical 为一个可以计算出 TRUE 或 FALSE 的逻辑值或逻辑表达式。

应用举例:"=NOT(FALSE)"的值为 TRUE;"=NOT(1+1=2)"的值为 FALSE。

(4) SUM 函数。

主要功能:计算所有参数数值的和。

使用格式:SUM(number1,number2,…)

参数说明:"number1,number2,…"代表需要计算的值,可以是具体的数值、引用的单元格(区域)、逻辑值等,最多为 255 个。

应用举例:在 D64 单元格中输入公式"=SUM(D2:D63)",即可求出 D2:D63 区域的总和。

(5) MOD 函数。

主要功能:返回两数相除的余数。结果的正负号与除数相同。

使用格式:MOD(number,divisor)

参数说明:number 为被除数;divisor 为除数。

应用举例:MOD(3,2)的值为 1,MOD(-3,2)的值为 1(正负号与除数相同)。

(6) ROUND 函数。

主要功能:返回某个数字按指定位数四舍五入后的数字。

使用格式:ROUND(number,num_digits)

参数说明:number 为需要进行四舍五入的数字;num_digits 为指定的位数,按此位数进行四舍五入。

如果 num_digits 大于 0,则四舍五入到指定的小数位。

如果 num_digits 等于 0,则四舍五入到最接近的整数。

如果 num_digits 小于 0,则在小数点左侧进行四舍五入。

应用举例:ROUND(2.15,1)的值为 2.2,ROUND(-1.475,2)的值为-1.48,ROUND(21.5,-1)的值为 20。

(7) YEAR 函数。

主要功能:返回某日期的年份值。返回值为 1900~9999 的整数。

使用格式:YEAR(serial_number)

参数说明:serial_number 为一个日期值,其中包含要查找年份的日期。

应用举例如图 10-42 所示。

提示 MONTH 函数、DAY 函数的用法与 YEAR 函数的用法类似,分别是返回某日期中的月和日。TODAY 函数(该函数不需要参数)返回系统的当前日期。

(8) HOUR 函数。

主要功能:返回时间值的小时数。即一个 0~23 的整数。

使用格式:HOUR(serial_number)

参数说明:serial_number 表示一个时间值,其中包含要查找的小时。

应用举例如图 10-43 所示。

	A	B
1	日期	
2	2008-7-5	
3	2010-7-5	
4	公式	说明(结果)
5	=YEAR(A2)	第一个日期的年份 (2008)
6	=YEAR(A3)	第二个日期的年份 (2010)

图 10-42 YEAR 函数用法示例

	A	B
1	日期	
2	3:30:30 AM	
3	3:30:30 PM	
4	15:30	
5	公式	说明(结果)
6	=HOUR(A2)	返回第一个时间值的小时数 (3)
7	=HOUR(A3)	返回第二个时间值的小时数 (15)
8	=HOUR(A4)	返回第三个时间值的小时数 (15)
9	=MINUTE(A2)	返回第一个时间值的分钟数 (30)

图 10-43 HOUR 函数用法示例

提示 MINUTE 函数的用法与 HOUR 函数的用法类似,返回时间值中的分钟数。

(9) REPLACE 函数。

主要功能:使用其他文本字符串并根据所指定的字符数替换某文本字符串中的部分文本。

使用格式:REPLACE(old_text,start_num,num_chars,new_text)

参数说明:old_text 是要替换其部分字符的文本;start_num 是要用 new_text 替换的 old_text 中字符的位置;num_chars 是希望 REPLACE 使用 new_text 替换 old_text 中字符的个数;new_text 是要用于替换 old_text 中字符的文本。

应用举例如图 10-44 所示。

	A	B
1	数据	
2	abcdefghijk	
3	2009	
4	123456	
5	公式	说明(结果)
6	=REPLACE(A2,6,5,"*")	从第六个字符开始,替换 5 个字符 (abcde*k)
7	=REPLACE(A3,3,2,"10")	用 10 替换 2009 的最后两位 (2010)
8	=REPLACE(A4,1,3,"@")	用 @ 替换前三个字符 (@456)

图 10-44 REPLACE 函数用法示例

(10) MID 函数。

主要功能:返回文本字符串中从指定位置开始的特定数目的字符。

使用格式:MID(text,start_num,num_chars)

参数说明:text 是包含要提取字符的文本字符串;start_num 是文本中要提取的第一个字符的位置(>=1);num_chars 指定希望 MID 从文本中返回字符的个数(>=0)。

应用举例:MID("abcdefgh",3,2)的值为"cd"。

(11) CONCATENATE(text1,text2,…)函数。

用于将几个文本字符串合并为一个文本字符串。也可以用 &("和"号)运算符代替函数 CONCATENATE 实现文本项的合并。例如,假设 A1、A2 单元格的内容分别为 "2020""9",则 CONCATENATE(A1,"年",A2,"月")或"A1&"年"&A2&"月""的值均为"2020 年 9 月"。

(12) EXACT(text1,text2)函数。

用于测试两个字符串是否完全相同。

(13) FIND(find_text,within_text,start_num)函数。

用于查找其他文本字符串(within_text)内的文本字符串(find_text),并从 within_text 的首字符开始返回 find_text 的起始位置编号。start_num 指定开始进行查找的字符位置编号(如果省略,默认为 1)。例如,FIND("cd","abcdeabcde")的值为 3,FIND ("cd","abcdeabcde",5)的值为 8。

(14) TEXT(value,format_text)函数。

用于将数值(value)转换为按指定数字格式(format_text)表示的文本。如"TEXT

(123.456,"＄0.00")"的值为"＄123.46","TEXT(1234,"[dbnum2]")"的值为"壹仟贰佰叁拾肆"。

(15) UPPER(text)函数。

用于将文本(text)转换成大写形式。

(16) LOWER(text)函数。

用于将文本(text)转换成小写形式。

(17) HLOOKUP 函数。

在数据表的首行查找指定的数值,并由此返回数据表当前列中指定行处的数值。其用法与 VLOOKUP 函数类似。应用举例如图 10-45 所示。

	A	B	C
1	Axles	Bearings	Bolts
2	4	4	9
3	5	7	10
4	6	8	11
5	公式	说明（结果）	
6	=HLOOKUP("Axles",A1:C4,2,TRUE)	在首行查找 Axles,并返回同列中第 2 行的值。(4)	
7	=HLOOKUP("Bearings",A1:C4,3,FALSE)	在首行查找 Bearings,并返回同列中第 3 行的值。(7)	
8	=HLOOKUP("B",A1:C4,3,TRUE)	在首行查找 B,并返回同列中第 3 行的值。由于 B 不是精确匹配,因此将使用小于 B 的最大值 Axles。(5)	
9	=HLOOKUP("Bolts",A1:C4,4)	在首行查找 Bolts,并返回同列中第 4 行的值。(11)	
10	=HLOOKUP(3,{1,2,3:"a","b","c":"d","e","f"},2,TRUE)	在数组常量的第一行中查找 3,并返回同列中第 2 行的值。(c)	

图 10-45　HLOOKUP 函数用法示例

(18) DAVERAGE 函数。

主要功能:返回列表或数据库中满足指定条件的列中数值的平均值。

使用格式:DAVERAGE(database,field,criteria)

参数说明:database 为构成列表或数据库的单元格区域;field 指定函数所使用的数据列,field 可以是文本,即两端带引号的标志项,如"使用年数"或"产量",field 也可以是代表列表中数据列位置的数字:1 表示第一列,2 表示第二列,等等;criteria 为一组包含给定条件的单元格区域。

(19) DCOUNT、DSUM、DMAX、DMIN 函数。

分别返回列表或数据库中满足指定条件的列中数值的单元格数目、总和、最大值、最小值。其用法与 DAVERAGE 函数类似。应用举例如图 10-46 所示。

(20) IS 类函数。

ISBLANK、ISERR、ISERROR、ISLOGICAL、ISNA、ISNONTEXT、ISNUMBER、ISREF、ISTEXT、ISEVEN 和 ISODD 函数统称为 IS 类函数,可以检验数值的类型并根据参数取值返回 TRUE 或 FALSE。例如,如果数值为对空白单元格的引用,函数 ISBLANK 返回逻辑值 TRUE,否则返回 FALSE。

应用举例如图 10-47 所示。

Excel 中包含了极为丰富的函数,这些函数的使用方法可借助"帮助"功能获得。

	A	B	C	D	E	F
1	树种	高度	使用年数	产量	利润	高度
2	苹果树	>10				<16
3	梨树					
4	树种	高度	使用年数	产量	利润	
5	苹果树	18	20	14	105	
6	梨树	12	12	10	96	
7	樱桃树	13	14	9	105	
8	苹果树	14	15	10	75	
9	梨树	9	8	8	76.8	
10	苹果树	8	9	6	45	
11	公式	说明(结果)				
12	=DCOUNT(A4:E10,"使用年数",A1:F2)	此函数查找高度在 10 到 16 英尺之间的苹果树的记录,并且计算这些记录中"使用年数"字段包含数字的单元格数目。(1)				
13	=DCOUNTA(A4:E10,"利润",A1:F2)	此函数查找高度为 10 到 16 英尺之间的苹果树的记录,并计算这些记录中"利润"字段为非空的单元格数目。(1)				
14	=DMAX(A4:E10,"利润",A1:A3)	此函数查找苹果树和梨树的最大利润。(105)				
15	=DMIN(A4:E10,"利润",A1:B2)	此函数查找高度在 10 英尺以上的苹果树的最小利润。(75)				
16	=DSUM(A4:E10,"利润",A1:A2)	此函数计算苹果树的总利润。(225)				
17	=DSUM(A4:E10,"利润",A1:F2)	此函数计算高度在 10 到 16 英尺之间的苹果树的总利润。(75)				
18	=DPRODUCT(A4:E10,"产量",A1:B2)	此函数计算高度大于 10 英尺的苹果树产量的乘积。(140)				
19	=DAVERAGE(A4:E10,"产量",A1:B2)	此函数计算高度在 10 英尺以上的苹果树的平均产量。(12)				
20	=DAVERAGE(A4:E10,3,A4:E10)	此函数计算数据库中所有树种的平均使用年数。(13)				

图 10-46 DAVERAGE 函数用法示例

	A	B
1	数据	
2	Gold	
3	Region1	
4	#REF!	
5	330.92	
6	#N/A	
7	2	
8	4	
9	公式	说明(结果)
10	=ISBLANK(A2)	检查单元格 A2 是否为空白 (FALSE)
11	=ISERROR(A4)	检查 #REF! 是否为错误值 (TRUE)
12	=ISNA(A4)	检查 #REF! 是否为错误值 #N/A (FALSE)
13	=ISNA(A6)	检查 #N/A 是否为错误值 #N/A (TRUE)
14	=ISERR(A6)	检查 #N/A 是否为除 #N/A 以外的错误值 (FALSE)
15	=ISNUMBER(A5)	检查 330.92 是否为数值 (TRUE)
16	=ISTEXT(A3)	检查 Region1 是否为文本 (TRUE)
17	=ISEVEN(A7)	检查 2 是否是偶数 (TRUE)
18	=ISODD(A8)	检查 4 是否是奇数 (FALSE)

图 10-47 IS 类函数用法示例

10.6 拓展知识:中国巨型计算机事业开拓者金怡濂院士

金怡濂,1929 年 9 月 5 日出生,天津市人,中国高性能计算机领域著名专家,中国巨型计算机事业开拓者,"神威"超级计算机总设计师,有"中国巨型计算机之父"美誉。

他于 1951 年毕业于清华大学电机系,1994 年当选为中国工程院首批院士,2003 年第三届"国家最高科学技术奖"唯一获奖者。2010 年 5 月,国际永久编号 100434 这颗小行星以金怡濂的名字命名。

金怡濂作为运控部分负责人之一,参加了中国第一台通用大型电子计算机的研制,此后长期致力于电子计算机体系结构、高速信号传输技术、计算机组装技术等方面的研究与实践,先后主持研制成功多种当时居国内领先地位的大型计算机系统。在此期间,他提出具体设计方案,做出很多关键性决策,解决了许多复杂的理论问题和技术难题,对中国计算机事业尤其是并行计算机技术的发展贡献卓著。

10.7 习　　题

一、选择题

1. 将数字向上舍入到最接近的偶数的函数是_____。
   A. EVEN　　　　B. ODD　　　　C. ROUND　　　　D. TRUNC
2. 将数字向上舍入到最接近的奇数的函数是_____。
   A. ROUND　　　B. TRUNC　　　C. EVEN　　　　D. ODD
3. 将数字截尾取整的函数是_____。
   A. TRUNC　　　B. INT　　　　C. ROUND　　　　D. CEILING
4. 返回参数组中非空值单元格数目的函数是_____。
   A. COUNT　　　　　　　　　　B. COUNTBLANK
   C. COUNTIF　　　　　　　　　D. COUNTA
5. 下列函数中,_____函数不需要参数。
   A. DATE　　　　B. DAY　　　　C. TODAY　　　　D. TIME
6. 关于筛选,叙述正确的是_____。
   A. 自动筛选可以同时显示数据区域和筛选结果
   B. 高级筛选可以进行更复杂条件的筛选
   C. 高级筛选不需要建立条件区,只有数据区域就可以了
   D. 自动筛选可以将筛选结果放在指定的区域
7. 使用 Excel 的数据筛选功能,是将_____。
   A. 满足条件的记录显示出来,而删除掉不满足条件的数据
   B. 不满足条件的记录暂时隐藏起来,只显示满足条件的数据
   C. 不满足条件的数据用另外一个工作表来保存起来
   D. 将满足条件的数据突出显示
8. 某单位要统计各科室人员工资情况,按工资从高到低排序,若工资相同,以工龄降序排列,则以下做法正确的是_____。
   A. 主要关键字为"科室",次要关键字为"工资",第二个次要关键字为"工龄"
   B. 主要关键字为"工资",次要关键字为"工龄",第二个次要关键字为"科室"
   C. 主要关键字为"工龄",次要关键字为"工资",第二个次要关键字为"科室"
   D. 主要关键字为"科室",次要关键字为"工龄",第二个次要关键字为"工资"
9. 关于分类汇总,叙述正确的是_____。
   A. 分类汇总前首先应按分类字段值对记录排序

B. 分类汇总可以按多个字段分类

C. 只能对数值型字段分类

D. 汇总方式只能求和

10. 为了实现多字段的分类汇总，Excel 提供的工具是_____。

　　A. 数据地图　　　B. 数据列表　　　C. 数据分析　　　D. 数据透视表

二、实践操作题

打开素材库中的"教材订购情况表.xlsx"文件，按下面的操作要求进行操作，并把操作结果存盘。

注意　在做题时，不得将数据表进行随意更改。

操作要求：

（1）在 Sheet5 的 A1 单元格中设置为只能录入 5 位数字或文本。当录入位数错误时，提示错误原因，样式为"警告"，错误信息为"只能录入 5 位数字或文本"。

（2）在 Sheet5 的 B1 单元格中输入分数 1/3。

（3）使用数组公式，对 Sheet1 中"教材订购情况表"的订购金额进行计算。

① 将结果保存在该表的"金额"列中。

② 计算方法为：金额＝订数×单价。

（4）使用统计函数，对 Sheet1 中"教材订购情况表"的结果按以下条件进行统计，并将结果保存在 Sheet1 中的相应位置。要求：

① 统计出版社名称为"高等教育出版社"的书的种类数，并将结果保存在 Sheet1 中 L2 单元格中。

② 统计订购数量大于 110 且小于 850 的书的种类数，并将结果保存在 Sheet1 中 L3 单元格中。

（5）使用函数，计算每个用户所订购图书所需支付的金额总数，并将结果保存在 Sheet1 中"用户支付情况表"的"支付总额"列中。

（6）使用函数，判断 Sheet2 中的年份是否为闰年，如果是，结果保存"闰年"；如果不是，则结果保存"平年"，并将结果保存在"是否为闰年"列中。

闰年定义：年数能被 4 整除而不能被 100 整除，或者能被 400 整除的年份。

（7）将 Sheet1 中的"教材订购情况表"复制到 Sheet3 中，对 Sheet3 进行高级筛选。

① 要求如下。

- 筛选条件："订数"≥500，并且"金额"≤30000。
- 将结果保存在 Sheet3 的 K5 单元格中。

② 注意以下问题。

- 无须考虑是否删除或移动筛选条件。
- 复制过程中，将标题项"教材订购情况表"连同数据一同复制。
- 复制数据表后，粘贴时数据表必须顶格放置。
- 复制过程中，数据保持一致。

（8）根据 Sheet1 中"教材订购情况表"的结果，在 Sheet4 中新建一张数据透视表。要求如下。

① 显示每个客户在每个出版社所订的教材数目。

② "行"区域设置为"出版社"。

③ "列"区域设置为"客户"。

④ "求和项"为"订数"。

⑤ "数值"区域设置为"订数"。

学习情境

学习演示文稿制作
（PowerPoint 2019）

- ■ 项目 11　论文答辩稿制作
- ■ 项目 12　"学院简介"演示文稿制作
- ■ 项目 13　电子相册制作

项目 11　论文答辩稿制作

本项目是以"论文答辩稿制作"为例,介绍如何使用 PowerPoint 2019 来制作幻灯片、添加超链接和动作按钮,设置页眉和页脚,设置动画效果(如幻灯片切换效果,自定义动画效果等),设置主题,设置放映方式和打印演示文稿等方面的相关知识。

11.1　项目导入

在指导老师的指导和帮助下,经过几个月的辛勤努力,小李同学终于完成了自己的毕业设计(论文)——图书信息资料管理系统的研究与设计。马上就要进行毕业论文答辩了,如何才能使答辩生动活泼、引人入胜,给评委们留下一个良好的印象呢?

小李觉得 Word 适用于文字处理,Excel 适用于数据处理,只有 PowerPoint 才适用于资料展示,如课堂教学、论文答辩、产品发布、项目论证、会议报告、个人或公司介绍等。这是因为 PowerPoint 可以集文字、图形、声音、视频图像、动画于一体,同时可以借助超级链接功能创建形象生动、高度交互的多媒体演示文稿。因此,小李决定使用 PowerPoint 2019 来制作论文答辩演讲稿。

在制作论文答辩演讲稿的过程中,小李遇到了以下几个问题。

(1) 如何制作一张张幻灯片,来阐述论文的观点?

(2) 如何实现不同幻灯片之间的跳转,来提高演示文稿的交互性?

(3) 如何在每张幻灯片中添加日期、幻灯片编号等,并设置幻灯片的动画效果,还要使每张幻灯片具有统一的风格?

(4) 如何设置放映方式,并打印演示文稿?

经过指导老师的引导和帮助,小李终于解决了以上几个问题,以下是他的解决方法。

11.2　项目分析

根据论文的内容提要,为每张幻灯片选定合适的版式,在每张幻灯片中添加文字、图形、图片、艺术字等对象,从而制作出各张幻灯片。其中,第 1 张幻灯片一般为标题幻灯片,主要包括论文题目,以及答辩者的姓名、所在班级、指导老师等信息;由于论文内容较多,可在第 2 张幻灯片中放置论文的"目录",起到预览论文核心内容和导读的作用;后面的幻灯片是各相关主题的幻灯片,最后一张幻灯片是"答辩结束"幻灯片。

各幻灯片制作好后,为了便于讲解和提高交互性,可能要随时改变播放顺序,可对目录中的各条目建立超链接(链接到相关主题的幻灯片),还可建立动作按钮,实现上下翻页的功能。

在页眉和页脚中,可以添加日期、幻灯片编号等,为了使演示文稿更加生动活泼、形象逼真,获得最佳演示效果,还应设置幻灯片的动画效果。动画效果包括幻灯片之间的切换效果和幻灯片内部的自定义动画效果。可以利用"主题"功能,快速美化和统一每一张幻灯片的风格,PowerPoint 2019 中内置的主题库中提供了大量的主题,根据需要可选择其中的某个主题来快速美化幻灯片。

最后,应设置合适的幻灯片放映方式,必要时还需要打印演示文稿。

由以上分析可知,"论文答辩稿制作"可以分解为以下四大任务:制作 8 张幻灯片;添加超链接和动作按钮;设置页眉页脚、动画效果和主题;设置放映方式和打印演示文稿。

其操作流程图如图 11-1 所示,完成效果图如图 11-2 所示。

图 11-1 "论文答辩稿制作"操作流程图

图 11-2 "论文答辩稿制作"完成效果图

11.3 相关知识点

1. 演示文稿和幻灯片

一个 PowerPoint 文件称为一个演示文稿,通常它是由一组幻灯片构成,制作演示文稿的过程实际上就是制作一张张幻灯片的过程。幻灯片中可以包含文字、表格、图片、声音、视频等内容。使用 PowerPoint 2019 制作的演示文稿的文件扩展名为.pptx。

2. 占位符

占位符是指幻灯片上一种带有虚线或阴影线边缘的框,绝大部分幻灯片版式中都有这种框。在这些框内可以放置标题及正文,或者是图表、表格和图片等对象。

占位符的大小和位置一般取决于幻灯片所用的版式。

3. 幻灯片版式

"版式"是指幻灯片内容在幻灯片上的排列方式。版式由占位符组成,占位符中可放置文字(如标题和项目符号列表)和幻灯片内容(如表格、图表、图片、形状)等。

4. 动作按钮和超级链接

演示文稿放映时,默认是按顺序播放幻灯片的。通过对幻灯片中的对象设置动作按钮和超级链接,可以改变幻灯片的放映顺序,提高演示文稿的交互性。

在 PowerPoint 中，超级链接可以从一张幻灯片跳转到同一演示文稿中的其他幻灯片，也可以跳转到其他演示文稿、文件（如 Word 文档）、电子邮件地址，以及网页等。

动作按钮是以图形化的按钮进行超级链接，如"前进""后退"动作按钮分别超级链接到"下一张""上一张"幻灯片。

5. 动画效果

动画效果是指当放映幻灯片时，幻灯片中的一些对象（如文本、图形等）会按照一定的顺序依次显示对象或者使用运动画面。为幻灯片上的文本、图形、表格和其他对象添加动画效果，可以突出重点、控制信息流，并增加演示文稿的趣味性，从而给观众留下深刻的印象。动画有时可以起到画龙点睛的作用。

动画效果包括幻灯片之间的切换效果和幻灯片内部的自定义动画效果。为演示文稿中的幻灯片添加切换效果，可以在放映演示文稿过程中使幻灯片之间的过渡衔接较为自然。"自定义动画"允许我们对每一张幻片中的各种对象分别设置不同的、功能更强的动画效果，以期达到更好的播放效果。

6. 动画刷

为演示文稿添加动画是比较烦琐的事情，尤其还要逐个调节时间和速度。PowerPoint 2019 中的"动画刷"功能，可以像使用"格式刷"功能一样轻轻一"刷"，就可以把原有对象上的动画复制到新的目标对象上。

7. 主题

主题是一组预定义的颜色、字体和视觉效果，适用于幻灯片以实现统一、专业的外观。通过使用主题，可以轻松赋予演示文稿和谐的外观。

主题是主题颜色、主题字体和主题效果三者的组合。主题可以作为一套独立的选择方案应用于文件中。主题颜色、字体和效果可同时在 PowerPoint、Excel、Word 和 Outlook 中应用，使演示文稿、工作表、文档和电子邮件具有统一的风格。

11.4 项目实施

11.4.1 任务 1：制作 8 张幻灯片

根据论文的内容提要，为每张幻灯片选定合适的版式，在每张幻灯片中添加文字、图形、图片、艺术字等对象，从而制作出各张幻灯片。其中，第 1 张幻灯片一般为标题幻灯片，主要包括论文题目，以及答辩者的姓名、所在班级、指导老师等信息；由于论文内容较多，可在第 2 张幻灯片中放置论文的"目录"，起到预览论文核心内容和导读的作用；后面的幻灯片是各相关主题的幻灯片，最后一张幻灯片是"答辩结

微课：制作 8 张幻灯片

束"幻灯片。

步骤 1：启动 PowerPoint 2019 软件，新建空白演示文稿，在第 1 张标题幻灯片中输入相应的主、副标题内容，效果如图 11-3 所示。

图 11-3　第 1 张幻灯片

步骤 2：在"开始"选项卡中单击"幻灯片"组中的"新建幻灯片"下拉按钮，在打开的下拉列表中选择"标题和内容"版式，如图 11-4 所示，插入一张新幻灯片（第 2 张幻灯片）。在"标题"占位符中输入文字"目录"，在"内容"占位符中输入目录内容，如图 11-5 所示。

图 11-4　选择"标题和内容"版式　　　　图 11-5　第 2 张幻灯片

步骤 3：使用相同的方法再次插入一张"仅标题"版式的新幻灯片，在"标题"占位符中输入文字"问题定义"。

步骤 4：在"插入"选项卡中单击"插图"组中的"形状"下拉按钮，在打开的下拉列表中选择"基本形状"区域中的"椭圆"图形,如图 11-6 所示,然后在"标题"占位符下方的空白处拖动鼠标,画出一个适当大小的椭圆,再画两个略小一些的椭圆,移动这 3 个椭圆使它们重叠并在上顶点相切,如图 11-7 所示。

步骤 5:右击最上面的椭圆,在弹出的快捷菜单中选择"设置形状格式"命令,打开"设置形状格式"任务窗格,如图 11-8 所示。展开"填充"选项,选中"纯色填充"单选按钮,并在"颜色"下拉框选择"浅灰色,背景 2,深色 10%"颜色作为椭圆的填充色。另外,在"线条"选项中,还可设置椭圆线条的颜色。

步骤 6:使用相同的方法设置另外两个椭圆的填充色分别为"浅灰色,背景 2,深色 25%"和"浅灰色,背景 2,深色 50%"。

步骤 7:右击最上面的椭圆,在弹出的快捷菜单中选择"编辑文字"命令,然后在最上面的椭圆中输入文字"问题定义",并设置文字颜色为黑色。

步骤 8:按住 Ctrl 键,用鼠标依次选中这 3 个椭圆,然后右击,在弹出的快捷菜单中选择"组合"→"组合"命令,使这 3 个椭圆组合在一起,成为一个整体(组合图形),移动组合图形至幻灯片的中央。

图 11-6 选择"椭圆"图形

步骤 9:使用相同的方法在组合图形的左侧插入一个圆角矩形,在圆角矩形中添加文字"问题提出"(右击选择"编辑文本"命令),再在组合图形的右侧插入一个圆角矩形,在圆角矩形中添加文字"问题定义报告"(右击选择"编辑文本"命令)。

图 11-7 画 3 个相切的椭圆

图 11-8 "设置形状格式"对话框

步骤 10：在这些图形之间分别插入上弧形箭头 和下弧形箭头 ，并调整这些图形的大小和位置，效果如图 11-9 所示。

图 11-9　第 3 张幻灯片

步骤 11：插入一张"标题和内容"版式的新幻灯片，在"标题"占位符中输入文字"可行性研究"，在"内容"占位符中输入相应文字，并设置 1.5 倍行距，效果如图 11-10 所示。

图 11-10　第 4 张幻灯片

步骤 12：插入一张"标题和内容"版式的新幻灯片，在"标题"占位符中输入文字"系统设计分析"，单击"内容"占位符中的"图片"按钮 ，打开"插入图片"对话框，找到并插入素材库中的"系统设计分析图.png"图片，适当调整该图片的位置和大小，效果如图 11-11 所示。

步骤 13：插入一张"标题和内容"版式的新幻灯片，在"标题"占位符中输入文字"系统应用程序设计"，在"内容"占位符中输入相应的文字，并设置 1.5 倍行距，选中"内容"占位符中的所有文字，单击"段落"组中的"编号"下拉按钮 ，在打开的下拉列表中选择第 1 行第 2 列的数字编号，如图 11-12 所示，此时幻灯片效果如图 11-13 所示。

图 11-11　第 5 张幻灯片

图 11-12　"编号"下拉列表　　　　图 11-13　第 6 张幻灯片

步骤 14：插入一张"标题和内容"版式的新幻灯片，在"标题"占位符中输入文字"结论"，在"内容"占位符中输入相应文字，效果如图 11-14 所示。

图 11-14　第 7 张幻灯片

步骤 15：插入一张"仅标题"版式的新幻灯片，在"标题"占位符中输入文字"答辩结束"，然后在"插入"选项卡中单击"文本"组中的"艺术字"下拉按钮 ，在打开的下拉列表中选择第 1 行第 1 列的艺术字样式,如图 11-15 所示,此时,在幻灯片中插入了艺术字"请在此放置您的文字",把这些文字修改为"敬请各位老师批评指正!"。

步骤 16:在绘图工具的"格式"选项卡中单击"艺术字样式"组中的"文本效果"下拉按钮,在打开的下拉列表中选择"转换"→"朝鲜鼓"选项,如图 11-16 所示。

图 11-15 艺术字样式列表

图 11-16 艺术字"转换"列表

步骤 17:适当调整"艺术字"占位符的位置和大小,上下拖动"艺术字"占位符的圆形控制柄可调整"朝鲜鼓"文本效果的弧度,如图 11-17 所示。

图 11-17 第 8 张幻灯片

11.4.2 任务2：添加超链接和动作按钮

每张幻灯片的顺序是按照毕业论文的大纲内容规划的，但出于答辩需要，可能会改变播放顺序，这可通过添加超链接、动作按钮等来实现。

微课：添加超链接
和动作按钮

1. 添加超链接

步骤1：在第2张"目录"幻灯片中选中文字"问题定义"，然后右击，在弹出的快捷菜单中选择"超链接"命令，打开"插入超链接"对话框，如图11-18所示。在左侧的"链接到"窗格中选择"本文档中的位置"选项，在中央的"请选择文档中的位置"窗格中选择标题为"3.问题定义"的幻灯片（第3张幻灯片），单击"确定"按钮，完成超链接设置，此时文字"问题定义"变为蓝色，并添加了下划线。

图11-18 "插入超链接"对话框

步骤2：使用与步骤1相同的方法，为第2张"目录"幻灯片中的文字"可行性研究""系统设计分析""系统应用程序设计"和"结论"，分别超链接到第4～7张幻灯片。

2. 添加动作按钮

为了便于幻灯片的上下翻页，可以制作"上一页"和"下一页"动作按钮，因为这两个动作按钮需要在每张幻灯片中出现，可以在幻灯片母版中制作这两个动作按钮。

步骤1：在"视图"选项卡中单击"母版视图"组中的"幻灯片母版"按钮，打开母版视图，在左侧窗格中选择第1张幻灯片母版。

步骤2：在"插入"选项卡中单击"插图"组中的"形状"下拉按钮，在打开的下拉列表中选择"动作按钮"区域中的最后一个动作按钮☐(动作按钮：空白)，然后在幻灯片母版底部画出一个按钮,在打开的"操作设置"对话框的"单击鼠标"选项卡中选中"超链接到"单选按钮,并在其下拉列表中选择"上一张幻灯片"选项,如图 11-19 所示,单击"确定"按钮。

图 11-19　"操作设置"对话框

步骤3：右击刚绘制的按钮,在弹出的快捷菜单中选择"编辑文字"命令,然后在"动作按钮"内输入文字"上一页",使用相同的方法,再制作一个"下一页"动作按钮(超链接到"下一张幻灯片"),效果如图 11-20 所示。

图 11-20　动作按钮

11.4.3 任务3：设置页眉页脚、动画效果和主题

1. 设置页眉和页脚

在页眉和页脚中，可以设置日期和幻灯片编号等，日期可自动更新为当前日期。

微课：设置页眉页脚、动画效果和主题

步骤1：在"插入"选项卡中单击"文本"组中的"页眉和页脚"按钮，打开"页眉和页脚"对话框，如图11-21所示。选中"日期和时间"和"幻灯片编号"复选框，并选中"自动更新"单选按钮，再单击"全部应用"按钮，这样在每张幻灯片中都会显示当前日期和幻灯片编号（页码），方便答辩者使用。

如果不想在标题幻灯片中显示当前日期（其他幻灯片中要显示），则需要在图11-21所示的界面中选中"标题幻灯片中不显示"复选框。

步骤2：在"幻灯片母版"选项卡中单击"关闭"组中的"关闭母版视图"按钮，返回到"幻灯片"视图。

图11-21 "页眉和页脚"对话框

2. 设置幻灯片的动画效果

动画效果是指给文本或对象添加特殊的视觉或声音效果。为演示文稿添加动画效果，目的是突出重点，控制信息流，并增加演示文稿的趣味性。动画效果包括幻灯片之间的切换效果和幻灯片内部的自定义动画效果。

下面先设置所有幻灯片之间的切换效果为"窗口"，再设置各张幻灯片内部的自定义动画效果。

步骤 1：在"切换"选项卡中单击"切换到此幻灯片"组右下角的"其他"按钮 ⌄，如图 11-22 所示。展开切换效果所有选项，选择"动态内容"区域中的"窗口"切换效果，如图 11-23 所示。再单击"计时"组中的"应用到全部"按钮 ，使得所有幻灯片均采用"窗口"切换效果。

图 11-22 "切换到此幻灯片"组中的"其他"按钮

图 11-23 选择"窗口"切换效果

下面设置第 1 张幻灯片（标题幻灯片）的自定义动画效果：标题内容"图书信息资料管理系统的研究与设计"的进入效果为"棋盘"；副标题内容（共 3 行文字）的进入效果为"上浮"，并且在标题内容出现 1 秒后自动开始，不需要单击。

步骤 2：选择第 1 张幻灯片中的标题内容"图书信息资料管理系统的研究与设计"，在"动画"选项卡中单击"高级动画"组中的"添加动画"下拉按钮 ★，在打开的下拉列表中选择"更多进入效果"选项，打开"添加进入效果"对话框，单击"基本型"区域中的"棋盘"选项，如图 11-24 所示，单击"确定"按钮，然后在"计时"组中，设置"开始"为"上一动画之后"。

步骤 3：使用相同的方法选择副标题内容（共 3 行文字），并添加其进入效果为"上浮"，然后在"计时"组中设置"开始"为"上一动画之后"，"延迟"时间为 1 秒，如图 11-25 所示。

图 11-24 "添加进入效果"对话框

图 11-25 设置"开始"和"延迟"时间

下面利用"动画刷"功能,把第 1 张幻灯片标题的动画效果复制到其他 7 张幻灯片的标题中。

步骤 4:单击第 1 张幻灯片的标题,在"动画"选项卡中双击"高级动画"组中的"动画刷"按钮,此时光标箭头旁出现一把刷子,分别单击其他 7 张幻灯片的标题,最后单击"动画刷"按钮,使该按钮处于未选中状态,表示动画效果复制结束。

以下设置其他幻灯片内部的自定义动画效果。

步骤 5:在第 2 张幻灯片中单击"内容"占位符,在"动画"选项卡中单击"动画"组中的"飞入"按钮,如图 11-26 所示,再单击"动画"组右侧的"效果选项"按钮,在打开的下拉列表中选择"自左侧"方向,如图 11-27 所示。

图 11-26 选择"飞入"动画

步骤 6:使用与步骤 4 相同的方法,利用"动画刷"功能把第 2 张幻灯片"内容"占位符中的动画效果复制到其他幻灯片(第 3~8 张幻灯片)的"内容"占位符或图形中。

步骤 7:在"动画"选项卡中单击"高级动画"组中的"动画窗格"按钮,可以打开"动画窗格",图 11-28 是第 2 张幻灯片的"动画窗格",其中的序号表示动画播放的顺序,单击"动画窗格"右上部的▲、▼箭头可调整动画播放的顺序。

图 11-27　选择"自左侧"方向

图 11-28　第 2 张幻灯片的"动画窗格"

3. 设置幻灯片的主题

可以利用"主题"功能快速美化和统一每一张幻灯片的风格，PowerPoint 2019 中内置的主题库中提供了大量的主题，根据需要可选择其中的某个主题来快速美化幻灯片。

步骤 1：在"设计"选项卡中单击"主题"组中的"画廊"选项，如图 11-29 所示，则所有幻灯片都应用了"画廊"主题，效果如图 11-30 所示。

图 11-29　选择"画廊"主题

步骤 2：如果对所应用的主题的某一部分元素不够满意，可以通过"变体"组中的"颜色""字体""效果"或者"背景样式"选项，做进一步的修改。

11.4.4　任务 4：设置放映方式和打印演示文稿

演示文稿制作完毕后，还应设置合适的放映方式，有时还需要打印演示文稿。

步骤 1：在"幻灯片放映"选项卡中单击"设置"组中的"设置幻灯

微课：设置放映方式和打印演示文稿

图 11-30　设置"画廊"主题后的第 1 张幻灯片

片放映"按钮![]，打开"设置放映方式"对话框，如图 11-31 所示，可设置放映类型、放映选项、绘图笔颜色、放映幻灯片、推进幻灯片等。

图 11-31　"设置放映方式"对话框

步骤 2：在"设计"选项卡中单击"自定义"组中的"幻灯片大小"下拉按钮![]，在打开的下拉列表中选择"自定义幻灯片大小"选项，打开"幻灯片大小"对话框，如图 11-32 所示，可设置幻灯片大小（宽度和高度）、幻灯片编号起始值、幻灯片方向等。

步骤 3：选择"文件"→"打印"命令，在窗口中可设置"打印"选项，如打印份数、打印范围、打印内容、打印颜色等。设置打印份数为 1，打印全部幻灯片，并设置打印内容为讲义，每页打印

图 11-32　"幻灯片大小"对话框

6张水平放置的幻灯片,打印颜色为灰度,如图11-33所示。

图11-33 设置"打印"选项

说明

(1) 在图11-31所示的界面中,一般选择放映全部幻灯片,也可选择放映部分幻灯片。如果设置了自定义放映(选择"幻灯片放映"→"自定义幻灯片放映"→"自定义放映"),也可选择只放映自定义部分。

(2) 如果某张(或某些)幻灯片不想放映,又不想删除,可设置其为隐藏(选择"幻灯片放映"→"隐藏幻灯片")。

(3) 幻灯片放映时,右击并选择"指针选项",再选择某种绘图笔后,可以在幻灯片上写字、画线或绘图。

(4) 在图11-33所示的界面中,打印内容可选择整页幻灯片、备注页、大纲、讲义等。为了节约纸张,可以选择打印内容为讲义,并设置每页打印的幻灯片数(如6张)和顺序(水平或垂直)。

11.5 总结与提高

本项目主要介绍了如何使用PowerPoint 2019来制作幻灯片,添加超链接和动作按钮,设置页眉和页脚,设置动画效果(如幻灯片切换效果及自定义动画效果等),设置主题,设置放映方式和打印演示文稿等。

如果幻灯片数量和内容较多，一般应该设置"目录"，起到预览核心内容和导读的作用。可以通过设置超链接和动作按钮，实现幻灯片之间的跳转。

为幻灯片上的文本、图形、表格和其他对象添加动画效果，可以突出重点及控制信息流，并增加演示文稿的趣味性，从而给观众留下深刻的印象。动画有时可以起到画龙点睛的作用。动画效果包括幻灯片之间的切换效果和幻灯片内部的自定义动画效果。

可以利用"主题"功能，快速美化和统一每一张幻灯片的风格，PowerPoint 2019 中内置的主题库中提供了大量的主题，根据需要可选择其中的某个主题来快速美化幻灯片。

为了节约纸张，可以选择打印内容为讲义，并设置每页打印的幻灯片数（如6张）和顺序（水平或垂直）。

总之，演示文稿的设计是一门的学问和技术，好的演示文稿可以使内容介绍更加有重点，更加容易让人接受。

利用PowerPoint制作演示文稿的基本过程如下。

(1) 收集相关素材，并对素材进行筛选和提炼。

(2) 制作静态幻灯片，除了文本外，还可添加各种图形、图片等多媒体元素，达到图文并茂、形象生动的效果。

(3) 添加超链接或动作按钮，便于在各幻灯片之间跳转。

(4) 添加动画效果，包括幻灯片切换效果、自定义动画效果。

(5) 设置合适的放映方式，如果需要，还可打印幻灯片。

11.6 拓展知识：华为鸿蒙操作系统

华为鸿蒙操作系统是华为公司耗时10年、4000多名研发人员投入开发的一款基于微内核面向5G物联网、面向全场景的分布式操作系统。鸿蒙的英文名是HarmonyOS，意为"和谐"，它不是安卓系统的分支或修改而来的，是与安卓、iOS不一样的操作系统。鸿蒙操作系统把手机、电脑、平板、电视、工业自动化控制、无人驾驶、车机设备、智能穿戴设备等统一成一个操作系统，并且该系统是面向下一代技术而设计的，能兼容全部安卓系统的所有Web应用。鸿蒙操作系统架构中的内核会把之前的Linux内核、鸿蒙微内核与LiteOS合并为一个鸿蒙操作系统微内核，创造一个超级虚拟终端互联的世界，将人、设备、场景有机联系在一起。同时由于鸿蒙系统微内核的代码量只有Linux宏内核的千分之一，其受攻击概率也大幅降低。2022年7月，华为鸿蒙3.0发布。

华为鸿蒙操作系统宣告问世在全球引起反响，它的诞生将拉开永久性改变操作系统全球格局的序幕。

11.7 习题

一、选择题

1. PowerPoint 是一种_____软件。
   A. 文字处理　　　B. 电子表格　　　C. 演示文稿　　　D. 系统
2. PowerPoint 属于_____。
   A. 高级语言　　　B. 操作系统　　　C. 语言处理软件　　D. 应用软件
3. PowerPoint 运行的平台是_____。
   A. Windows　　　B. UNIX　　　　C. Linux　　　　D. DOS
4. 下列对 PowerPoint 的主要功能叙述不正确的是_____。
   A. 课堂教学　　　B. 学术报告　　　C. 产品介绍　　　D. 休闲娱乐
5. PowerPoint 2019 演示文稿默认的文件扩展名是_____。
   A. .pptx　　　　B. .potx　　　　C. .dotx　　　　D. .ppzx
6. _____是一种带有虚线或阴影线边缘的框,绝大部分幻灯片版式中都有这种框。在这些框内可以放置标题及正文,或者是图表、表格和图片等对象,并往往包含了某种格式。
   A. 由"绘图"工具栏中的"矩形"工具绘制的矩形
   B. 由"绘图"工具栏中的"文本框"工具绘制的文本框
   C. 任务窗格
   D. 占位符
7. _____是定义演示文稿中所有幻灯片或页面格式的幻灯片视图或页面。每个演示文稿的每个关键组件(幻灯片、标题幻灯片、演讲者备注和听众讲义)都有。
   A. 模板　　　　B. 母版　　　　C. 版式　　　　D. 窗格
8. 在 PowerPoint 中,"视图"这个名词表示_____。
   A. 一种图形　　　　　　　　　B. 显示幻灯片的方式
   C. 编辑演示文稿的方式　　　　D. 一张正在修改的幻灯片
9. PowerPoint 中默认的视图是_____。
   A. 大纲视图　　　　　　　　　B. 幻灯片浏览视图
   C. 普通视图　　　　　　　　　D. 幻灯片视图
10. 在 PowerPoint 的大纲窗格中,不可以_____。
    A. 插入幻灯片　　B. 删除幻灯片　　C. 移动幻灯片　　D. 添加文本框

二、实践操作题

1. 打开素材库中的"大熊猫.pptx"文件,按下面的操作要求进行操作,并把操作结果存盘。

(1) 在最后添加一张幻灯片,设置其版式为"标题幻灯片",在主标题区输入文字 The End。

(2) 设置页脚,使除标题版式幻灯片外,所有幻灯片(即第 2～6 张)的页脚文字为"国宝大熊猫"(不包括引号)。

(3) 将"作息制度"所在幻灯片中的表格对象,设置动画效果为进入"自右侧 擦除"。

(4) 将"活动范围"所在幻灯片中的"因此活动量也相应减少"降低到下一个较低的标题级别。

(5) 将"大熊猫现代分布区"所在幻灯片的文本区,设置行距为 1.2 行。

2. 打开素材库中的"自我介绍.pptx"文件,按下面的操作要求进行操作,并把操作结果存盘。

(1) 隐藏最后一张幻灯片(Bye-bye)。

(2) 将第 1 张幻灯片的背景纹理设置为"绿色大理石"。

(3) 删除第 3 张幻灯片中所有一级文本的项目符号。

(4) 删除第 2 张幻灯片中的文本(非标题)原来设置的动画效果,重新设置动画效果为进入"缩放",并且次序上比图片早出现。

(5) 对第 3 张幻灯片中的图片建立超链接,链接到第一张幻灯片。

项目 12 "学院简介"演示文稿制作

本项目以"'学院简介'演示文稿制作"为例,介绍在 PowerPoint 2019 中如何使用文字、图形、图片、图表、表格、SmartArt 图形等来制作图文并茂的幻灯片,插入超链接和动作按钮,设置日期和幻灯片编号,设置动画效果(如幻灯片切换效果、自定义动画效果等)等方面的相关知识。

12.1 项目导入

随着高考时间的临近,一年一度的学院招生工作又要开始了。近年来,学院的师资力量、实训条件、教学质量等有了明显的提高,招生规模也不断扩大,为了进一步加强招生宣传工作的力度,在印制大量招生宣传资料的同时,招生办公室的王老师接到了另一项工作——制作"学院简介"演示文稿,主要介绍学院概况、院系设置、办学条件、办学理念、办学特色、近 5 年招生人数、2023 年招生计划,以及校企合作等方面的内容。

王老师开始收集相关素材,准备了一些文字、图片、表格等资料,由于对演示文稿的制作不够熟练,制作过程中遇到了以下几个问题。

(1) 如何使每张幻灯片具有统一的风格,使用相同的背景图片,并有背景音乐。

(2) 如何使用组织结构图、图表、表格等制作一张张图文并茂的幻灯片,增强幻灯片的表现力。

(3) 如何设置超链接和动作按钮,增加幻灯片的交互性。

(4) 如何在每张幻灯片中添加日期和幻灯片编号。

(5) 如何设置幻灯片的切换动画和自定义动画,提高幻灯片的播放效果。

王老师找到了计算机老师张老师,在张老师的帮助下,王老师终于解决了以上几个问题,以下是他的解决方法。

12.2 项目分析

根据"学院简介"演示文稿的主要内容,为每张幻灯片选定合适的版式,在每张幻灯片添加文字、图形、图片、组织结构图、图表、表格等对象,从而制作出各张幻灯片。其中,第 1 张幻灯片一般为标题幻灯片,主要包括学院的名称和背景音乐;第 2 张幻灯片是"学院概况",可用文字来介绍学院的基本情况,并添加学院的相关图片;第3张幻灯片是"院系设置",由于"院系设置"是层次结构,可用"组织结构图"来表示;第4张幻灯片是"办学的有利条件",除了用文字来说明之外,还可用图片加以辅助;第5张幻灯片是"学院的办学理念",为了突出办学理念,可用"基本维恩图"来表示;第6张幻灯片是"办学特色日益鲜明",可用各种图形和文字来综合展示;第7张幻灯片是"学院最近5年的招生人数",可用图表(三维簇状柱形图)来表示相关数据;第8张幻灯片是"2023年招生计划",可用表格来表示相关数据;第9张幻灯片是"校企合作",主要用图片来展示校企合作的成果。

为了使每张幻灯片具有统一的风格,可在幻灯片母版中设置好幻灯片标题的格式、背景图片等,这是因为幻灯片母版中的格式设置、背景图片等会自动应用于每一张相关幻灯片。

各张幻灯片制作好后,为了使第6张和第9张幻灯片实现相互跳转,在第6张幻灯片中设置超链接,链接到第9张幻灯片;在第9张幻灯片中设置动作按钮,返回到第6张幻灯片。

在页眉和页脚中,可以添加日期、幻灯片编号等,为了使演示文稿更加生动活泼、形象逼真,获得最佳演示效果,还应设置幻灯片的动画效果。动画效果包括幻灯片之间的切换效果和幻灯片内部的自定义动画效果。设置所有幻灯片的切换效果均为"推进",自定义动画效果主要在第6张幻灯片内设置,设置相关图形为自动切入和触发切入切出效果。

由以上分析可知,"'学院简介'演示文稿制作"可以分解为以下五大任务:设置母版;制作9张幻灯片;插入超链接和动作按钮;插入日期和幻灯片编号;设置动画。

其操作流程图如图12-1所示,完成效果图如图12-2所示。

图12-1 "'学院简介'演示文稿制作"操作流程图

图 12-2 "'学院简介'演示文稿制作"完成效果图

12.3 相关知识点

1. 幻灯片母版

幻灯片母版用于设置幻灯片的样式,可供用户设定各种标题文字、背景、属性等,只需更改一项内容就可更改所有幻灯片的设计。一个完整专业的演示文稿,需要统一幻灯片中背景、配色、和文字格式等,可通过设置演示文稿的母版和模板或主题进行设置。

在演示文稿设计中,除了每张幻灯片的制作外,最关键、最重要的就是母版设计,因为母版决定了演示文稿的风格,甚至还是创建演示文稿模板和自定义主题的前提。PowerPoint 2019 提供了幻灯片母版、讲义母版、备注母版三种母版。

幻灯片母版是幻灯片层次结构中的顶层幻灯片,用于存储有关演示文稿的主题和幻灯片版式的信息,包括前景、颜色、字体、效果、占位符的大小和位置等。

讲义母版可为讲义设置统一的格式。在讲义母版中进行设置后,可在一张纸上打印多张幻灯片,供会议使用。

备注母版可为演示文稿的备注页设置统一的格式。若打印演示文稿时一同打印备注,可使用打印备注页功能。例如,要在所有的备注页上放置公司徽标或其他艺术图案,请将其添加到备注母版中。

2. 幻灯片模板

幻灯片模板即已定义的幻灯片格式。幻灯片模板是主题以及用于特定用途（如销售演示文稿、商业计划或课堂课程）的一些内容。因此，模板具有协同工作的设计元素（颜色、字体、背景、效果）和增强的用于讲述故事的样板内容。可以创建、存储、重复使用以及与他人共享自定义的模板。

母版设置完成后只能在一个演示文稿中应用。如果想得到更多的应用，可以把母版设置保存为演示文稿模板（.potx 文件）。模板可以包含版式、主题、背景样式和内容。还可以在 Office.com 以及其他合作伙伴网站上找到可应用于演示文稿的数百种不同类型的 PowerPoint 免费模板。

3. 图表和表格

图表是演示文稿的重要组成内容，包括柱形图、折线图、饼图等。在 PowerPoint 演示文稿中插入图表，不仅可以快速、直观地表达数字值或数据，而且可以用图表转换表格数据，来展示比较、模式和趋势，给观众留下深刻的印象。

成功的图表都具有以下几项关键要素：每张图表都传达一个明确的信息；图表与标题相辅相成；格式简单、明了，并且前后连贯；少而精和清晰易读。

4. SmartArt 图形

SmartArt 图形是将文字转换或制作成易于表达文字内容的各种图形图表，它是信息和观点的可视化表示形式，而图表是数字值或数据的可视图示。一般来说，SmartArt 图形是为文本设计的，而图表是为数字设计的。

创建 SmartArt 图形时，系统会系统将提示选择一种 SmartArt 图形类型，例如"流程""层次结构""循环"或"关系"等。类型类似于 SmartArt 图形的类别，并且每种类型包含几种不同的布局。

"选择 SmartArt 图形"库中显示了所有可用的布局，这些布局分为八种不同类型，即"列表""流程""循环""层次结构""关系""矩阵""棱锥图"和"图片"。每种布局都提供了一种表达内容以及所传达信息的不同方法。一些布局只是使项目符号列表更加精美，而另一些布局（如组织结构图和维恩图）适合用来展现特定种类的信息。

5. 触发器

触发器是指通过设置可以在单击指定对象时播放动画。在 PowerPoint 2019 中，触发器是一种重要的工具。在幻灯片中只要包含动画效果、电影或声音，就可以为其设置触发器。触发器可实现与用户之间的双向互动。一旦某个对象设置为触发器，单击后就会引发一个或一系列动作，该触发器下的所有对象就能根据预先设定的动画效果开始运动，并且设定好的触发器可以多次重复使用。

12.4 项目实施

12.4.1 任务1：设置母版

使用母版可以统一幻灯片的风格，可在母版中设置标题格式、背景图片等。

步骤1：启动 PowerPoint 2019 软件，在"视图"选项卡中单击"母版视图"组中的"幻灯片母版"按钮 ，进入"幻灯片母版"视图。

微课：设置母版

步骤2：在左侧窗格中选择第1个母版（Office 主题 幻灯片母版），然后选择右侧窗格中的标题文字"单击此处编辑母版标题样式"，在"开始"选项卡中设置其字体格式为"华文行楷，44 磅，红色"。

步骤3：在"插入"选项卡中单击"图像"组中的"图片"按钮 ，打开"插入图片"窗口，找到并选择素材库中的"背景.jpg"文件，如图 12-3 所示，单击"插入"按钮。

图 12-3 "插入图片"窗口

步骤4：移动背景图片至母版底部，并适当调整其大小至母版宽度，如图 12-4 所示，右击该背景图片，在弹出的快捷菜单中选择"置于底层"→"置于底层"命令。

步骤5：在"幻灯片母版"选项卡中单击"关闭"组中的"关闭母版视图"按钮，返回"幻灯片"视图。

12.4.2 任务2：制作9张幻灯片

通过选择合适的版式，再使用文字、图形、图片、组织结构图、图表、表格等制作出图文并茂的9张幻灯片，它们分别是"标题"幻灯片、"学院概况"幻灯片、"院系设置"幻灯片、

项目 12 "学院简介"演示文稿制作

图 12-4 设置母版背景图片

"办学的有利条件"幻灯片、"学院的办学理念"幻灯片、"办学特色日益鲜明"幻灯片、"学院最近 5 年的招生人数"幻灯片、"2023 年招生计划"幻灯片和"校企合作"幻灯片。

1. 制作第 1 张幻灯片

步骤 1：在第 1 张标题幻灯片中删除"副标题"占位符，在标题占位符中输入文字"××职业技术学院欢迎您"。选择该标题文字，单击"字体"组中的"文字阴影"按钮 S 。

制作第 1～5 张
幻灯片

步骤 2：在"插入"选项卡中单击"媒体"组中的"音频"下拉按钮，在打开的下拉列表中选择"PC 上的音频"选项，打开"插入音频"窗口，找到并选择素材库中的"背景音乐.mp3"音乐文件，单击"插入"按钮。

步骤 3：在"音频工具"的"播放"选项卡中单击"音频选项"组中的"开始"下拉按钮，在打开的下拉列表中选择"自动"选项，并选中"放映时隐藏""循环播放，直到停止"和"播放完毕返回开头"复选框，如图 12-5 所示。

图 12-5 "播放"选项卡

259

步骤 4：拖动"喇叭"图标至第 1 张幻灯片的右上角位置，效果如图 12-6 所示。

图 12-6　第 1 张幻灯片

2. 制作第 2 张幻灯片

步骤 1：在"开始"选项卡中单击"幻灯片"组中的"新建幻灯片"下拉按钮 ，在打开的下拉列表中选择"两栏内容"版式，插入 1 张新幻灯片，在标题占位符中输入标题文字"学院概况"。

步骤 2：在左侧的内容占位符中输入有关学院概况的文字内容，选择刚输入的所有文字，设置字号为 20 磅，再单击"段落"组中的"项目符号"下拉按钮 ，在打开的下拉列表中选择第 1 行第 3 列的项目符号（实心正方形），如图 12-7 所示。

步骤 3：在右侧的内容占位符中单击"图片"按钮 ，打开"插入图片"窗口，找到并选择素材库中的"办公楼.jpg"文件，单击"插入"按钮，适当调整图片的位置和大小，效果如图 12-8 所示。

图 12-7　选择项目符号

图 12-8　第 2 张幻灯片

3. 制作第 3 张幻灯片

步骤 1：在"开始"选项卡中单击"幻灯片"组中的"新建幻灯片"下拉按钮，在打开的下拉列表中选择"空白"版式，插入 1 张新幻灯片。

步骤 2：在"插入"选项卡中单击"插图"组中的"SmartArt"按钮，打开"选择 SmartArt 图形"对话框，在左侧窗格中选择"层次结构"选项，在中间窗格中选择第 1 行第 1 列的图形（组织结构图），如图 12-9 所示，单击"确定"按钮，在幻灯片中插入 1 张组织结构图，如图 12-10 所示。

图 12-9 "选择 SmartArt 图形"对话框

图 12-10 新插入的组织结构图

步骤 3：在组织结构图的第 1 个图形块中输入文字"院系设置"，删除（剪切）第 2 个图形块，在下面的 3 个图形块中分别输入文字"机电系""农业系""经管系"。

步骤 4：右击"经管系"图形块，在弹出的快捷菜单中选择"添加形状"→"在后面添加形状"命令，此时在"经管系"图形块的右侧添加了 1 个空白的图形块，右击该图形块，在弹出的快捷菜单中选择"编辑文字"命令，在该图形块中输入文字"人文系"。

步骤 5：右击"农业系"图形块，在弹出的快捷菜单中选择"添加形状"→"在下方添加形状"命令，此时在"农业系"图形块的下方添加了 1 个空白的图形块，右击该图形块，在弹出的快捷菜单中选择"编辑文字"命令，在该图形块中输入文字"园艺技术"。

步骤 6：重复上面的步骤 5，在"农业系"图形块的下方再添加"商品花卉"和"园林工程"两个图形块。

步骤 7：按住 Ctrl 键，选中所有的图形块，右击，在弹出的快捷菜单中选择"更改形状"→"矩形：圆角"命令，从而更改所有图形块的形状为圆角矩形，结果如图 12-11 所示。

图 12-11　第 3 张幻灯片

4. 制作第 4 张幻灯片

步骤 1：在"开始"选项卡中单击"幻灯片"组中的"新建幻灯片"下拉按钮，在打开的下拉列表中选择"两栏内容"版式，插入 1 张新幻灯片，在标题占位符中输入标题文字"办学的有利条件"。

步骤 2：在左侧的内容占位符中单击"图片"按钮，打开"插入图片"窗口，找到并选择素材库中的"图书馆.jpg"文件，单击"插入"按钮，适当调整图片的位置和大小。

步骤 3：在右侧的内容占位符中输入有关学院办学的有利条件的文字内容，选择刚输入的所有文字，再单击"段落"组中的"编号"下拉按钮，在打开的下拉列表中选择第 1 行第 2 列的编号（1.，2.，3.），如图 12-12 所示。

步骤 4：在"视图"选项卡中选中"显示"组中的"标尺"复选框，选择所有文字，适当向左拖动"水平标尺"中的"悬挂缩进"图块，如图 12-13 所示。

图 12-12　选择编号

图 12-13　第 4 张幻灯片

5．制作第 5 张幻灯片

步骤 1：在"开始"选项卡中单击"幻灯片"组中的"新建幻灯片"下拉按钮 ，在打开的下拉列表中选择"标题和内容"版式，插入 1 张新幻灯片，在标题占位符中输入标题文字"学院的办学理念"。

步骤 2：在内容占位符中单击"插入 SmartArt 图形"按钮 ，打开"选择 SmartArt 图形"对话框，在左侧窗格中选择"关系"，在中间窗格中选择"基本维恩图"，单击"确定"按钮，从而在幻灯片中插入 1 张"基本维恩图"。

步骤 3：在"基本维恩图"中删除其中的 1 个圆形图块，在另两个圆形图块中分别输入文字"一技之长"和"综合发展"，适当调整两个圆形图块的大小和位置，效果如图 12-14 所示。

图 12-14　第 5 张幻灯片

6．制作第 6 张幻灯片

步骤 1：在"开始"选项卡中单击"幻灯片"组中的"新建幻灯片"下拉按钮 ，在打开的下拉列表中选择"仅标题"版式,插入 1 张新幻灯片,在标题占位符中输入标题文字"办学特色日益鲜明"。

步骤 2:单击"绘图"组中的"圆角矩形"按钮 ,在幻灯片中的合适位置画出 1 个圆角矩形,然后右击该圆角矩形,在弹出的快捷菜单中选择"大小和位置"命令,打开"设置形状格式"任务窗格,设置其高度为 2 厘米,宽度为 5 厘米,如图 12-15 所示。

微课:制作第 6~9 张幻灯片

步骤 3:在"设置形状格式"任务窗格中选择"填充与线条"选项卡,单击"线条"左边的扩展按钮 ,选中"无线条"单选按钮。

步骤 4:单击"填充"左边的扩展按钮 ,选中"渐变填充"单选按钮,并选择"预设渐变"为"中等渐变 - 个性色 5"(第 3 行第 5 列),设置后关闭"设置形状格式"任务窗格。

步骤 5:单击"绘图"组中的"等腰三角形"按钮 ,在圆角矩形内的右侧拖出 1 个等腰三角形,选择该等腰三角形,单击"绘图"组中的"排列"下拉按钮 ,在打开的下拉列表中选择"旋转"→"垂直翻转"选项。

步骤 6:按住 Ctrl 键,同时选择等腰三角形和圆角矩形,右击,在弹出的快捷菜单中选择"组合"→"组合"命令,使等腰三角形和圆角矩形组合成一个整体(以下简称为"组合图形"),便于一起复制和移动。

图 12-15 设置圆角矩形的大小

步骤 7:适当调整组合图形的位置,再复制两个组合图形(共 3 个),并使这 3 个组合图形水平等间距排列。

步骤 8:单击"绘图"组中的"右箭头"按钮 ,在合适位置拖出 1 个右箭头图形,并设置它的高度为 1 厘米,宽度为 2 厘米,填充颜色为浅绿色。

步骤 9:复制右箭头图形,并把这两个右箭头图形拖动到 3 个组合图形之间。适当调整 5 个图形的位置。

步骤 10:单击"绘图"组中的"矩形"按钮 ,在第 1 个组合图形的下方拖出 1 个矩形,并设置它的高度为 8 厘米,宽度为 5.5 厘米,填充色为蓝色。

步骤 11:复制另外两个同样的矩形,并把这 3 个矩形放置在 3 个组合图形的下方。

步骤 12:单击第 1 个组合图形,四周出现 8 个白色的控制柄后,再次单击该组合图形,四周再出现 8 个白色的控制柄时,此时右击,在弹出的快捷菜单中选择"编辑文字"命令,输入文字"要求严";使用相同的方法,在其他两个组合图形中分别添加文字"重实践"和"就业广",在 3 个矩形中添加相应的文字(行距 1.5 倍),如图 12-16 所示。

7. 制作第 7 张幻灯片

步骤 1:在"开始"选项卡中单击"幻灯片"组中的"新建幻灯片"下拉按钮 ,在打开

图 12-16　第 6 张幻灯片

的下拉列表中选择"标题和内容"版式,插入 1 张新幻灯片,在标题占位符中输入标题文字"学院最近 5 年的招生人数"。

步骤 2:在内容占位符中单击"插入图表"按钮,打开"插入图表"对话框,选择"柱形图"中的"三维簇状柱形图"选项,如图 12-17 所示,单击"确定"按钮,此时打开 Excel 窗口,输入如图 12-18 所示的数据。

图 12-17　"插入图表"对话框

	A	B	C	D	E	F
1		2019年	2020年	2021年	2022年	2023年
2	招生人数	1900	2000	2200	2400	2700
3						
4						

图 12-18　PowerPoint 中的图表

步骤 3：单击 Excel 窗口中的"关闭"按钮，返回 PowerPoint 窗口，删除三维簇状柱形图中的"图表标题"后，效果如图 12-19 所示。

图 12-19　第 7 张幻灯片

8. 制作第 8 张幻灯片

步骤 1：在"开始"选项卡中单击"幻灯片"组中的"新建幻灯片"下拉按钮，在打开的下拉列表中选择"标题和内容"版式，插入 1 张新幻灯片，在标题占位符中，输入标题文字"2023 年招生计划"。

步骤 2：在内容占位符中单击"插入表格"按钮，打开"插入表格"对话框，设置表格的列数为 4，行数为 5，单击"确定"按钮，从而插入 1 个 5 行 4 列的表格，输入如图 12-20 所示的数据，并设置表格中的数据"居中"显示。

图 12-20　第 8 张幻灯片

9. 制作第 9 张幻灯片

步骤 1：在"开始"选项卡中单击"幻灯片"组中的"新建幻灯片"下拉按钮，在打开的下拉列表中选择"空白"版式，插入 1 张空白幻灯片。

步骤 2：在"插入"选项卡中单击"图像"组中的"图片"按钮，打开"插入图片"窗口，找到并选择素材库中的"校企合作.jpg"文件，单击"插入"按钮，适当调整图片的位置和大小。

步骤 3：在"插入"选项卡中单击"文本"组中的"文本框"下拉按钮，在打开的下拉列表中选择"绘制横排文本框"选项，在图片的下方拖动鼠标，画出 1 个文本框，并在其中输入文字"校企合作"，设置其字体为"28 磅，加粗"，效果如图 12-21 所示。

图 12-21　第 9 张幻灯片

步骤 4：在"幻灯片放映"选项卡中单击"设置"组中的"隐藏幻灯片"按钮，隐藏第 9 张幻灯片（幻灯片放映时不播放该幻灯片）。

12.4.3　任务 3：插入超链接和动作按钮

演示文稿放映时，默认按照幻灯片的顺序播放。通过对幻灯片中的对象设置动作和超链接，可以改变幻灯片的顺序放映方式，提高演示文稿的交互性。

微课：插入超链接和动作按钮

步骤 1：在第 6 张幻灯片中选择第 3 个矩形框中的文字"校企合作"，在"插入"选项卡中单击"链接"组中的"链接"按钮，打开"插入超链接"对话框，在左侧窗格中选择"本文档中的位置"选项，在中央窗格中选择"(9)幻灯片 9"选项，如图 12-22 所示，单击"确定"按钮。

步骤 2：选择第 9 张幻灯片，在"插入"选项卡中单击"插图"组中的"形状"下拉按钮，在打开的下拉列表中选择"动作按钮"区域中的最后 1 个按钮（动作按钮：空白），在图片的右下角拖动鼠标，画出 1 个适当大小的按钮。

步骤 3：在打开的"操作设置"对话框中选中"超链接到"单选按钮，并在其下拉列表框中选择"幻灯片…"选项，如图 12-23 所示。

步骤 4：在打开的"超链接到幻灯片"对话框中选择"6.办学特色日益鲜明"选项，如图 12-24 所示，单击"确定"按钮，返回到"动作设置"对话框，再单击"确定"按钮。

步骤 5：右击刚插入的按钮，在弹出的快捷菜单中选择"编辑文字"命令，在按钮中输

图 12-22 "插入超链接"对话框

图 12-23 "操作设置"对话框

入提示符"返回"。

12.4.4　任务 4：插入日期和幻灯片编号

在页眉和页脚中，可以设置日期和幻灯片编号等，日期可自动更新为当前日期。

步骤 1：在"插入"选项卡中单击"文本"组中的"页眉和页脚"按钮，打开"页眉和页脚"对话框，如图 12-25 所示。

微课：插入日期和幻灯片编号

图 12-24 "超链接到幻灯片"对话框

图 12-25 "页眉和页脚"对话框

步骤 2：选中"日期和时间"和"幻灯片编号"复选框，再选中"自动更新"单选按钮，然后单击"全部应用"按钮。

12.4.5 任务 5：设置动画

在 PowerPoint 2019 中，动画分为幻灯片之间的切换动画和幻灯片内部的自定义动画。下面先设置幻灯片之间的切换动画，再设置幻灯片内部的自定义动画。

步骤 1：在"切换"选项卡中单击"切换到此幻灯片"组中的"推入"按钮，在"效果选项"下拉列表中选择"自右侧"选项，在"计时"组中的"声音"下拉列表中选择"照相机"选项，再单击"应用到全部"按钮

微课：设置动画

,表示所有幻灯片均采用"推入"切换效果。

下面设置第 6 张幻灯片的自定义动画。

步骤 2：在第 6 张幻灯片中选择第 1 个组合图形，在"动画"选项卡中单击"高级动画"组中的"添加动画"下拉按钮 ，在打开的下拉列表中选择"更多进入效果"选项，打开"添加进入效果"对话框，选择"切入"动画效果，如图 12-26 所示，单击"确定"按钮。

步骤 3：单击"动画"组中的"效果选项"下拉按钮，在打开的下拉列表中选择"自左侧"方向；单击"计时"组中的"开始"下拉按钮，在打开的下拉列表中选择"上一动画之后"选项。

步骤 4：使用"动画刷"功能把第 1 个组合图形的动画复制到后面的右箭头和组合图形。

下面设置左侧第 1 个矩形的触发切入效果。

步骤 5：选择左侧第 1 个矩形，在"动画"选项卡中单击"高级动画"组中的"添加动画"下拉按钮 ，在打开的下拉列表中选择"更多进入效果"选项，打开"添加进入效果"对话框，选择"切入"动画效果，单击"确定"按钮。

步骤 6：单击"动画"组中的"效果选项"下拉按钮，在打开的下拉列表中选择"自顶部"方向；单击"计时"组中的"开始"下拉按钮，在打开的下拉列表中选择"单击时"选项。

步骤 7：单击"高级动画"组中的"触发"下拉按钮 ，在打开的下拉列表中选择"通过单击"→"组合 8"选项（对应于左侧第 1 个组合图形），如图 12-27 所示。

图 12-26 "添加进入效果"对话框

图 12-27 选择"组合 8"选项

说明 在实验操作时，由于操作顺序的不同，左侧第 1 个组合图形的名称可能不是"组合 8"，但名称一定是"组合 X"的形式。

下面设置左侧第 1 个矩形的触发切出效果。

步骤 8：选择左侧第 1 个矩形，在"动画"选项卡中单击"高级动画"组中的"添加动画"

下拉按钮★,在打开的下拉列表中选择"更多退出效果"选项,打开"添加退出效果"对话框,选择"切出"动画效果,单击"确定"按钮。

步骤 9:单击"动画"组中的"效果选项"下拉按钮,在打开的下拉列表中选择"到顶部"方向;单击"计时"组中的"开始"下拉按钮,在打开的下拉列表中选择"单击时"选项。

步骤 10:单击"高级动画"组中的"触发"下拉按钮,在打开的下拉列表中选择"通过单击"→"组合 8"选项(对应于左侧第 1 个组合图形)。

下面设置其他两个矩形的触发切入切出效果。

步骤 11:选择第 2 个矩形,重复以上步骤 5~步骤 10,触发条件为通过单击"组合 9"(对应于第 2 个组合图形)。

步骤 12:选择第 3 个矩形,重复以上步骤 5~步骤 10,触发条件为通过单击"组合 12"(对应于第 3 个组合图形)。

步骤 13:此时,单击"高级动画"组中的"动画窗格"按钮,打开的动画窗格如图 12-28 所示。

步骤 14:在"幻灯片放映"选项卡中单击"开始放映幻灯片"组中的"从头开始"按钮,从头开始播放所有的幻灯片,观看幻灯片的播放效果。

图 12-28　动画窗格

12.5　总结与提高

本项目主要介绍了在 PowerPoint 2019 中如何使用文字、图形、图片、图表、表格、SmartArt 图形等来制作图文并茂的幻灯片,插入超链接和动作按钮,设置日期和幻灯片编号,设置动画效果(如幻灯片切换效果、自定义动画效果等)等。

制作幻灯片时,根据幻灯片中要放置的内容选择合适的版式,可以起到事半功倍的效果。

在演示文稿设计中,除了每张幻灯片的制作外,最关键、最重要的就是母版设计,因为母版决定了演示文稿的风格,甚至还是创建演示文稿模板和自定义主题的前提。PowerPoint 2019 提供了幻灯片母版、讲义母版、备注母版 3 种母版。

SmartArt 图形是信息和观点的可视化表示形式,而图表是数字值或数据的可视图示。一般来说,SmartArt 图形是为文本设计的,而图表是为数字设计的。使用 SmartArt 图形对于制作"列表图""组织结构图""流程图""关系图"等图形特别方便。

为幻灯片上的文本、图形、表格和其他对象添加动画效果,可以突出重点并控制信息流,增加演示文稿的趣味性,从而给观众留下深刻的印象。动画有时可以起到画龙点睛的作用。动画效果包括幻灯片之间的切换效果和幻灯片内部的自定义动画效果。使用触发器可以提高与用户之间的双向互动。一旦某个对象设置为触发器,单击后就会引发一个或一系列动作,该触发器下的所有对象就能根据预先设定的动画效果开始运动,并且设定好的触发器可以多次重复使用。

12.6 拓展知识：量子计算机"九章"

诺贝尔奖获得者理查德·费曼在1981年提出了量子计算机构想。目前,量子计算已被认为可能是下一代信息革命的关键技术,可通过特定算法产生超越传统计算机的算力,解决重大经济社会问题。研制量子计算机成为世界科技前沿重大挑战。

2020年12月,中国科学技术大学宣布该校潘建伟等人成功构建76个光子的量子计算原型机"九章",这一突破使我国成为全球第二个(第一个为谷歌的Sycamore)实现"量子优越性"的国家。

在"九章"构建后不到一年,其升级版"九章二号"成功构建,再次刷新国际光量子操纵的技术水平,其处理特定问题的速度比目前全球最快的超级计算机快10^{24}倍。加上2021年10月中国科学技术大学发布的超导量子计算机"祖冲之二号",这一系列令人瞩目的成果标志着我国已成为世界上唯一在超导和光量子两个"赛道"上达到"量子优越性"里程碑的国家。"九章二号"和"祖冲之二号"的诞生,像一对双子星照亮了量子应用更广阔的前程。

12.7 习　　题

一、选择题

1. 编辑演示文稿时,要在幻灯片中插入表格、图片等,应在_____中进行。
    A. 备注页视图   B. 幻灯片浏览视图
    C. 幻灯片窗格   D. 大纲窗格

2. 在PowerPoint中可以对幻灯片进行移动、删除、添加、复制、设置切换效果,但不能编辑幻灯片具体内容的是_____。
    A. 普通视图   B. 幻灯片浏览视图
    C. 幻灯片窗格   D. 大纲窗格

3. PowerPoint文档不可以保存为_____文件。
    A. 演示文稿   B. 文稿模板   C. PDF   D. 纯文本

4. 下列有关PowerPoint演示文稿的说法,正确的是_____。
    A. 演示文稿中可以嵌入Excel工作表
    B. 可以将PowerPoint演示文档保存为PDF文件
    C. 可以把演示文稿A.pptx插入演示文稿B.pptx中
    D. 以上说法均正确

5. 在 PowerPoint 中，_____说法是不正确的。

　　A. 可以在演示文稿中插入图表

　　B. 可以将 Excel 工作表直接插入幻灯片中

　　C. 可以在幻灯片浏览视图中对演示文稿进行幻灯片移动或复制

　　D. 演示文稿不能保存为在 Windows 资源管理器下直接放映的文件

6. PowerPoint 中提供安全性方面的功能，可以_____。

　　A. 清除引导扇区/分区表病毒　　　　B. 清除感染可执行文件的病毒

　　C. 清除任何类型的病毒　　　　　　D. 防止宏病毒

7. 在 PowerPoint 中建立的文档文件，不能用 Windows 中的"记事本"打开，这是因为_____。

　　A. 文件是以.pptx 为扩展名

　　B. 文件中含有汉字

　　C. 文件中含有特殊控制符

　　D. 文件中的外文有"全角"和"半角"之分

8. 幻灯片的主题不包括_____。

　　A. 主题动画　　　B. 主题颜色　　　C. 主题效果　　　D. 主题字体

9. 如果要将 PowerPoint 演示文稿用 Adobe Reader 阅读器打开，则文件的保存类型应为_____。

　　A. 演示文稿　　　　　　　　　　　B. PDF

　　C. 演示文稿设计模板　　　　　　　D. XPS 文档

10. 幻灯片中占位符的作用是_____。

　　A. 表示文本长度　　　　　　　　　B. 限制插入对象的数量

　　C. 表示图形大小　　　　　　　　　D. 为文本、图形预留位置

二、实践操作题

1. 打开素材库中的"超重与失重.pptx"文件，按下面的操作要求进行操作，并把操作结果存盘。

（1）将第 1 张幻灯片的版式设置为"标题幻灯片"。

（2）为第 1 张幻灯片添加标题，内容为"超重与失重"，字体为"宋体"。

（3）将整个幻灯片的宽度设置为"28.804 厘米(12 英寸)"。

（4）在最后添加 1 张"空白"版式的幻灯片。

（5）在新添加的幻灯片上插入 1 个文本框，文本框的内容为 The End，字体为 Times New Roman。

2. 打开素材库中的"国际单位制.pptx"文件，按下面的操作要求进行操作，并把操作结果存盘。

（1）在第 1 张幻灯片前插入 1 张标题幻灯片，在主标题区输入文字"国际单位制"（不包括引号）。

（2）设置所有幻灯片背景，使其填充效果的纹理为"花束"。

(3) 对"物理公式在确定物理量"文字所在幻灯片,设置每一条文本的动画方式为进入"螺旋飞入"(共 6 条)。

(4) 为"在采用先进的……"所在段落删除项目符号。

(5) 为"SI 基本单位"所在幻灯片中的图片,建立图片的 E-mail 超链接,E-mail 地址为 djks@zju.edu.cn。

项目 13　电子相册制作

本项目以"电子相册制作"为例,介绍创建电子相册文件,导入图片,添加背景音乐,插入视频动画,以及幻灯片换片方式和打包输出等方面的相关知识。

13.1　项目导入

随着数码相机的普及,传统的相片形式已经不能满足人们的需要,而易于管理和编辑的数码相片日益受到人们的喜爱,因此,能够制作出精美的电子相册已成为很多人的追求。虽然这方面的专业软件很多,但要做到尽善尽美还需提前做好很多学习工作,这需要花费很多时间,最常见的 PowerPoint 软件就可以帮助我们轻松制作出漂亮的电子相册来。

李想同学平时喜欢摄影,经常用数码相机拍照,计算机中存储了很多相片。可是,浏览相片的方式比较单一,为了更好地展示摄影成果,他想制作出精美的电子相册。可是一个精美的电子相册是怎么做出来的呢?如何去设置背景颜色和背景音乐?如何插入拍摄的视频动画?等等。带着这些问题,李想同学不仅向计算机老师请教,而且自己也查阅了很多资料。在计算机老师的指导和帮助下,李想同学很快掌握了电子相册制作的基本流程和要点,并为此先期进行了规划和准备,在老师的指导和帮助下,解决了以下四个问题。

(1) 利用 PowerPoint 2019 软件创建电子相册。
(2) 插入并设置背景音乐、视频动画等。
(3) 控制电子相册的放映。
(4) 打包输出电子相册。

13.2　项目分析

电子相册的特点是新颖、生动、色彩鲜明,为了使电子相册更具风格,首先要分析并规划相片的主题和播放顺序等,然后选择适当的制作软件,这里选择 PowerPoint 2019 软件进行设计制作。

PowerPoint 2019 提供了制作电子相册的功能。创建电子相册时,导入相册图片,根据需要,进一步设置相册版式(包括图片版式、相框形状、主题等)和调整图片的前后位置,在第 1 张幻灯片("标题"幻灯片)中,可设置相册主题及相册的主要内容等。

相册创建后，根据需要，还可进一步插入并设置相册的背景音乐、视频动画等，制作出更具感染力的多媒体演示文稿。相册放映时，有多种换片方式，默认为单击后手动换片，根据需要，可设置每隔一定时间自动换片、排练计时自动换片等，还可以设置循环放映。

除了把相册保存为".pptx"格式的文件外，为了能在尚未安装 PowerPoint 软件的计算机中放映，可把相册另存为.ppsx 文件，打包成 CD，复制到文件夹，还可把相册创建 PDF/XPS 文档，创建视频，创建讲义等。

由以上分析可知，"电子相册制作"可分解为以下五大任务：创建相册；添加背景音乐；插入视频动画；控制放映；打包输出。

其操作流程图如图 13-1 所示，完成效果图如图 13-2 所示。

图 13-1　"电子相册制作"操作流程图

图 13-2　"电子相册制作"完成效果图

13.3 相关知识点

1. 电子相册

电子相册是指可以在计算机上观赏的区别于 CD/VCD 的静止图片的特殊文档,其内容不局限于摄影照片,也可以包括各种艺术创作图片。电子相册因其图、文、声、像并茂的表现手法,可随意修改编辑的功能,快速的检索方式,永不褪色的恒久保存特性,以及可廉价复制的优越分发手段,使其具有传统相册无法比拟的优越性。

2. 排练计时

幻灯片自动放映时,如果要求演示文稿中的各张幻灯片播放的时间互不相同,则利用 PowerPoint 的"排练计时"功能,可以帮助记录每张幻灯片的播放时间。此后,在自动放映时,就会按照排练时已经记录的每张幻灯片的播放时间进行自动放映。

3. 演示文稿打包

演示文稿制作完成后,往往不是在同一台计算机上进行放映。如果仅仅将制作好的演示文稿复制到另一台计算机上,而该机又未安装 PowerPoint 软件,或者演示文稿中使用的链接文件或 TrueType 等字体在该机上不存在,则无法保证演示文稿的正常播放。将演示文稿打包成 CD,可打包演示文稿和所有支持文件,包括链接文件,并从 CD 自动运行演示文稿。

13.4 项目实施

13.4.1 任务 1:创建相册

PowerPoint 2019 提供了制作电子相册的功能,创建电子相册的操作步骤如下。

微课:创建相册

步骤 1:启动 PowerPoint 2019 软件,在"插入"选项卡中单击"图像"组中的"相册"下拉按钮,在打开的下拉列表中选择"新建相册"选项,打开"相册"对话框,单击"文件/磁盘"按钮,如图 13-3 所示。

步骤 2:在打开的"插入新图片"对话框中,在素材库中选择需要导入的图片。如果要导入全部图片,则可按 Ctrl+A 组合键,选择全部图片文件,然后单击"插入"按钮,如图 13-4 所示。

步骤 3:返回"相册"对话框,可以发现刚才选择的全部图片已经加入"相册中的图片"列表框中,选择"图片版式"为"2 张图片(带标题)","相框形状"为"圆角矩形","主题"为 Office Theme.thmx,并选中"标题在所有图片下面"复选框,通过复选框和↑(或↓)按钮,

图 13-3 "相册"对话框

图 13-4 导入全部图片

调整"相册中的图片"列表框中各图片的顺序,把同类的两张图片放置在同一张幻灯片中,如图 13-5 所示。

通过单击"预览"图片下方的相应按钮,还可以调整图片的对比度、亮度、旋转方向等。

步骤 4:单击"创建"按钮,这时 PowerPoint 2019 会自动生成一个由 5 张幻灯片组成的演示文稿,其中第 1 张幻灯片为"标题"幻灯片,将"标题"和"副标题"占位符中的内容修改为自己所需要的内容,并适当调整"副标题"占位符的位置和大小,如图 13-6 所示。

步骤 5:设置第 2~5 张幻灯片的标题分别为"大海""高山""天空"和"鲜花",并设置标题居中显示,如图 13-7 所示。

图 13-5　导入图片后的"相册"对话框

图 13-6　第 1 张标题幻灯片

图 13-7　第 2 张幻灯片

步骤 6：单击窗口左上角"快速访问工具栏"中的"保存"按钮，保存演示文稿，取名为"李想相册.pptx"，操作时要注意及时保存文件。

13.4.2 任务2：添加背景音乐

为了提高演示效果，可以在相册中添加背景音乐、旁白、原声摘要等。

步骤1：选择第1张幻灯片（"标题"幻灯片），在"插入"选项卡中单击"媒体"组中的"音频"下拉按钮，在打开的下拉列表中选择"PC上的音频"选项，打开"插入音频"窗口，找到并选择素材库中的"开始懂了-孙燕姿.mp3"背景音乐文件，单击"插入"按钮。

微课：添加背景音乐

步骤2：在"音频工具"的"播放"选项卡中单击"音频选项"组中的"开始"下拉按钮，在打开的下拉列表中选择"自动"选项，并选中"放映时隐藏""循环播放，直到停止"和"播放完毕返回开头"复选框，如图13-8所示。

步骤3：在"动画"选项卡中单击"高级动画"组中的"动画窗格"按钮，打开"动画窗格"任务窗格，右击"动画窗格"中的"声音"对象（开始懂了-孙燕姿.mp3），在弹出的快捷菜单中选择"效果选项"命令，如图13-9所示。

图13-8 "播放"选项卡

图13-9 "动画窗格"任务窗格

步骤4：在打开的"播放音频"对话框的"效果"选项中选择"在5张幻灯片后"停止播放，如图13-10所示，单击"确定"按钮，再关闭"动画窗格"任务窗格。

步骤5：拖动"喇叭"图标至第1张幻灯片的右上角位置，单击"播放"按钮，可试听声音播放效果，根据需要可调节播放音量。

13.4.3 任务3：插入视频动画

在电子相册中可以插入视频动画。有些视频格式在PowerPoint中并不直接支持，此时需要通过插入相关的控件来实现视频播放。

步骤1：在最后1张幻灯片（第5张幻灯片）后插入1张"仅标题"

微课：插入视频动画

项目 13　电子相册制作

图 13-10　"播放音频"对话框

版式的幻灯片(第 6 张幻灯片),在"标题"占位符中,输入标题内容"视频欣赏:动物世界"。

步骤 2：选择"文件"→"选项"命令,打开"PowerPoint 选项"对话框,在左侧窗格中选择"自定义功能区"选项,在右侧窗格中选中"开发工具"复选框,如图 13-11 所示,单击"确定"按钮,使得在 PowerPoint 主窗口中显示"开发工具"选项卡。

图 13-11　"PowerPoint 选项"对话框

281

步骤 3：在"开发工具"选项卡中单击"控件"组中的"其他控件"按钮,如图 13-12 所示,打开"其他控件"对话框,拖动垂直滚动条至底部,然后选择其中的控件 Windows Media Player,如图 13-13 所示,单击"确定"按钮。

图 13-12 "开发工具"选项卡　　　　　图 13-13 "其他控件"对话框

Windows Media Player 控件用于播放视频动画。

步骤 4：此时鼠标光标形状变为"十"字形状,拖动鼠标在幻灯片中央画出 1 个矩形框,该矩形框是 Windows Media Player 控件的播放窗口,如图 13-14 所示。

图 13-14　Windows Media Player 控件的播放窗口

步骤 5：右击该播放窗口,在弹出的快捷菜单中选择"属性表"命令,打开"属性"窗口,在 URL 参数的右侧文本框中输入视频文件所在的实际路径,如"D:\Desktop\素材\项目 13 素材\动物世界.mp4",如图 13-15 所示,设置完成后关闭"属性"窗口。

如果设置 fullScreen 参数为 True,则该视频播放时将全屏播放。

步骤 6：在"幻灯片放映"选项卡中单击"开始放映幻灯片"组中的"从当前幻灯片开始"按钮,可观看视频动画播放效果,如图 13-16 所示,双击视频动画对象可实现全屏播放。

图 13-15 "属性"窗口

图 13-16 视频动画播放效果

13.4.4 任务 4：控制放映

幻灯片放映时，有多种换片方式，如单击手动换片，每隔一定时间自动换片，排练计时自动换片等，还可以设置循环放映。

步骤 1：选择第 1 张幻灯片后，在"切换"选项卡中单击"切换到此幻灯片"组右侧的"其他"按钮 ，在打开的列表中选择"动态内容"区域中的"摩天轮"切换效果按钮 。

微课：控制放映

步骤 2：单击"计时"组中的"应用到全部"按钮 ，即把所有幻灯片的切换效果都设置为"摩天轮"效果，再选中"单击鼠标时"和"设置自动换片时间"复选框，并设置自动换片时间为 5 秒，如图 13-17 所示。

说明 默认换片方式是单击手动换片，如果同时还设置了每隔 5 秒自动换片，则开始放映后，如果在 5 秒内单击，可实现换片；否则到 5 秒时间时，会自动实现换片。

排练计时是另一种换片方式，它与每隔一定时间自动换片的方式略有不同，不同之处在于排练计时可以设置每张幻灯片具有不同的播放时间。

283

图 13-17 "计时"组

步骤 3：在"幻灯片放映"选项卡中单击"设置"组中的"排练计时"按钮，如图 13-18 所示，开始手动放映幻灯片，并出现如图 13-19 所示的"录制"窗口，该窗口中部的时间是指当前幻灯片的已播放时间，右侧的时间是指所有幻灯片已播放的总时间。手动放映完毕后，会提示是否保留新的幻灯片计时，如图 13-20 所示。单击"是"按钮，则在下一次放映幻灯片时，可以按照每张幻灯片已计时的时间自动换片（每张幻灯片播放的时间可能不同）。

图 13-18 "幻灯片放映"选项卡

图 13-19 "录制"窗口

图 13-20 是否保留新的幻灯片计时

步骤 4：还可以设置幻灯片是否循环放映。在"幻灯片放映"选项卡中单击"设置"组中的"设置幻灯片放映"按钮，打开"设置放映方式"对话框，如图 13-21 所示。选中"循环放映，按 Esc 键终止"复选框和"如果出现计时，则使用它"单选按钮，单击"确定"按钮。

步骤 5：单击"开始放映幻灯片"组中的"从头开始"按钮，观看幻灯片播放效果。

13.4.5 任务 5：打包输出

电子相册整体内容制作完毕后，一般保存为".pptx"格式的文件。如果想保存为".ppsx"格式的文件，则不启用 PowerPoint 软件也可放映。一般情况下，幻灯片是在计算机中播放的，而且计算机中应该安装了 PowerPoint 或者 PowerPoint Viewer 软件。然而有时会遇到计算机中尚未安装 PowerPoint 软件等情况，这样会出现幻灯片无法正常播放的问题。因此，为了解决上述问题，PowerPoint 提供了打包功

微课：打包输出

项目 13 电子相册制作

图 13-21 "设置放映方式"对话框

能,打包时包括幻灯片中所使用的文字、音乐、视频等元素。可将演示文稿直接刻录成 CD,这种形式便于使用、携带和播放,无须有 PowerPoint 软件的支持,通常一张光盘中可以存放一个或多个演示文稿。

步骤 1:单击窗口左上角"快速访问工具栏"中的"保存"按钮,保存演示文稿(文件名为"李想相册.pptx")。

步骤 2:选择"文件"→"另存为"命令,选择存储位置后,打开"另存为"窗口,选择"保存类型"为"PowerPoint 放映(*.ppsx)",单击"保存"按钮,然后关闭 PowerPoint 软件。

步骤 3:双击刚保存的"李想相册.ppsx"文件,不必启用 PowerPoint 软件,即可观看播放效果。

步骤 4:重新打开"李想相册.pptx"文件(不是"李想相册.ppsx"文件),然后选择"文件"→"导出"命令,在中间窗格的"导出"区域中选择"将演示文稿打包成 CD"选项,再单击右侧窗格中的"打包成 CD"按钮,如图 13-22 所示。

步骤 5:在打开的"打包成 CD"对话框中可命名 CD,如"我的相册",如图 13-23 所示。如果有多个演示文稿需要放在同一张 CD 中,则单击"添加"按钮,添加相关演示文稿文件。

步骤 6:如果有更多设置要求,如设置密码,则单击如图 13-23 所示界面中的"选项"按钮,打开如图 13-24 所示的"选项"对话框中设置打开或修改每个演示文稿时所用的密码,单击"确定"按钮。

步骤 7:将空白的 CD 刻录盘放入刻录机,最后单击如图 13-23 所示界面中的"复制到 CD"按钮,这样就可刻录成演示文稿光盘。

步骤 8:在如图 13-23 所示的对话框中单击"复制到文件夹"按钮,打开如图 13-25 所示的"复制到文件夹"对话框,指定文件夹名称和保存位置,单击"确定"按钮,将演示文

285

图 13-22 将演示文稿打包成 CD

图 13-23 "打包成 CD"对话框

图 13-24 "选项"对话框

图 13-25 "复制到文件夹"对话框

稿保存到指定文件夹中作其他用途。

步骤 9：在如图 13-22 所示的界面中，还可以根据演示文稿创建 PDF/XPS 文档、创建视频、创建讲义等，请读者自己练习创建这些文件。

13.5 总结与提高

本项目主要介绍了在 PowerPoint 2019 中如何创建电子相册文件，导入图片，添加背景音乐，插入视频动画，以及幻灯片换片方式和打包输出等。

在掌握一般演示文稿制作方法的基础上，再制作电子相册时就游刃有余了。总结一下制作过程，准备好相片文件和其他素材是制作电子相册的基础，建立相册及完善美化相册是制作的核心。

电子相册中不仅可以放置图片，还可以放置视频动画等。有些视频格式在 PowerPoint 中并不直接支持，此时需要通过插入相关的控件来实现视频播放。

幻灯片放映时，有多种换片方式，如单击手动换片、每隔一定时间自动换片、排练计时自动换片等，还可以设置循环放映。

电子相册除了可以保存为".pptx"格式的文件，还可以保存为".ppsx"格式的文件，这样可以在不启用 PowerPoint 软件时也可自动放映。此外，PowerPoint 提供了打包功能，可以打包成 CD 或复制到文件夹，打包时包括幻灯片中所使用的文字、音乐、视频等元素。还可以根据演示文稿创建 PDF/XPS 文档、创建视频、创建讲义等。

在制作演示文稿时，还要注意以下四个方面。

(1) 制作幻灯片时，要充分利用 PowerPoint 2019 的视图方式。

(2) 幻灯片制作完毕后，要预览放映，观看放映效果，在放映时注意放映方式。

(3) 要养成经常保存文件的习惯，以防发生意外，导致文件出错或丢失。

(4) 电子相册中的图片选择要注意搭配，符合内容主题。

13.6 拓展知识：中国软件事业铺路人杨芙清院士

杨芙清院士是著名计算机软件科学家、教育家。她在我国系统软件、软件工程、软件工业化生产技术和人才培养等方面创造了许多第一的记录：她是我国第一位计算数学专业的研究生;她在北京大学倡导成立了计算机科技系,并成为该系第一位教授和博士生导师;她主持并成功研制了我国第一台百万次集成电路计算机多道运行作业系统,以及第一个全部用高级语言书写的作业系统;她创办了中国第一个软件工程学科,也开创了软件技术的基础研究领域;她根据作业系统研制实践经验而编著的《管理程序》成为中国从事计算机系统研制者的第一代启蒙教材。

杨芙清院士说过:"人生之路,既是奋斗之路、报国之路、奉献之路,也是人生价值观的实践之路、实现之路。"她勉励学生"勤奋出人才,务实创大业"。

13.7 习 题

一、选择题

1. 以下_____文件类型属于视频文件格式且被 PowerPoint 所支持。
   A. avi B. wpg C. jpg D. win
2. 以下_____不是 PowerPoint 允许插入的对象。
   A. 图形、图表 B. 表格、声音
   C. 视频剪辑、数学公式 D. 数据库
3. 扩展名为_____的演示文稿文件,不必直接启动 PowerPoint 即可浏览。
   A. .pptx B. .potx C. .ppsx D. .popx
4. 由 PowerPoint 产生的_____类型的文件,可以在 Windows 环境下双击而直接放映。
   A. .pptx B. .ppsx C. .potx D. .ppax
5. 在 PowerPoint 中,"打包"的含义是_____。
   A. 压缩演示文稿便于存放
   B. 将嵌入的对象与演示文稿压缩在同一个 U 盘上
   C. 压缩演示文稿便于携带
   D. 将演示文稿、播放器和一些相关的链接文件复制到文件夹
6. 如果希望在演示过程中终止幻灯片的演示,则随时可按的终止键是_____。
   A. Delete B. Ctrl+E C. Shift+C D. Esc
7. PowerPoint 中,下列说法中错误的是_____。
   A. 可以动态显示文本和对象 B. 可以更改动画对象的出现顺序
   C. 图表中的元素不可以设置动画效果 D. 可以设置幻灯片切换效果
8. 幻灯处放映过程中,右击,选择"指针选项"中的荧光笔,在讲解过程中可以进行写和画,其结果是_____。
   A. 对幻灯片进行了修改
   B. 对幻灯片没有进行修改
   C. 写和画的内容留在幻灯片上,下次放映还会显示出来

D. 写和画的内容可以保存起来，以便下次放映时显示出来

9. 改变演示文稿外观可以通过_____。
   A. 修改主题　　　　　　　　　　B. 修改母版
   C. 修改背景样式　　　　　　　　D. 以上都对
10. PowerPoint 文档保护方法包括_____。
    A. 用密码进行加密　　　　　　　B. 转换文件类型
    C. IRM 权限设置　　　　　　　　D. 以上都是

二、实践操作题

打开素材库中的演示文稿文件"新世纪证券实施方案.pptx"，按下面的操作要求进行操作，并把操作结果存盘。

(1) 使用主题方案：将第 1 张页面的主题设为"平面"，其余页面的主题设为"丝状"。
(2) 按照以下要求进行设置并应用幻灯片的母版。
① 对于首页所应用的标题母版，将其中的标题样式设为"黑体，54 号字"。
② 对于其他页面所应用的一般幻灯片母版，在日期区中插入格式为"×年×月×日 星期×"的日期，并自动更新显示，插入幻灯片编号（即页码）。
(3) 设置幻灯片的动画效果，要求如下。
① 将首页标题文本的动画方案设置成系统自带的"向内溶解"效果。
② 针对第 2 页幻灯片，按下列播放顺序，设置自定义动画效果。

- 将标题内容"目录"的进入效果设置成"棋盘"；
- 将文本内容"网络基础建设总体规划"的进入效果设置成"字幕式"，并且在标题内容出现 1 秒后自动开始，而不需要单击；
- 将文本内容"网络基础建设之技术特点"的进入效果设置成"弹跳"；
- 将文本内容"应用解决方案"的进入效果设置成"菱形"；
- 将文本内容"为什么要采用 AS/400 系统"的强调效果设置成"波浪形"；
- 将文本内容"应用解决方案"的动作路径设置成"向右"；
- 将文本内容"为什么要采用 AS/400 系统"的退出效果设置成"层叠"；
- 在页面中添加"前进"与"后退"的动作按钮，当单击按钮时分别跳转到当前页面的下一页与上一页，并设置这两个动作按钮的进入效果为同时"飞入"。

(4) 按下面要求设置幻灯片的切换效果。
① 设置所有幻灯片之间的切换效果为"垂直百叶窗"。
② 实现每隔 5 秒自动切换，也可以单击手动切换。
(5) 按下面要求设置幻灯片的放映效果。
① 隐藏第 4 张幻灯片，使得播放时直接跳过隐藏页。
② 选择前 8 页幻灯片进行循环放映。

学习情境 五

新一代信息技术概述和信息素养

- 项目14　新一代信息技术概述
- 项目15　信息检索
- 项目16　信息素养与社会责任

项目 14　新一代信息技术概述

随着新一轮科技革命和产业变革的不断深化,国际产业格局正在加速重组。新一代信息技术是全球研发投入最集中、创新最活跃、应用最广泛、辐射带动作用最大的技术创新领域,是全球技术创新的竞争高地,是引领新一轮产业变革的主导力量。本项目简要介绍云计算、大数据、人工智能、物联网为代表的新一代信息技术。

14.1　项目导入

以云计算、大数据、人工智能、物联网等为代表的新一代信息技术快速发展,加速推进全球产业分工深化和经济结构调整,形成以数据资源为关键生产要素的新型经济形态——数字经济。数字经济正不断成长为全球经济发展的新引擎,对重构全球创新版图,重塑经济结构,调整国家力量对比,改变竞争格局等,都将产生重要的作用与影响。那么,如何认识这些新一代信息技术并掌握好、运用好它们,推动我国数字经济发展迈向新台阶呢?

14.2　项目分析

通过对新一代信息技术的介绍,对新一代信息技术有一个全面的了解,并熟知它们的基本概念、技术特点、发展趋势,以及在不同领域中的应用。

14.3　相关知识点

14.3.1　云计算

1. 云计算的概念

云计算是分布式计算、并行计算、效用计算、网络存储、虚拟化、负载均衡、热备份冗余等传统计算机和网络技术发展融合的产物。

云是网络、互联网的一种比喻说法。过去往往用云来表示电信网,后来也用来表示互联网和底层基础设施。云计算是一种新兴的商业计算模型,如图 14-1 所示,它将计算任务分布在由大量计算机构成的资源池上,使各种应用系统能够根据需要获取计算力、存储空间和软件服务。

图 14-1 云计算模型

美国国家标准与技术研究院(national institute of standards and technology,NIST)认为,云计算是一种按使用量付费的模式,这种模式提供可用的、便捷的、按需的网络访问,用户进入可配置的计算资源共享池后(资源包括网络、服务器、存储、应用软件、服务),这些资源能够被快速提供,实现云计算只需投入很少的管理工作,或与服务供应商进行很少的交互。

云计算是一种模式,它实现了对共享可配置计算资源的按需和快捷访问,这些资源可以通过很小的管理代价或者与服务提供者很少的交互而被快速地提供。

云计算模式的出现是对计算资源使用方式的一种巨大的变革。打个比方,从传统计算转向云计算就像从古老的单台发电机模式转向了电厂集中供电模式一样,这意味着云的计算能力也可以作为一种商品进行流通,就像煤气、水电一样,取用方便,费用低廉,只不过它是通过互联网进行传输的。

2. 云计算的特点

云计算有以下特点。

(1) 超大规模。云具有相当大的规模,Google 云计算已经拥有 100 多万台服务器,Amazon、IBM、微软、Yahoo 等的云均拥有几十万台服务器,企业私有云一般拥有数百上千台服务器。云能赋予用户前所未有的计算能力。

(2) 虚拟化。云计算支持用户在任意位置并使用各种终端获取应用服务。用户所请求的资源来自云,而不是固定的有形的实体,应用在云中的某处运行,但实际上用户无须了解,也不用担心应用运行的具体位置。

(3) 高可靠性。云使用了数据多副本容错、计算节点同构可互换等措施来保障服务的高可靠性,使用云计算比使用本地计算机可靠。

(4) 通用性。云计算不针对特定的应用,在云的支撑下可以构造出千变万化的应用,同一个云可以同时支撑不同的应用运行。

(5) 高可扩展性。云的规模可以动态伸缩,满足应用和用户规模增长的需要。

(6) 按需服务。云是一个庞大的资源池,在使用云计算服务时,用户所获得的计算机资源是按用户个性化需求增加或减少的,然后根据使用的资源量进行付费。

(7) 廉价。由于云的特殊容错措施,可以采用极其廉价的节点来构成云。云的自动化集中式管理使大量企业无须负担日益增长的数据中心管理成本,云的通用性使资源的利用率较之传统系统大幅提升,用户可以充分享受云的低成本优势。

(8) 潜在的危险性。云计算除了提供计算服务外,还提供了存储服务。信息社会中,"信息"是至关重要的,信息安全是选择云计算服务时必须考虑的一个重要前提。

3. 云计算的分类

按照网络结构进行分类,云计算可以分为公有云、私有云、社区云和混合云。

(1) 公有云。公有云是为大众而建的,所有入驻用户都称为租户。公有云不仅同时支持多个租户,而且一个租户离开,其资源可以马上释放给下一个租户,能够在大范围内实现资源优化。很多用户担心公有云的安全问题,敏感行业、大型用户需要慎重考虑,但对于一般的中小型用户,不管是数据泄露的风险还是停止服务的风险,公有云都远远小于自己架设机房。

(2) 私有云。私有云是为一个用户或一个企业单独使用而构建的,因而能够提供对数据、安全性和服务质量的最有效控制。私有云可由公司自己的IT机构或云供应商进行构建,既可部署在企业数据中心的防火墙内,又可以部署在一个安全的主机托管场所。私有云的核心属性是专有资源,通常用于实现小范围内的资源优化。

(3) 社区云。建立在一个特定的小组里多个目标相似的公司之间,他们共享一套基础设施,企业也像是共同前进,所产生的成本由他们共同承担,因此所能实现的成本节约效果也并不是很大。社区云的成员都可以登录云中获取信息和使用应用程序。

(4) 混合云。混合云是公有云和私有云的混合,这种混合可以是计算的、存储的,也可以两者兼而有之。用户可以将企业中非关键信息外包,并在公有云上存储和处理,同时将企业的关键业务及核心数据放在安全性能更高的私有云上处理。这种模式可以比较有效地降低企业使用私有云服务的成本,同时达到增强安全性的目的。

4. 云计算的服务模式

按照服务类型划分,云计算可以分为 IaaS、PaaS 和 SaaS 三种类型。

(1) IaaS(infrastructure as a service,基础设施即服务)是指云服务提供商把IT系统中的基础设施层作为服务出租出去,由消费者自己安装操作系统、中间件、数据库和应用程序。

（2）PaaS(platform as a service，平台即服务)是指云服务提供商把IT系统中的平台软件层作为服务出租出去，消费者自己开发或者安装程序，并运行程序。

（3）SaaS(software as a service，软件即服务)是指云服务提供商把IT系统中应用软件层作为服务出租出去，消费者不用自己安装应用程序，直接使用即可，这进一步降低了云服务消费者的技术门槛。

5. 云计算的应用

云计算的应用主要有教育云、金融云、医疗云、制造云等。

（1）教育云。教育云是云计算技术在教育领域的迁移应用，包括教育信息化所需的所有硬件计算资源。虚拟化后，为教育机构、员工、学习者提供良好的云服务平台。在2013年10月10日，清华大学推出来MOOC平台——学堂在线，许多大学现已使用学堂在线开设一些课程。

（2）金融云。金融云是利用云计算的模型组成原理，将金融产品、信息和服务分散到由大型分支机构组成的云网络中，提高金融机构快速发现和解决问题的能力，提高整体工作效率，改善流程，降低运营成本。

（3）医疗云。医疗云是指在医疗卫生领域采用云计算、物联网、大数据、5G通信、移动技术、多媒体等新技术的基础上，结合医疗技术，运用云计算的理念构建医疗卫生服务云平台。

（4）制造云。制造云是云计算向制造业信息化领域延伸与发展后的落地与实现，用户通过网络和终端就能随时按需获取制造资源与能力服务，进而智慧地完成其制造全生命周期的各类活动。

14.3.2 大数据

1. 什么是大数据

大数据(big data)是指无法在一定时间范围内用常规软件工具进行捕捉、管理和处理的数据集合，是需要新处理模式才能具有更强的决策力、洞察发现力和流程优化能力的海量、高增长率和多样化的信息资产，如购物网站的消费记录，这些数据只有进行处理整合才有意义。

大数据技术的战略意义不在于掌握庞大的数据信息，而在于对这些含有意义的数据进行专业化处理。换言之，如果把大数据比作一种产业，那么这种产业实现盈利的关键，在于提高对数据的"加工能力"，通过"加工"实现数据的"增值"。

有人把数据比喻为蕴藏能量的煤矿。煤炭按照性质有焦煤、无烟煤、肥煤、贫煤等分类，而露天煤矿、深山煤矿的挖掘成本又不一样。与此类似，大数据并不在大，而在于有用。价值含量、挖掘成本比数量更为重要。对于很多行业而言，如何利用这些大规模数据是赢得竞争的关键。现如今，用户在使用淘宝购物、百度搜索等应用的时候发现，它总能推荐给用户想要看的,这是大数据决策的体现。依据大数据分析,去匹配用户属于哪一类人群,从而给用户推荐这一类人群喜好的东西。

大数据的兴起,也让数据分析师,数据科学家,大数据工程师,数据可视化等职业成了热门。现如今大数据已经无处不在,包括金融、汽车、零售、餐饮、电信、能源、政务、医疗、体育、娱乐等在内的社会各行各业都融入了大数据的印记。

2. 大数据的特点

大数据有四个特点,即大量(volume)、多样(variety)、高速(velocity)、低价值密度(value),通常又被称为四个V。

(1) 大量(volume)。大数据的特点首先就是体现了"大",从一开始的TB级别,增长到PB级别,其起始计量单位至少是P(1000个T)、E(100万个T)或Z(10亿个T)。随着信息技术的飞速发展,数据便爆发性地增长。数据的来源有社交网络(微博、推特、脸书)、移动网络、各种智能工具及服务工具等。淘宝网有近4亿的会员,每日产生的商品交易数据约20TB;脸书约有10亿的用户,每日产生的日志数据超过300TB。所以急需智能的算法、强大的数据处理平台和新的数据处理技术来统计、分析、预测和实时处理这么大规模的数据。

(2) 多样(variety)。众多的数据来源决定了大数据形式的多样性。比如当前的上网用户中,年龄、学历、爱好、性格等每个人的特征都不一样,这个也是大数据的多样性。当然如果扩展到全国,那么数据的多样性会更强。每个地区、每个时间段都会存在各种各样的数据多样性。任何形式的数据都能产生作用,目前应用最广泛的就是商品推荐系统,如淘宝、网易云音乐、今日头条等,这些平台都会对用户的日志数据进行分析,进而推荐用户喜欢的东西。日志数据是一种结构化明显的数据,但还有一些数据结构化并不明显,像图片、音频、视频等这些数据,其因果关系较弱,需要人工对其进行标注。

(3) 高速(velocity)。高速是指通过算法使数据的逻辑处理速度非常快。可从各种类型的数据中快速获得高价值的信息,这一点与传统的数据挖掘技术有着本质的不同。大数据的产生十分迅速,主要通过互联网传输。生活中的每个人都离不开互联网,可以说每个人每天都在向大数据提供众多的资料,而这些数据是应该及时处理的。因为花费大量资本去存储作用较小的历史数据是很不划算的。对于一个平台来说,也许保存的数据只是在过去几天或者一个月之内的,时间过长的数据就要及时清理,不然代价很大。基于这种情况,大数据对处理的速度有着非常严格的要求,服务器中很多的资源都用于处理和计算数据,很多平台都需要做到实时分析。数据无时无刻不在产生,哪台平台处理数据的速度更快,哪台平台就会有更优势。

(4) 低价值密度(value)。这也是大数据的核心特征。现实世界所产生的数据中,有价值的数据所占比例很小。相比于传统的小数据,大数据最大的价值在于通过从大量不相关的各种类型的数据中挖掘出对未来趋势与模式预测分析有价值的数据,并通过机器的学习方法、人工智能方法或数据挖掘方法去深度分析,发现新规律和新知识。例如,如果全国20~35年轻人的上网数据有1PB以上,那么它自然就有了商业价值。比如通过分析这些数据，可以知道这些人的爱好，进而指导产品的发展方向等。如果有了全国几百万病人的数据，对这些数据进行分析，就能预测疾病的发生，这些都是大数据的价值。大数据的运用十分广泛，如运用于农业、金融、医疗等不同领域，从而最终达到改善社会治理，提高生产效率，推进科学研究的效果。

3. 大数据应用案例

1) 案例1：尿不湿和啤酒

超级商业零售连锁巨无霸沃尔玛公司拥有巨大的数据仓库系统。为了能够准确了解顾客在其门店的购买习惯，沃尔玛对其顾客的购物行为进行了购物篮关联规则分析，从而知道顾客经常一起购买的商品有哪些。在沃尔玛庞大的数据仓库里集合了其所有门店的详细原始交易数据，在这些原始交易数据的基础上，沃尔玛利用数据挖掘工具对这些数据进行分析和挖掘。一个令人惊奇和意外的结果出现了：和尿不湿一起购买最多的商品竟是啤酒！这是数据挖掘技术对历史数据进行分析的结果，反映的是数据的内在规律。那么这个结果符合现实情况吗？是否是一个有用的知识？是否有利用价值？

为了验证这一结果，沃尔玛派出市场调查人员和分析师对这一结果进行调查分析。经过大量实际调查和分析，他们揭示了一个隐藏在"尿不湿与啤酒"背后的美国消费者的一种行为模式：在美国，到超市去买婴儿尿不湿是一些年轻的父亲下班后的日常，而他们中有30%～40%的人同时也会为自己买一些啤酒。产生这一现象的原因是，美国的太太们常叮嘱她们的丈夫不要忘了下班后为小孩买尿不湿，而丈夫们在买尿不湿后又随手带回了他们喜欢的啤酒。另一种情况是丈夫们在买啤酒时突然记起他们的责任，又去买了尿不湿。既然尿不湿与啤酒一起被购买的机会有很多，那么沃尔玛就在它们所有的门店里将尿不湿与啤酒并排摆放在一起，其结果是尿不湿与啤酒的销售量双双得到增长。按常规思维，尿不湿与啤酒风马牛不相及，若不是借助数据挖掘技术对大量交易数据进行挖掘分析，沃尔玛是不可能发现数据内这一有价值的规律的。

2) 案例2：Target店铺和怀孕预测指数

美国一名男子闯入他家附近的一家美国零售连锁超市Target店铺（美国第三大零售商塔吉特）进行抗议："你们竟然给我17岁的女儿发婴儿尿片和童车的优惠券。"店铺经理立刻向来者承认错误，但是其实该经理并不知道这一行为是总公司运行数据挖掘的结果。一个月后，这位父亲来道歉，因为这时他才知道他的女儿的确怀孕了。Target店铺比这位父亲知道他女儿怀孕的时间足足早了一个月。

Target店铺能够通过分析女性客户购买记录，"猜出"哪些是孕妇。他们从Target店铺的数据仓库中挖掘出25项与怀孕高度相关的商品，制作"怀孕预测"指数。比如他们发现女性会在怀孕四个月左右，大量购买无香味乳液，以此为依据推算出预产期，就可以抢先一步将孕妇装、婴儿床等折扣券寄给客户来吸引客户购买。

如果不是在拥有海量的用户交易数据基础上实施数据挖掘，Target店铺不可能做到如此精准的营销。

14.3.3 人工智能

1. 什么是人工智能

计算机中智能这个定义最早出现在1950年,是由图灵博士所提出来的。他在自己的论文《计算机器与智能》中讨论了关于验证机器是否有智能的方法。这个方法就是后来的计算机界人士所熟知的图灵测试。让一台计算机和一个人同时坐在幕后,然后让另一个人在台前去跟二者分别交流,如图14-2所示,如果判别不出哪一边是人,哪一边是计算机,这时我们就可以说机器已经产生了智能,即机器智能。

图14-2 图灵测试

人工智能(artificial intelligence,AI)顾名思义就是计算机产生了类人的习性,计算机可以解决以往只有人才能解决的问题。人工智能是研究及开发用于模拟、延伸和扩展人的智能的理论、方法、技术及应用系统的一门新的技术科学,研究目的是促使智能机器会听(语音识别、机器翻译等)、会看(图像识别、文字识别等)、会说(语音合成、人机对话等)、会思考(人机对弈、定理证明等)、会学习(机器学习、知识表示等)、会行动(机器人、自动驾驶汽车等)。

人工智能分为计算智能、感知智能、认知智能三个阶段。首先是计算智能,机器人开始像人类一样会计算并传递信息,如神经网络、遗传算法等;其次是感知智能,感知包括视觉、语音、语言,机器开始看懂和听懂,做出判断,采取一些行动,如可以听懂语音的音箱等;最后是认知智能,机器能够像人一样思考,主动采取行动,如完全独立驾驶的无人驾驶汽车、自主行动的机器人等。

2. 人工智能的五大核心技术

人工智能的五大核心技术介绍如下。

(1)计算机视觉。计算机视觉是指计算机从图像中识别出物体、场景和活动的能力。计算机视觉技术运用由图像处理操作及其他技术所组成的序列,来将图像分析任务分解为便于管理的小块任务。比如,一些技术能够从图像中检测到物体的边缘及纹理,分类技术可被用作确定识别到的特征是否能够代表系统已知的一类物体。

(2) 机器学习。机器学习是指计算机系统无须遵照显式的程序指令,而只依靠数据来提升自身性能的能力。其核心在于,机器学习是从数据中自动发现模式,模式一旦被发现便可用于预测。比如,给予机器学习系统一个关于交易时间、商家、地点、价格及交易是否正当等信用卡交易信息的数据库,系统就会学习到可用来预测信用卡欺诈的模式。处理的交易数据越多,预测就会越准确。

(3) 自然语言处理。自然语言处理是指计算机拥有的人类般的文本处理的能力。比如,从文本中提取意义,甚至从那些可读的、风格自然、语法正确的文本中自主解读出含义。一个自然语言处理系统并不了解人类处理文本的方式,但是它却可以用非常复杂与成熟的手段巧妙处理文本。例如,自动识别一份文档中所有被提及的人与地点;识别文档的核心议题;在一堆仅人类可读的合同中,将各种条款与条件提取出来并制作成表。以上这些任务通过传统的文本处理软件根本不可能完成,后者仅针对简单的文本匹配与模式就能进行操作。

(4) 机器人。将机器视觉、自动规划等认知技术整合至极而性能却很高的传感器、制动器以及设计巧妙的硬件中,这就催生了新一代的机器人,它们有能力与人类一起工作,能在各种未知环境中灵活处理不同的任务,如无人机、扫地机器人、医疗机器人等。

(5) 语音识别。语音识别主要是关注自动且准确地转录人类的语音技术。该技术必须面对一些与自然语言处理类似的问题,在不同口音的处理、背景噪声、区分同音异形/异义词(buy 和 by 听起来是一样的)方面存在一些困难,同时还需要具有跟上正常语速的工作速度。语音识别系统使用一些与自然语言处理系统相同的技术,再辅以其他技术,比如描述声音和其出现在特定序列与语言中概率的声学模型等。语音识别的主要应用包括医疗听写、语音书写、计算机系统声控、电话客服等。

3. 人工智能与大数据相辅相成

近几年,人工智能技术在各行各业的应用已随处可见。生产制造业中,自动视觉检测、机器参数调整、产量优化、维护预测等技术的应用极大地提高了生产效率;随着服务型机器人在翻译、会计、客服等领域的广泛应用,服务业正在发生重要变革;此外,金融、医疗等领域也因人工智能技术的加入而更加繁荣。某种意义上,人工智能为这个时代的经济发展提供了一种新的能量。人工智能的飞速发展,背后离不开大数据的支持。而在大数据的发展过程中,人工智能的加入也使得更多类型、更大体量的数据能够得到迅速的处理与分析。

大数据与人工智能相辅相成。

(1) 大数据的积累为人工智能发展提供燃料。大数据主要包括采集与预处理、存储与管理、分析与加工、可视化计算及数据安全等,具备数据规模不断扩大、种类繁多、产生速度快、处理能力要求高、时效性强、可靠性要求严格、价值大但密度较低等特点,为人工智能提供丰富的数据积累和训练资源。以人脸识别所用的训练图像数量为例,百度训练人脸识别系统需要 2 亿幅人脸画像。

(2) 数据处理技术推进运算能力提升。人工智能领域富集了海量数据,传统的数据处理技术难以满足高强度、高频次的处理需求。AI芯片的出现,大大提升了大规模处理大数据的效率。目前,出现了GPU、NPU、FPGA和各种各样的AI-PU专用芯片。传统的双核CPU即使在训练简单的神经网络培训中也需要花几天甚至几周的时间,而AI芯片能提升约70倍的运算速度。

(3) 算法让大量的数据有了价值。无论是特斯拉的无人驾驶还是谷歌的机器翻译,也无论是微软的"小冰"还是英特尔的精准医疗,都可以见到"学习"大量的非结构化数据的"身影"。"深度学习""增强学习""机器学习"等技术的发展都推动着人工智能的进步。以计算视觉为例,作为一个数据复杂的领域,传统的浅层算法识别准确率并不高。自深度学习出现以后,基于寻找合适特征来让机器识别物体的精准度从70%提升到95%。由此可见,人工智能的快速演进不仅需要理论研究,还需要大量的数据作为支撑。

(4) 人工智能推进大数据应用深化。在计算力指数级增长及高价值数据的驱动下,以人工智能为核心的智能化正不断延伸其技术应用广度、拓展技术突破深度,并不断增强技术落地(商业变现)的速度。例如,在新零售领域,大数据与人工智能技术的结合可以提升人脸识别的准确率,商家可以更好地预测每月的销售情况;在交通领域,大数据和人工智能技术的结合,基于大量的交通数据开发的智能交通流量预测、智能交通疏导等人工智能应用可以实现对整体交通网络进行智能控制;在健康领域,大数据和人工智能技术的结合,能够提供医疗影像分析、辅助诊疗、医疗机器人等更便捷、更智能的医疗服务。同时在技术层面,大数据技术已经基本成熟,并且推动人工智能技术以惊人的速度进步;在产业层面,智能安防、自动驾驶、医疗影像等都在加速落地。

随着人工智能的快速应用及普及,大数据不断累积,深度学习及强化学习等算法不断优化,大数据技术将与人工智能技术更紧密地结合,具备对数据的理解、分析、发现和决策能力,从而能从数据中获取更准确、更深层次的知识,挖掘数据背后的价值,催生出新业态、新模式。

14.3.4 物联网

1. 物联网的概念

物联网(Internet of things,IoT),顾名思义,就是物物相连的互联网。在物联网中,可以应用电子标签将真实的物体在网上连接起来,查出它们的具体位置。通过物联网可以用中心计算机对机器、设备、人员进行集中管理、控制,也可以对家庭设备、汽车进行遥控等。物联网收集的数据可以聚集成大数据,用以进行道路设计、灾害预测、犯罪防治、流行病控制等。

物联网的核心和基础仍然是互联网,物联网是在互联网基础上延伸和扩展出来的网络。物联网通过智能感知、识别技术与普适计算等通信感知技术,广泛应用于网络的融合中,也因此被称为继计算机、互联网之后世界信息产业发展的第三次浪潮。物联网是互联网的应用拓展,与其说物联网是网络,不如说物联网是业务和应用。

2. 物联网的技术架构

物联网的技术架构分为三层,如图 14-3 所示。

图 14-3　物联网的技术架构

(1) 感知层:由温湿度传感器、二维码标签、RFID 标签和读写器、摄像头、红外线传感器、GPS 等感知终端构成。感知层用于识别物体、采集信息。

(2) 网络层:包括接入网和核心网。接入网可以是无线局域网、ZigBee、蓝牙、红外等,还可能是其他形式的接入,如有线网络接入、卫星通信等;核心网是物联网信息和数据的传输层,将感知层采集到的数据传输到应用层进行进一步的处理。

(3) 应用层:包括数据处理、中间件、云计算、网络安全、网络管理等应用支撑系统,以及基于这些应用支撑系统建立的物联网应用,如智能农业、智能交通、智能工业、智能医疗等。应用层对物联网信息和数据进行融合处理和利用,达到信息最终为人们所使用的目的。

3. 物联网的特点

(1) 物联网是各种感知技术的广泛应用。在物联网中,部署了海量的多种类型的传感器,每个传感器都是一个信息源,不同类型的传感器所捕获的信息内容和信息格式不同。传感器按一定的频率周期采集环境信息,获得的数据具有实时性。

(2) 物联网是一种建立在互联网上的泛在网络。物联网中的传感器定时采集的信息需要通过互联网传输,由于其数量极其庞大,形成了海量信息。数据在传输过程中,为了保障数据的正确性和及时性,必须适应各种异构网络和协议。

(3)物联网不仅提供了传感器的连接,其本身也具有智能处理的能力,能够对物体实施智能控制。物联网将传感器和智能处理相结合,利用云计算、模式识别等各种智能技术扩充其应用领域。物联网能从传感器获得的海量信息中分析、加工和处理出有意义的数据,以适应不同用户的不同需求,发现新的应用领域和应用模式。

(4)物联网提供不拘泥于任何场合、任何时间的应用场景与用户自由互动,它依托云平台和互联互通的嵌入式处理软件,弱化技术色彩,强化与用户之间的良性互动、更好的用户体验、更及时的数据采集和分析建议、更自如的工作和生活。物联网是通往智能生活的物理支撑。

4. 物联网的关键技术

(1)射频识别技术。射频识别技术(radio frequency identification,RFID)是物联网中"让物品开口说话"的关键技术,在物联网中,RFID 标签上存储着规范而具有互通性的信息,这些信息通过无线数据通信网络被传送到中央信息系统中,实现物品识别。

(2)传感器技术。在物联网中,传感器主要负责接收物品"说话"的内容。传感器技术是从自然信源获取信息并对获取的信息进行处理、变换、识别的一门多学科交叉的现代科学与工程技术,它涉及传感器、信息处理和识别的规划设计、开发、测试、应用及评价等内容。

(3)无线网络技术。在物联网中,物品要与人无障碍地交流,必然离不开高速、可进行大量数据传输的无线网络。无线网络既包括允许用户建立远距离无线连接的全球语音和数据网络,也包括近距离的蓝牙技术、红外技术和 ZigBee 技术。

(4)人工智能技术。人工智能技术是研究用计算机模拟人的某些思维过程和智能行为(如学习、推理、思考和规划等)的技术。在物联网中,人工智能技术主要用于分析物品"说话"的内容,从而实现自动处理。

(5)云计算技术。物联网的发展离不开云计算技术的支持。物联网中终端的计算和存储能力有限,云计算平台可以作为物联网的大脑,以实现对海量数据的存储和计算。

5. 物联网的应用

(1)智能家居。智能家居是最早流行的物联网应用。例如,智能插座具有远程遥控、定时等功能,让人耳目一新;各种智能家电,如空调、洗衣机、冰箱、电饭锅、微波炉、电视、照明灯、门铃、门锁等,慢慢走进人们的生活。智能家居的连接方式以 Wi-Fi 为主,少量智能家居采用蓝牙、有线网连接。目前,每个厂家的智能家居产品要配套使用,基本不能与其他厂家的产品混用。

(2)智能穿戴设备。目前,已经有不少人拥有智能穿戴设备了,其中最普遍的智能穿戴设备是智能手环或智能手表,其连接方式基本上都是蓝牙,数据通过智能穿戴设备上的传感器传给手机,再由手机传给服务器。用智能穿戴设备监控人的健康状况需要精密的传感器,可以和智能医疗一起研发。

(3)智能交通。物联网技术可以自动检测并报告公路、桥梁等的"健康状况",还可以避免过载的车辆经过桥梁,也能根据光线强度对路灯进行自动开关控制。交通系统通过人、车、路的和谐、密切配合提高交通运输效率,缓解交通阻塞,提高路网通过能力,减少交通事故,降低能源消耗,减轻环境污染。

(4) 智能工业。每个工厂都有自己的控制系统,但大多不是智能工业系统,不是我们现在所说的物联网应用。智能工业包括智能物流、智能监控、智慧生产等。

(5) 智能医疗。智能医疗包括远程诊断、机器看病等,有了远程诊断,人们就可以在线看医生,机器看病能在一定范围内分担医生的工作量。此外,医疗大数据可以给智能医疗中的病情诊断带来数据佐证和帮助。

(6) 智慧城市。智慧城市是指城市中多种物联网应用的集合,如智能家居、智能交通、智能酒店、智能超市、智能电力、智能垃圾箱、智能医疗等。

14.4 项目实施

14.4.1 任务1:使用百度网盘

在百度网盘中,学习在文件上传、下载和分享的使用方法,增加对云计算的了解。

微课:使用百度网盘

步骤1:在浏览器中访问网址 https://pan.baidu.com,在打开的"百度网盘"页面中,选择"客户端下载"→"Windows 点击立即下载"命令,开始下载安装程序。

步骤2:双击安装包文件,选择安装位置并选中"阅读并同意用户协议和隐私政策"复选框后,单击"极速安装"按钮开始安装。

步骤3:安装完成后,显示百度网盘客户端的登录界面,如图 14-4 所示。如果未注册,单击"注册账号"超链接,打开"欢迎注册"界面,如图 14-5 所示,按要求输入相关信息后,单击"注册"按钮。

步骤4:注册完成后,然后在图 14-4 中进行登录。进入百度网盘主界面,如图 14-6 所示。

步骤5:上传文件。单击"上传"按钮,打开"请选择文件/文件夹"对话框,选择文件或文件夹(如"学习资料"文件夹),单击"存入百度网盘"按钮,即可将文件或文件夹上传到百度网盘中。

步骤6:下载文件。选中要下载的文件(如"学习资料"文件夹),单击"下载"按钮,打开"设置下载存储路径"对话框,设置好文件下载的路径,单击"下载"按钮,即可下载指定的文件或文件夹。

步骤7:文件分享。选中要分享的文件或文件夹(如"学习资料"文件夹),单击"分享"按钮,打开"分享文件"对话框,如图 14-7 所示,在"链接分享"选项卡中设置提取码为"系统随机生成提取码",有效期设置为"30 天",单击"创建链接"按钮,即可生成分享链接,如图 14-8 所示。把分享链接及提取码(或者二维码)粘贴给其他用户,方便他们下载。

图 14-4 百度网盘登录界面

图 14-5 百度网盘注册界面

图 14-6 百度网盘主界面

项目 14　新一代信息技术概述

图 14-7　"分享文件"对话框

图 14-8　生成的分享链接

步骤 8：下载分享文件。其他用户打开链接，在如图 14-9 所示的界面中输入提取码后，单击"提取文件"按钮，进入如图 14-10 所示界面，选中要下载的文件或文件夹（如"学习资料"文件夹），单击"下载"按钮，即可下载分享的文件或文件夹。

14.4.2　任务 2：体验讯飞 AI

通过手机微信小程序"讯飞 AI 体验栈"，体验人工智能的作用和价值。

微课：体验讯飞 AI

305

图 14-9 输入提取码

图 14-10 下载分享文件

步骤 1：在手机微信中搜索"讯飞 AI 体验栈"小程序，如图 14-11 所示。

步骤 2：打开"讯飞 AI 体验栈"小程序，如图 14-12 所示，单击"语音合成"按钮，出现"语音合成"界面，如图 14-13 所示。

步骤 3：在文本框中输入文字"我爱学习"，然后单击"立即播放"按钮，即可语音合成"我爱学习"并播放。

"讯飞 AI 体验栈"小程序的功能十分强大，请读者练习其他功能，体验人工智能的作用和价值。

图 14-11 搜索"讯飞 AI 体验栈"

14.4.3 任务 3：二维码分享

生成一个二维码，分享央视 2022 年《315 在行动》的视频，视频网址为 https://tv.cctv.com/2022/03/16/VIDEsKOV7b8SHz8BCLSpf9FB220316.shtml。

微课：二维码分享

项目 14　新一代信息技术概述

图 14-12　"讯飞 AI 体验栈"主界面

图 14-13　"语音合成"界面

步骤 1：通过"百度"搜索引擎搜索"草料二维码生成器"，打开"草料二维码生成器"网站，如图 14-14 所示。

图 14-14　"草料二维码生成器"网站

步骤 2：在"网址"选项卡的文本框中输入要分享的网址 https://tv.cctv.com/2022/03/16/VIDEsKOV7b8SHz8BCLSpf9FB220316.shtml，单击"生成二维码"按钮，右侧显示生成的二维码，如图 14-15 所示。

307

图 14-15　生成二维码

步骤 3：单击"下载图片"按钮，即可下载该二维码图片，方便分享给其他用户。

步骤 4：扫描图 14-15 中的二维码，即可打开相对应的网址，观看相关内容。

在图 14-14 所示的"文本""文件""图片"等选项卡中，可根据提示操作生成二维码，实现分享文本、文件、图片等信息；在图中还可以根据需要对二维码进行美化等操作，请读者自行练习操作。

14.5　总结与提高

本项目主要介绍了以云计算、大数据、人工智能、物联网为代表的新一代信息技术，它既是信息技术的纵向升级，也是信息技术之间及其相关产业的横向渗透融合。

云计算是一种模式，它实现了对共享可配置计算资源的按需和快捷访问。按照网络结构进行分类，云计算可以分为公有云、私有云、社区云和混合云；按照服务类型划分，云计算可以分为 IaaS、PaaS 和 SaaS 三种类型。

大数据是指无法在一定时间范围内用常规软件工具进行捕捉、管理和处理的数据集合，是需要新处理模式才能具有更强的决策力、洞察发现力和流程优化能力的海量、高增长率和多样化的信息资产。大数据有四个特点，即大量、多样、高速、低价值密度。

人工智能是研究、开发用于模拟、延伸和扩展人的智能的理论、方法、技术及应用系统的一门新的技术科学。人工智能的五大核心技术是计算机视觉、机器学习、自然语言处理、机器人和语音识别。

物联网就是物物相连的互联网。物联网的技术架构分为三层：感知层、网络层和应用层。物联网的关键技术有射频识别技术、传感器技术、无线网络技术、人工智能技术、云计算技术等。

14.6 拓展知识：5G 网络

  5G 网络是第五代移动通信网络，其峰值理论传输速度可达 20Gb/s，折合为每秒 2.5GB，比 4G 网络的传输速度快 10 倍以上。

  工业和信息化部统计显示，截至 2022 年 7 月底，我国累计建成开通 5G 基站 196.8 万个，5G 移动电话用户达到 4.75 亿户，已建成全球规模最大的 5G 网络。从"3G 突破""4G 同步"走向"5G 引领"，我国 5G 发展在标准、技术等方面具备领先优势。公开数据显示，在全球 5G 标准必要专利中，中国企业专利声明数量占比居全球首位，中国企业积极参与并牵头完成了部分 5G 国际标准的制定，在其中扮演了重要角色。华为在 5G 方面处于技术领先水平，5G 专利超过 1.6 万个，占全球 20% 以上，是全球唯一一个家能够提供 5G 端到端服务的厂商。华为作为 5G 标准的重要技术贡献者，已公布了 5G 标准基本专利费率。2022 年 3 月，华为知识产权部部长丁建新宣布，华为对遵循 5G 标准的单台手机专利许可费上限为 2.5 美元。

  5G 作为超宽带低时延无线通信技术，可以将物联网、数据中心、人工智能和工业互联网等融合构成完整的新一代信息基础设施，成为"新基建"的重要组成部分。我国提出要推动互联网、大数据、人工智能和实体经济的深度融合，加快制造业、农业、服务业的网络化、智能化、数字化。5G 等新一代信息技术赋能新应用，推进智慧社会的发展，支撑产业数字化，成为中国数字经济的新引擎。

14.7 习　　题

一、选择题

1. 以下_____不需要运用云计算技术。
  A. 播放本地电脑音频   B. 在线实时翻译
  C. 搜索引擎   D. 在线文档协同编辑
2. 无法在一定时间范围内用常规软件工具进行捕捉、管理和处理的数据集合称为_____。
  A. 非结构化数据   B. 数据库   C. 异常数据   D. 大数据
3. 大数据时代，数据使用的关键是_____。
  A. 数据收集   B. 数据存储
  C. 数据可视化   D. 数据再利用
4. 大数据应用需依托的新技术有_____。
  A. 大规模存储与计算   B. 数据分析处理

　　　　C. 智能化　　　　　　　　　　D. 三个选项都是
5. 在著作《计算机器与智能》中首次提出"机器也能思维"，被誉为"人工智能之父"的是_____。
　　　　A. 约翰·冯·诺依曼　　　　　　B. 约翰·麦卡锡
　　　　C. 艾伦·麦席森·图灵　　　　　D. 亚瑟·塞缪尔
6. 以下不属于人工智能研究领域的是_____。
　　　　A. 计算机视觉　　B. 编译原理　　C. 机器学习　　D. 自然语言处理
7. 人工智能的实际应用不包括_____。
　　　　A. 自动驾驶　　　B. 人工客服　　C. 人脸识别　　D. 智慧医疗
8. 射频识别技术属于物联网产业链的_____环节。
　　　　A. 标识　　　　　B. 感知　　　　C. 处理　　　　D. 信息传送
9. 以下_____不是物联网的相关技术。
　　　　A. 射频识别RFID技术　　　　　 B. 传感技术
　　　　C. 多媒体技术　　　　　　　　　D. 云计算技术
10. 新一代信息技术不包括_____。
　　　　A. 云计算　　　　B. 物联网　　　C. APP应用　　D. 人工智能

二、简答题

1. 新一代信息技术主要有哪些？
2. 按照网络结构进行分类，云计算可以分为哪四种？
3. 大数据有哪些特点？
4. 人工智能的五大核心技术是什么？
5. 物联网的主要应用有哪些方面？

项目 15 信息检索

当今社会是一个高度信息化的社会,人们的各种活动产生了大量信息,人们每天各项活动的顺利开展,如工作、学习、生活等也离不开大量信息的支持,因此,学会信息检索是保证各项活动顺利开展的重要前提。本项目主要介绍了信息检索的含义、常用信息检索的方法等内容。

15.1 项目导入

小李同学临近大学毕业,需要撰写有关人工智能的"深度学习算法"方面的毕业论文。小李撰写毕业论文之前,首先需要查阅大量的参考文献和有关资料,那么,如何才能快速且精确地查阅相关文献和资料?

15.2 项目分析

信息是一种重要的资源、机遇和资本,也是智慧的源泉。搜索信息除了通过传统的图书馆纸质图书、期刊、工具书等之外,更快速有效的途径是通过计算机进行信息检索,常见方法是通过百度、谷歌等搜索引擎进行检索,更专业的方法可通过中国知网、万方数据等专用平台进行检索。学会信息检索是信息时代每个人的必备技能。

15.3 相关知识点

15.3.1 信息检索概述

1. 什么是信息检索

信息是按一定的方式进行加工、整理、组织并存储起来的。通俗地讲,信息检索(information retrieval)是人们根据特定的需要将相关信息准确地查找出来的过程,或者是人们进行信息查询和获取的主要方式、方法和手段总称。从专业的角度讲,信息检索有狭义和广义之分。狭义的信息检索仅指信息查询(information search 或 information seek)。广义的信息检索是信息按一定的方式进行加工、整理、组织并存储起来,再根据信息用户特定的需要将相关信息准确的查找出来的过程,包括信息的存储与检索两部分。一般情况下,信息检索指的是广义的信息检索。

2. 信息检索分类

（1）按存储与检索对象划分,信息检索可以分为文献信息检索、数据信息检索和事实信息检索。

① 文献信息检索。文献信息检索(document retrieval)是以文献为查找对象,从各种文献中查找用户所需要的信息内容。例如:"人工智能神经网络的参考文献有哪些?"

② 数据信息检索。数据信息检索(data retrieval)是利用检索工具(工具书、数据库)查找用户所需要的数据、公式、图表等信息,检索结果是数据。例如:"1海里＝多少公里?"

③ 事实信息检索。事实信息检索(fact retrieval)是利用检索工具从存储事实的信息系统中查找出特定的事实,检索结果是事实。例如:"中国最古老的桥是哪座?"

（2）按检索方式划分,信息检索可分为手工检索(手检)和计算机检索(机检)两种方式。

① 手工检索。手工检索(manual retrieval)是指人们利用卡片目录、文摘、索引等检索工具,通过手工查找进行的信息检索。手工检索费时、费力,检索效率低。

② 计算机检索。计算机检索(computer-based retrieval)是人们利用数据库、计算机软件、网络技术和通信系统进行的信息检索。与手工检索相比,计算机检索速度快、效率高、查全率高、不受时空限制、检索结果多样,是目前的主流信息检索方式。

3. 信息检索的基本流程

信息检索的实质是一个匹配过程,也就是信息用户需求的"主题概念"或"检索表达式"同一定信息系统的系统语言相匹配的过程,如果两者匹配,则所需信息被检中,否则检索失败。匹配有多种形式,既可以完全匹配,也可以部分匹配,这主要取决于用户的需求。

信息检索包括三个主要环节:信息内容分析与编码,产生信息记录及检索标识;组织信息存储,将全部记录按文件、数据库等形式组成有序的信息集合;用户提问处理和检索输出。

用户信息检索的流程主要有以下五个步骤。

第一步,确定检索需求。指的是要明确究竟要查找什么信息内容,信息的类型和格式是什么,尤其是要把相关的专业术语和技术都弄清楚。

第二步,选择检索系统。指的是从众多的检索系统中挑选出与检索需求相适应的检索系统,注意选出的检索系统可能不止一个。

第三步,确定检索方法。指的是根据检索需求预先确定检索的具体步骤和方法,确定检索词,编写检索表达式,也就是制定检索策略。

第四步,实施具体检索。指的是在检索系统中按照预先确定的检索步骤进行检索。

第五步,整理检索结果。指的是将检索出的信息进行分析、列表、合并、排版以及加上必要的评述。

这五步检索流程并非直线地自上而下顺序进行,有时根据结果需要更换检索系统或调整检索表达式,重新进行检索,有时可能要反复多次,直到检索结果令人满意为止。

15.3.2 常用信息检索方法

1. 布尔逻辑检索

常用的布尔逻辑检索有逻辑"与"、逻辑"或"和逻辑"非"三种。

(1) 逻辑"与"。逻辑"与"用符号 AND 或"＊"表示,是一种具有概念交叉或概念限定关系的组配,用于增强专指度并提高查准率。

(2) 逻辑"或"。逻辑"或"用符号 OR 或"＋"表示,是一种具有概念并列关系的组配,用于扩大检索范围并提高查全率。

(3) 逻辑"非"。逻辑"非"用符号 NOT 或"－"表示,是一种具有概念排除关系的组配,用于提高查准率并影响查全率。

三种逻辑关系可以形象地用图 15-1 来表示。下面以检索词"人工智能"和"无人驾驶"来说明。

图 15-1　三种逻辑运算的示意图(阴影部分表示运算结果)

"人工智能"AND"无人驾驶":表示同时含有这两个检索词的文献被选中。

"人工智能"OR"无人驾驶":表示含有其中一个或同时含有这两个检索词的文献被选中。

"人工智能"NOT"无人驾驶":表示含有"人工智能"检索词但不含有"无人驾驶"检索词的文献被选中。

2. 截词检索

截词检索是预防漏检及提高查全率的一种常用检索技术。截词检索就是用截断的词的一个局部进行检索,搜索引擎会认为凡满足这个词局部中的所有字符(串)的文献都为命中的文献。

按截断的位置来分,截词分为前截断、中截断、后截断三种类型。不同的系统所用的截词符也不同,常用的有"?""＊"等。通常"＊"代表 $0 \sim n$ 个字符,"?"代表 1 个字符。

输入 comput＊,可以检索出 computer、computers、computing 等以 comput 开头的单词及其构成的短语。

3. 位置检索

位置检索是用一些特定的算符(位置算符)来表达一个检索词与另一检索词之间的顺

序和词间距的检索。位置算符主要有"(W)""(nw)""(N)""(nN)""(F)"以及"(S)"算符。

(1)"(W)"算符。W含义为With,表示其两侧的检索词必须紧密相连,除空格和标点符号外,不得插入其他词或字母,两词的词序不可以颠倒。例如,检索式为"communication (W) satellite"时,系统只检索含有communication satellite词组的记录。

(2)"(nw)"算符。w的含义为word,表示此算符两侧的检索词必须按此前后邻接的顺序排列,顺序不可颠倒,而且检索词之间最多有 n 个其他词。例如:检索式为"laser (1w) printer"时,系统会检索出包含 laser printer、laser color printer 和 laser and printer 的记录。

(3)"(N)"算符。N的含义为near,这个算符表示其两侧的检索词必须紧密相连,除空格和标点符号外,不得插入其他词或字母,两词的词序可以颠倒。例如,检索式为"money (N) supply"时,系统会检索出 money supply 和 supply money 的记录。

(4)"(nN)"算符。表示允许两词间插入最多为 n 个其他词,包括实词和系统禁用词。例如,检索式为"economic (2N) recovery"时,系统会检索出 economic recovery 和 recovery of the economic 的记录。

(5)"(F)"算符。F的含义为Field,这个算符表示其两侧的检索词必须在同一字段(例如同在题目字段或文摘字段)中出现,词序不限,夹在两词之间的词的个数也不限。例如,检索式为"environmental (F) impact"时,系统会检索出同时出现 environmental 和 impact 这两个词的字段记录。

(6)"(S)"算符。S算符是Sub-field/Sentence的缩写,表示在此运算符两侧的检索词只要出现在记录的同一个子字段内(例如,在文摘中的一个句子就是一个子字段),此信息即被命中。要求被连接的检索词必须同时出现在记录的同一句子(同一子字段)中,不限制它们在此子字段中的相对次序,中间插入词的数量也不限。例如,检索式为"high (W) strength (S) steel"时,表示只要在同一句子(同一子字段)中检索出含有 high strength 和 steel 形式的均为命中记录。

4. 限制检索

限制检索是通过限制检索范围缩小检索结果,达到精确检索的方法,主要有限定字段检索和限定范围检索。限定字段检索是将检索词限定在特定的字段中。如题名(TI,title)、关键词(KW,keyword)、主题词(DE,descriptor)、文摘(AB,abstract)、全文(FT,full text)、作者(AU,author)、期刊名称(JN,journal)、语种(LA,language)、出版国家(CO,country)、出版年份(PY,publication year)等。

限定字段检索表达方式一般有后缀和前缀两种方式。

(1) 后缀方式。将检索词放在所限定的字段代码之前,之后用字段限定符号"in 或/"。例如,Furniture/TI 即 Furniture 一词出现在题目中。

(2) 前缀方式。将检索词放在所限定的字段代码之后,如用在著者(AU)、刊名(JN)、出版年份(PY)、语种(LA)等字段后。例如,AU=Evans,LA=Chinese 等。

限定范围检索是通过使用限定符来限制信息检索范围,以达到优化检索的方法。不同的检索系统略有不同的限定符,常用的有"=""<="">=""<"">"":"等。例如,PY>=2008 即限定出版年份为 2008 及以后的文献;PY=2013:2023 即限定出版年份为 2013 年至 2023 年的文献。

15.3.3 搜索引擎

1. 什么是搜索引擎

互联网如同一个信息的海洋,在上面寻找所需要的东西,就好像大海捞针。怎样才能快速准确地找到真正所需要的信息呢?搜索引擎(search engine)就是解决这个问题的一个有效途径。所谓搜索引擎,就是根据用户需求与一定算法,运用特定策略从互联网检索出指定信息反馈给用户的一门检索技术。

搜索引擎是应用于互联网上的一门检索技术,它是为了提高人们获取信息的速度,为人们提供更好的网络使用环境。搜索引擎是一种特殊的互联网资源,它搜集了大量的各种类型网上资源的线索,使用专门的搜索软件,依据用户提出的要求进行查找。

2. 搜索引擎的种类

搜索引擎按工作方式划分,包括全文搜索引擎、目录索引搜索引擎和元搜索引擎。

(1) 全文搜索引擎。全文搜索引擎是通过从互联网上提取的各个网站的信息(以网页文字为主)而建立的数据库中,检索与用户查询条件匹配的相关记录,然后按一定的排列顺序将结果返回给用户,因此是真正的搜索引擎。国内外著名全文搜索引擎有谷歌(Google)、百度(Baidu)等。

(2) 目录索引搜索引擎。目录索引搜索引擎虽然有搜索功能,但在严格意义上算不上是真正的搜索引擎,仅仅是按目录分类的网站链接列表而已。用户完全可以不用进行关键词查询,仅靠分类目录也可找到需要的信息。国内外代表性目录索引搜索引擎有 About、Dmoz、新浪(Sina)、网易(Netease)搜索等。

(3) 元搜索引擎。元搜索引擎又称多元搜索引擎,也称搜索引擎之母。这里的"元"有"总和""超越"之义。在接受用户查询请求时,元搜索引擎将用户的请求经过转换处理后,交给多个独立搜索引擎进行搜索,并将结果返回给用户。国内外代表性元搜索引擎有 Infospace、Dogpile、360 等。

3. 百度搜索引擎

百度(Baidu)是全球最大的中文搜索引擎,2000 年由李彦宏、徐勇两人创立于北京中关村。百度致力于向人们提供"简单,可依赖"的信息获取方式。"百度"二字源于中国宋朝词人辛弃疾的《青玉案》诗句"众里寻他千百度",象征着百度对中文信息检索技术的执着追求。百度搜索引擎(https://www.baidu.com/)的搜索界面如图 15-2 所示。在百度主页搜索界面的搜索框中输入需要查询的关键词,关键词可以是任意中文、英文或者是二者的混合,单击"百度一下"按钮或按 Enter 键,百度就会自动找到相关的网站和资料。

图 15-2　百度搜索引擎界面

使用百度搜索引擎进行信息检索时，需要注意以下几点。

① 使用" "（空格）表示"与"的概念。例如，需要了解一下中国的历史，因此期望搜得的网页上有"中国"和"历史"两个关键词，则可以在搜索框中输入"中国 历史"进行搜索。

② 使用"-"表示"非"的概念，例如，"A-B"表示搜索包含 A 但没有 B 的网页。

③ 使用"|"表示"或"的概念，搜索"A|B"表示搜索的网页中，要么有 A，要么有 B，要么同时有 A 和 B。

④ 使用" " ""（英文引号）表示"精确匹配"，即双引号中的内容不能拆分。如果需要搜索包含整个短语或者句子的信息，则可以使用该方式。

⑤ 使用 site 表示搜索范围局限于某个具体网站。例如，若要在新浪网中搜索有关"中国历史"的信息，则可以在搜索框中输入"中国历史 site:www.sina.com.cn"进行搜索。

⑥ 使用 filetype 指定要搜索的文件类型。例如，要在 PDF 文件中搜索有关中国历史的信息，则可以在搜索框中输入"中国历史 filetype:pdf"进行搜索。

⑦ 使用 inurl 指定要搜索的关键词包含在 URL 链接中。例如，搜索关于 Photoshop 的使用技巧，可以用搜索"Photoshop inurl:jiqiao"。这个搜索中的"Photoshop"可以出现在网页中任何位置，而 jiqiao 则必须出现在网页 URL 中。

⑧ 使用 intitle 指定在网页标题栏中搜索关键词，例如，要查找网页标题中包含"中国历史"的网页，则可以在搜索框中输入"intitle:中国历史"进行搜索。

15.3.4　专用检索平台

用户在互联网中除了可以使用搜索引擎检索网站中的信息外，还可以通过各种专业的网站来检索各类专业信息。

1. 中国知网

中国知网（简称知网）是中国知识基础设施工程（China national knowledge infrastructure,CNKI）的资源系统，为同方知网（北京）技术有限公司和中国学术期刊电子杂志社共同创办的知识发现网络平台（https://www.cnki.net/），面向海内外用户提供中国学术文献、外文文献、学位论文、报纸、会议、年鉴、工具书等各类资源统一检索、统一导航、在线阅读和下载服务，涵盖基础科学、文史哲、工程科技、社会科学、农业、经济与管理科学、医药卫生、信息科技等领域，是世界上最大的连续动态更新的学术文献数据库，并且每日进行数据更新。

中国知网建立了包括中国学术期刊网络出版总库、中国博硕士学位论文全文数据库、国内外重要会议论文全文数据库、中国重要报纸全文数据库、专利数据库、标准数据库、中国科技项目创新成果鉴定意见数据库（知网版）、外文文献数据库、中国法律知识资源总库、中国年鉴网络出版总库和国学宝典数据库等知识资源总库。

中国知网设有一框式检索（初级检索）、高级检索和专业检索3种常见检索方式。此外，依文献类型不同，还有作者发文检索、句子检索、知识元检索和引文检索等方式。每种检索的使用方法在界面中都有说明供参考。例如，作者发文检索使用方法如图15-3所示。

图 15-3　作者发文检索

2022年6月12日凌晨，同方知网（北京）技术有限公司在中国知网官方网站以及中国知网微信公众号发布公告：即日起，中国知网向个人用户直接提供查重服务。

2. 万方数据知识服务平台

万方数据知识服务平台（以下简称万方）网址为 https://wangfangdata.com.cn。万方数据库由中国科技信息研究所直属的万方数据公司开发，是国内最大的数字资源库系统，包含科技信息系统（学位论文数据库、数字化期刊、学术会议数据库）和商务信息系统，内容涉及自然科学和社会科学各个专业领域，包括学术期刊、学位论文、会议论文、外文文献、OA（open access）论文、科技报告、中外标准、科技成果、政策法规、新方志、机构、科技专家等。检索方式与中国知网大同小异。

3. 国外重要的综合性信息检索系统

常用外文全文数据库系统有 Web of Science(简称 WOS)、EBSCOhost、Springerlink、Elsevier Science Direct、IEEE/IEEE Electronic Library 等,任意用户可以免费检索这些数据库的文摘信息,授权用户可以在线阅读或下载用户。

常用外文文摘数据库系统有 EI Compendex(工程索引)、Chemical Abstract(化学文摘,CA)、BIOSIS Preview 数据库等。

15.4 项目实施

15.4.1 任务1:百度搜索引擎的使用

搜索引擎是信息检索技术的常用方法。通过搜索引擎,用户可以在海量信息中获取有用的信息。以下介绍百度搜索引擎的使用方法。

微课:百度搜索引擎的使用

1. 百度搜索引擎的基本查询

搜索引擎的基本查询方法是直接在搜索框中输入搜索关键词进行查询。下面在百度中搜索近一个月内发布的包含"人工智能"关键词的 PDF 文档。

步骤1:在浏览器中打开百度网站首页,在搜索框中输入关键词"人工智能",按 Enter 键或单击"百度一下"按钮,再单击搜索框下方的"搜索工具"超链接(单击后变为"收起工具"超链接),显示"搜索工具"栏,搜索结果如图 15-4 所示。

步骤2:在"搜索工具"栏中,在"站点内检索"下拉文本框中输入百度的网址(baidu.com),在"所有网页和文件"下拉列表中选择"Adobe Acrobat PDF(.pdf)"选项,在"时间不限"下拉列表中选择"一月内"选项,最终搜索结果为百度网站中一个月之内发布的包含"人工智能"关键词的所有 PDF 文档,如图 15-5 所示。

2. 百度搜索引擎的高级查询

高级查询可以在搜索时实现包含完整关键词、包含任意关键词和不包含某些关键词等搜索。

步骤1:在百度首页的右上角选择"设置"→"高级搜索"选项,打开"高级搜索"对话框。

步骤2:在"包含全部关键词"文本框中输入"上海 杭州",要求查询同时包含"上海"和"杭州"两个关键词;在"包含完整关键词"文本框中输入"手机专卖店",要求查询包含"手机专卖店"完整关键词,即关键词不能被拆分;在"包含任意关键词"文本框中输入"华为 小米",要求查询包含"华为"或者"小米"关键词;在"不包含关键词"文本框中输入"苹果 三星",要求查询不包含"苹果"和"三星"关键词,如图 15-6 所示。

项目 15　信息检索

图 15-4　搜索"人工智能"

图 15-5　设置检索条件

图 15-6　设置搜索条件

根据需要,还可设置要搜索网页的时间、搜索文档的格式、关键词的位置、限定搜索的网站等参数。

步骤 3:单击"高级搜索"按钮,结果如图 15-7 所示。

图 15-7 高级搜索的结果

15.4.2 任务 2:专用平台的信息检索

1. 期刊信息检索

下面以中国知网(https://www.cnki.net)为例,介绍期刊文献的检索方法。

(1)快速检索。

步骤 1:在浏览器中打开"中国知网"网站首页,如图 15-8 所示,单击"文献检索""知识元检索"或"引文检索"按钮,即进入相关类别的检索,"文献检索"是打开知网首页自动进入的。

微课:专用平台的信息检索

在搜索框的下拉菜单中,根据需要选取"主题""篇关摘""关键词""篇名""全文""作者"等检索字段。

图 15-8 "中国知网"网站首页

步骤 2：在搜索框中输入关键词"深度学习算法"，取消选中"会议""报纸"复选框，单击"搜索"图标 Q，搜索结果如图 15-9 所示。

图 15-9　快速检索结果

（2）高级检索。为使检索结果更精准，知网提供了高级检索功能。所谓高级检索，是指为实现精准检索对检索字段设置的约束条件，包括"主题""作者""文献来源"及其逻辑关系、"时间范围"，是否要求"网络首发""增强出版""基金文献""中英文扩展""同义词扩展"。同时，对"主题""作者""文献来源"这些约束条件既可以增加，也可以减少；既可以设置为"精确"匹配，也可以设置为"模糊"匹配。

下面以"中国特色社会主义"的高级搜索为例，介绍高级检索的方法。

步骤 1：在"中国知网"网站首页中单击"高级检索"按钮，打开"高级检索"界面，如图 15-10 所示。

图 15-10　设置高级检索条件

步骤 2：设置主题为"中国特色社会主义",关键词为"中国特色",篇名为"中国特色社会主义道路",选中"中英文扩展"复选框,设置发表时间范围为"2019-09-01"到"2022-09-01"。

步骤 3：单击"检索"按钮,高级检索结果如图 15-11 所示。

图 15-11　高级检索结果

2. 专利信息检索

下面在"万方数据"知识服务平台(https://wanfangdata.com.cn)中搜索有关"6G 通信"的专利信息。

步骤 1：在浏览器中打开"万方数据"知识服务平台,如图 15-12 所示。

图 15-12　"万方数据"首页

步骤 2：单击"资源导航"栏中的"专利"超链接,打开"专利"选项卡,在搜索框中输入

"6G通信",单击"检索"按钮,结果如图15-13所示。

图15-13 专利检索结果

步骤3:在检索结果中,可以看到每条专利的名称、专利类型、专利号、专利人、摘要等信息。单击某专利名称,在打开的页面中可以看到有关该专利的详细内容。如果需要查看专利的完整内容,可以单击"在线阅读""下载"等按钮(需要注册和登录)。

15.5 总结与提高

信息检索是指将信息按一定的方式组织起来,并根据用户的需求找出有关信息的过程和技术。本项目主要介绍了信息检索的常用方法、搜索引擎和专用检索平台的使用。

按存储与检索对象划分,信息检索可以分为文献信息检索、数据信息检索和事实信息检索。按检索方式划分,信息检索可分为手工检索和计算机检索两种方式。用户信息检索的流程主要有五个步骤:确定检索需求,选择检索系统,确定检索方法,实施具体检索和整理检索结果。

常用的布尔逻辑检索有逻辑"与"、逻辑"或"和逻辑"非"三种。截词检索的截词符有"?""*"等,通常"*"代表$0 \sim n$个字符,"?"代表1个字符。位置算符主要有"(W)""(nw)""(N)""(nN)""(F)"以及"(S)"算符。限定字段检索的限制词有题名(TI)、关键词(KW)、主题词(DE)、文摘(AB)、全文(FT)、作者(AU)、期刊名称(JN)、语种(LA)、出版国家(CO)、出版年份(PY)等。

搜索引擎是根据用户需求与一定算法,运用特定策略从互联网检索出指定信息反馈给用户的一门检索技术。搜索引擎按工作方式划分,有全文搜索引擎、目录索引搜索引擎和元搜索引擎。百度搜索全球最大的中文搜索引擎,专用检索平台主要有中国知网和万方数据知识服务平台,可检索基础科学、文史哲、工程科技、社会科学、农业、经济与管理科学、医药卫生、信息科技等领域的学术文献。

15.6 拓展知识:加快构建大科普发展格局

2022年9月,中共中央办公厅、国务院办公厅印发《关于新时代进一步加强科学技术普及工作的意见》,提出树立大科普理念,构建政府、社会、市场等协同推进的社会化科普发展格局。

科技创新、科学普及是实现创新发展的两翼。近年来,我国科普能力建设成效显著,公民具备科学素质的比例从2010年的3.27%提升到2020年的10.56%,科普为建设创新型国家和实现经济社会高质量发展提供了有效支撑。

《意见》指出,到2025年,科普服务创新发展的作用显著提升,科学普及与科技创新同等重要的制度安排基本形成,科普工作和科学素质建设体系优化完善,全社会共同参与的大科普格局加快形成,科普公共服务覆盖率和科研人员科普参与率显著提高,公民具备科学素质比例超过15%,全社会热爱科学、崇尚创新的氛围更加浓厚。到2035年,公民具备科学素质比例达到25%,科普服务高质量发展能效显著,科学文化软实力显著增强,为世界科技强国建设提供有力支撑。

15.7 习　　题

一、选择题

1. 以下信息检索分类中,不属于按检索对象划分的是_____。
   A. 文献检索　　　　B. 手工检索　　　　C. 数据检索　　　　D. 事实检索
2. 逻辑运算符包括_____运算符。
   A. 逻辑与　　　　　B. 逻辑或　　　　　C. 逻辑非　　　　　D. 以上三项
3. 使用"逻辑与"进行信息检索是为了_____。
   A. 提高查全率　　　B. 提高查准率　　　C. 减少漏查率　　　D. 提高利用率
4. 以下关于搜索引擎的说法中,不正确的是_____。
   A. 使用搜索引擎进行信息检索是目前进行信息检索的常用方式
   B. 按"关键词"搜索属于目录索引
   C. 搜索引擎按其工作方式主要有目录检索和关键词查询两种方式
   D. 著名的元搜索引擎有 Infospace、Dogpile
5. 利用百度搜索引擎检索信息时,要将检索范围限制在网页标题中,应使用的指令是_____。

A. intitle　　　　　B. inurl　　　　　C. site　　　　　D. info
6. 要进行专利信息检索,应选择的平台是_____。
　　A. 百度搜索引擎　　　　　　　　B. CALIS 学位论文中心服务系统
　　C. 谷歌学术　　　　　　　　　　D. 万方数据知识服务平台

二、简答题

1. 搜索引擎按工作方式分,主要有哪三种?
2. 常用的专用检索平台有哪些?

项目 16　信息素养与社会责任

信息素养与社会责任是指在信息技术领域,通过对信息行业相关知识的了解,内化形成的职业素养和行为自律能力。信息素养与社会责任对个人在各自行业内的发展起着重要作用。本项目包含信息素养、信息技术发展史、信息安全、信息伦理与职业行为自律等内容。

16.1　项目导入

我们生活在充满信息的世界,在现代信息社会中,信息像空气和水一样重要,信息无处不有、无时不在,身处信息社会的我们,必须具备一定的信息素养,才能正确获取、理解、筛选和识别信息,从而更好地利用信息。那么,什么是信息素养?哪些行为是具备良好信息素养的体现呢?

16.2　项目分析

随着全球信息化的发展,信息素养已经成为人们需要具备的一种基本素质和能力,这样才能更好地适应和应对信息社会。信息技术的不断发展,给人们带来了许多的便利,但同时,各种网络暴力、信息泄露等现象也在频繁发生。因此,具备良好的信息素养和正确的社会责任是非常有必要的。

16.3　相关知识点

16.3.1　信息素养

信息素养作为能力素养的重要因素之一,已经成为衡量现代人素质的重要标准。在信息社会中,信息无时不在、无处不有。例如:新闻联播播报的新闻告诉我们每天发生的大事件;课堂上,老师利用数字化的教学资源给我们传授知识;做作业时,我们时不时地在网上查阅相关资料等。因此,如何有效地获取信息,客观地利用信息,从而高效地解决问题,成为我们必须具备的一项技能。

1. 什么是信息素养

信息素养是一个发展的概念。原美国信息产业协会主席 Paul Zurkowski 于 1974 年首次提出了信息素养的概念,他认为:信息素养是人们利用大量的信息工具及主要信息资源使问题得到解答的技能。澳大利亚学者 Bruce 提出,信息素养包括信息技术理念、信息资源理念、信息过程理念、信息控制理念、知识建构理念、知识延展理念和智慧的理念。1998 年美国图书馆协会和美国教育传播与技术协会颁布了信息素养的九大标准。

我国教育部于 2021 年 3 月发布的《高等学校数字校园建设规范(试行)》中规定"信息素养是个体恰当利用信息技术来获取、整合、管理和评价信息、理解、建构和创造新知识,发现、分析和解决问题的意识、能力、思维及修养"。信息素养是高等学校培养高素质、创新型人才的重要内容。

2. 信息素养的主要要素

信息素养更确切的名称应该是信息文化。信息素养是一种基本能力,是一种对信息社会的适应能力。信息素养包括四个方面:信息意识、信息知识、信息能力和信息道德。信息素养的四大要素构成了一个不可分割的整体,其中信息意识是先导,信息知识是基础,信息能力是核心,信息道德是保障。

(1) 信息意识。判断一个人有没有信息素养,首先要看他有没有信息意识,信息意识有多强。也就是说,碰到一个实际问题,他能不能想到用信息技术去解决。信息意识是指对信息、信息问题的敏感程度,是对信息的捕捉、分析、判断和吸收的自觉程度。

(2) 信息知识。信息知识是指信息有关的理论、知识和方法,包括信息理论知识与信息技术知识。信息知识不仅能改变一个人的知识体系和认知结构,还能升华和优化其原先学到的专业知识,使这些知识发挥出更大的作用。

(3) 信息能力。发现信息、捕获信息,想到用信息技术去解决问题,是信息意识的表现。但能不能采取适当的方式方法,选择适合的信息技术及工具,通过恰当的途径去解决问题,则要看有没有信息能力了。信息能力是指运用信息知识、技术和工具解决信息问题的能力。它包括信息的基本概念和原理等知识的理解和掌握、信息资源的收集整理与管理、信息技术及工具的选择和使用、信息处理过程的设计等能力。

(4) 信息道德。信息技术及网络技术的迅猛发展,给人们的工作、学习和生活方式带来了根本性的变化,同时也引出了许多新问题,如个人信息隐私、软件知识产权、网络黑客等。针对这些信息问题,出现了调整人们之间以及个人和社会之间信息关系的行为规范,这就形成了信息伦理。一个人信息素养的高低与其信息伦理、道德水平的高低密不可分。

总之,信息意识决定一个人是否能够想到用信息和信息技术;信息知识和能力决定能不能把想到的做到、做好;信息道德决定在做的过程中能不能遵守信息道德规范及合乎信息伦理。信息能力是信息素养的核心和基本内容,信息意识是信息能力的基础和前提,并渗透到信息能力的全过程。只有具有强烈的信息意识才能激发信息能力的提高。信息能力的提升,也促进了人们对信息及信息技术作用和价值的认识,进一步增强了应用信息的意识。信息道德是信息意识和信息能力正确应用的保证，它关系到信息社会的稳定和健康发展。

3. 大学生信息素养的养成路径

教育部2018年发布的《教育信息化2.0行动计划》，强调智能引领下的融合走向创新，信息素养成了知识生产新模式中的必备素养。尽管影响大学生信息素养的因素是多样化的，但世界范围内培养大学生信息素养的主要途径是学校教育，其主要形态可以概括为以下三种。

（1）通识课程形态。通识课程形态的信息素养培养方式，主要由信息技术相关课程、讲座和培训等组成，优点是有助于大学生接触大量的基础知识，但片面强调知识面也会不可避免地带来信息理论与学科应用脱节等问题。目前，信息通识课仍然以训练知识和技能为主，导致信息素养在大学生专业学科领域发挥的作用不足。未来，信息素养的通识课要逐步调整价值取向，以培养分析力、学习力和解决力为先导，动态选择教学内容适应新时代的信息能力需求。

（2）专业融合形态。专业融合形态的信息素养培养方式，主要表现为将信息素养有机地融合进专业课程内容或领域科研项目中。随着内容或项目的常态化推进，在需要信息知识与技能的环节重点训练大学生的信息素养能力。专业融合形态的信息素养养成模式，是基于主题对信息资源进行的重构与整合，涉及多个学科领域或层次类别。相较于通识课程形态，专业融合形态的优势在于有利于大学生学以致用，是典型的面向信息素养的深度学习方式，便于导师及时发现问题并给予引导和干预，有利于形成大学生信息素养价值观。

（3）服务应用形态。大数据时代，信息素养框架中数据获取与分析挖掘能力的作用变得越来越重要，高等院校图书馆也在这一变化中担当起日益重要的角色。有大量实证研究充分证明：文献检索及培训除了发挥信息资源服务优势外，还对塑造大学生信息素养有显著作用。在大学生信息素养的培养规划中，图书馆服务既要体现出人工智能等技术的引领作用，又要充分发挥图书馆教师的信息道德与信息意识的督导作用；既不放松知识与技能的根基训练，也要重视信息创新能力的高层次发展。

16.3.2 信息技术发展史

信息技术的发展经历了一个漫长的时期，一般认为人类社会已经发生过5次信息技术革命。

第一次信息技术革命是语言的产生和使用，是从猿进化到人的重要标志，语言也成为人类进行思想交流和信息传播不可缺少的工具。

第二次信息技术革命是文字的出现和使用，使人类对信息的存储和传播超越了时间和地域的局限。

第三次信息技术革命是印刷术的发明和使用，使书籍、报刊成为重要的信息储存和传播的媒体，为知识的积累和传播提供了更为可靠的保证。

第四次信息技术革命是电话、电视、广播信息传递技术的发明和使用,使人类进入利用电磁波传播信息的时代,进一步突破了时间与空间的限制。

第五次信息技术革命是计算机技术和现代通信技术的普及应用,将人类社会推进到了数字化的信息时代,信息的处理速度、传递速度得到显著提升。

没有成功的企业,只有时代的企业。在企业成长的阶段中,只有融入时代的新要素,才能走得更远。1994年,年仅25岁的杨致远和同学大卫·费罗(David Filo)在斯坦福大学读书期间,共同创建了全球第一家提供互联网分类检索服务的网站——雅虎。雅虎开创了内容免费、广告收费的门户这一互联网领域最早成功的新商业模式。雅虎陆续推出让很多人离不开的Yahoo邮件、Yahoo搜索和Yahoo游戏,2000年雅虎市值一度达到1280亿美元,成为世界互联网的传奇。2016年,美国的拜仁公司仅用48亿美元就收购了雅虎的核心业务,雅虎走到了历史的尽头。

据相关媒体分析认为,雅虎失败的原因主要有故步自封、大而不精、优柔寡断、定位模糊。雅虎的没落为互联网企业敲响了一记警钟,正在成长起来的互联网巨头们需要思考如何避免步雅虎的后尘,但雅虎开创的开放、免费、盈利的互联网商业模式,依然是值得当今的互联网行业遵循和学习。

16.3.3 信息安全

1. 什么是信息安全

信息安全是指计算机及其网络系统资源和信息资源不受自然和人为有害因素的威胁和危害,即是指计算机、网络系统的硬件和软件及其系统中的数据受到保护,不因偶然的或者恶意的原因而遭到破坏、更改、泄露,确保系统能连续可靠正常地运行,使网络服务不中断。

信息安全是一门涉及计算机科学、网络技术、密码技术、信息安全技术、应用数学、心理学、法学、经济学、审计学等多种学科的综合性科学。信息安全的目标是保护和维持信息的六大安全属性,即保密性、完整性、可用性、可控性、真实性和不可否认性。其中,保密性、完整性和可用性为信息安全的三大基本属性。

(1) 保密性:系统中的信息只能由授权的用户访问。

(2) 完整性:系统中的资源只能由授权的用户进行修改,以确保信息资源没有被篡改。

(3) 可用性:系统中的资源对授权用户是有效可用的。

(4) 可控性:对系统中的信息传播及内容具有控制能力。

(5) 真实性:验证某个通信参与者的身份与其所申明的一致,确保该通信参与者不是冒名顶替。

(6) 不可否认性:防止通信参与者事后否认参与通信。

2. 信息安全威胁的手段

信息安全威胁的手段主要有被动攻击、主动攻击、重现、修改、破坏、伪装等。

(1) 被动攻击。通过窃听和监视来获得存储和传输的信息。
(2) 主动攻击。修改信息,创建假信息。
(3) 重现。捕获网上的一个数据单元,然后重现传输来产生一个非授权的效果。
(4) 修改。修改原有信息中的合法信息或延迟或重新排序产生一个非授权的效果。
(5) 破坏。利用网络漏洞破坏网络系统的正常工作和管理。
(6) 伪装。通过截取授权的信息伪装成已授权的用户进行攻击。

3. 信息安全保障技术

当前采用的信息安全保障技术主要有两类:主动防御保护技术和被动防御保护技术。

(1) 主动防御保护技术。主动防御保护技术一般采用数据加密、身份鉴别、访问控制和虚拟专用网络等技术来实现。

① 数据加密。密码技术被公认为是保护网络信息安全的最实用的方法,人们普遍认为,对数据最有效的保护就是加密。

② 身份鉴别。身份鉴别强调一致性验证,通常包括验证依据、验证系统和安全要求。

③ 访问控制。访问控制指主体对何种客体具有何种操作权力。访问控制是网络安全防范和保护的主要策略,根据控制手段和具体目的的不同,可以将访问控制技术分为入网访问控制、网络权限控制、目录级安全控制和属性安全控制等。访问控制的内容包括人员限制、访问权限设置、数据标识、控制类型和风险分析。

④ 虚拟专用网络。虚拟专用网络(virtual private network,VPN)是在公网基础上进行逻辑分割而虚拟构建的一种特殊通信环境,使用虚拟专用网络或虚拟局域网技术,能确保其具有私有性和隐蔽性。

(2) 被动防御保护技术。被动防御保护技术主要有防火墙技术、入侵检测系统、安全扫描器、口令验证、审计跟踪、物理保护及安全管理等。

① 防火墙技术。防火墙是内部网与外部网之间实施安全防范的系统,可被认为是一种访问控制机制,用于确定哪些内部服务允许外部访问,以及哪些外部服务允许内部访问。

② 入侵检测系统。入侵检测系统(intrusion detection system,IDS)是在系统中的检查位置执行入侵检测功能的程序或硬件执行体,可对当前的系统资源和状态进行监控,检测可能的入侵行为。

③ 安全扫描器。安全扫描器是可自动检测远程或本地主机及网络系统的安全性漏洞的专用功能程序,可用于观察网络信息系统的运行情况。

④ 口令验证。口令验证可有效防止攻击者假冒身份登录系统。

⑤ 审计跟踪。与安全相关的事件记录在系统日志文件中,事后可以对网络信息系统的运行状态进行详尽审计,帮助发现系统存在的安全弱点和入侵点,尽量降低安全风险。

⑥ 物理保护及安全管理。如实行安全隔离;通过制定标准、管理办法和条例,对物理实体和信息系统加强规范管理,减少人为因素的干扰。

4. 信息安全的自主可控

国家安全对于任何国家而言都是至关重要的,处于信息时代,信息安全是不容忽视的安全内容之一。信息泄露、网络环境安全等,都将直接影响到国家的安全。近年来,我国也在不断完善相关法律,目的就是要坚定不移地按照"国家主导、体系筹划、自主可控、跨越发展"的方针,解决在信息技术和设备上受制于人的问题。

首先,我国信息安全等级保护标准一直在不断完善,目前已经覆盖各地区、各单位、各部门、各机构,涉及网络、信息系统、云平台、物联网、工控系统、大数据、移动互联等各类技术应用平台和场景,以最大限度确保按照我国的标准来利用和处理信息。

其次,信息安全等级保护标准中涉及的信息技术和软硬件设备,如安全管理、网络管理、端点安全、安全开发、安全网关、应用安全、数据安全、身份与访问安全、安全业务等都是我国信息系统自主可控发展不可或缺的核心,而这些技术与设备大多是我国企业自主研发和生产的,这也进一步使信息安全的自主可控成为可能。

16.3.4 信息伦理与职业行为自律

1. 信息伦理

信息伦理是指涉及信息开发、信息传播、信息的管理和利用等方面的伦理要求、伦理准则、伦理规约,以及在此基础上形成的新型的伦理关系。信息伦理又称信息道德,它是调整人们之间以及个人和社会之间信息关系的行为规范的总和。信息伦理是信息活动中的规范和准则,主要涉及信息隐私权、信息准确性权利、信息产权、信息资源存取权等方面的问题。

- 信息隐私权即依法享有的自主决定的权利及不被干扰的权利。
- 信息准确性权利即享有拥有准确信息的权利,以及要求信息提供者提供准确信息的权利。
- 信息产权即信息生产者享有自己所生产和开发的信息产品的所有权。
- 信息资源存取权即享有获取所应该获取的信息的权利,包括对信息技术、信息设备及信息本身的获取。

信息伦理不是由法律来强制执行和维护的,而是以人们在信息活动中的善恶为标准,依靠人们内心的信念、相互之间的督促和网络平台的监督来维系。

现代社会信息技术飞速发展,这给人们的工作生活带来了极大的便利,但与此同时也要认识到,互联网在为人们的生活提供便捷服务的同时,也存在很多信息伦理失范的现象,如生活中的虚假信息、隐私泄露、网络犯罪等时有发生。因此,信息社会的每个公民都应该引起高度重视,自觉遵守信息伦理,并积极主动地参与到网络秩序的建设中。

2. 职业行为自律

职业行为自律是一个行业自我规范、自我协调的行为机制,同时也是维护市场秩序,保持公平竞争,促进行业健康发展,维护行业利益的重要措施。培养自己的职业行为自律思想,可以从以下几个方面着手。

(1) 坚守健康的生活情趣。我们应当坚守健康的生活情趣,静心抑制诱惑,保持积极向上的人生态度,严防侥幸和不劳而获的心理。

(2) 培养良好的职业的态度。我们应当培养良好的职业态度,严谨对待工作,诚信为人,表里如一,避免弄虚作假,杜绝职业欺诈,防止发生事故或纰漏。

(3) 秉承端正的职业操守。我们应当秉承端正的职业操守,遵守行业规章制度,坚持严于律己,不做损人利己的事,对工作单位的公私事务和信息数据守口如瓶。

(4) 尊重他人的知识产权。我们要尊重他人的知识产权,激发自身创意,避免照抄照搬,拒绝使用盗版,支持正版,维护行业秩序。

(5) 防止个人产生不良记录。我们要遵纪守法,诚实守信,防止产生不良记录。

16.4 项目实施

16.4.1 任务1:新时代大学生九大信息素养标准

1998年,美国图书馆协会和教育传播协会制定了大学生学习的九大信息素养标准,这一标准分信息素养、独立学习和社会责任三个方面表述,丰富了信息素养的内涵。

微课:新时代大学生九大信息素养标准

1. 信息素养

标准一:具有信息素养的人能够高效地获取信息。

标准二:具有信息素养的人能够熟练地、批判性地评价信息。

标准三:具有信息素养的人能够精确地、创造性地使用信息。

2. 独立学习

标准四:作为一个独立的学习者具有信息素养,并能探求与个人兴趣有关的信息。

标准五:作为一个独立的学习者具有信息素养,并能欣赏作品和其他对信息进行创造性表达的内容。

标准六:作为一个独立的学习者具有信息素养,并能力争在信息查询和知识创新中做得最好。

3. 社会责任

标准七:对学习社区和社会有积极贡献的人具有信息素养,并能认识信息对社会的重要性。

标准八:对学习社区和社会有积极贡献的人具有信息素养,并能实行与信息和信息技术相关的符合伦理道德的行为。

标准九：对学习社区和社会有积极贡献的人具有信息素养，并能积极参与小组活动来探求和创建信息。

16.4.2 任务2：与信息伦理相关的法律法规

在信息领域，仅仅依靠信息伦理并不能完全解决问题，它还需要强有力的法律法规作为支撑。我国为了更好地保护信息安全，培养公众正确的信息伦理道德，陆续制定了一系列法律法规，用以制约和规范对信息的使用行为和阻止有损信息安全的事件发生。

微课：与信息伦理相关的法律法规

1. 《中华人民共和国刑法》相关规定

《中华人民共和国刑法》相关规定节选如下。

第二百八十五条　非法侵入计算机信息系统罪

违反国家规定，侵入国家事务、国防建设、尖端科学技术领域的计算机信息系统的，处三年以下有期徒刑或者拘役。

非法获取计算机信息系统数据、非法控制计算机信息系统罪

违反国家规定，侵入前款规定以外的计算机信息系统或者采用其他技术手段，获取该计算机信息系统中存储、处理或者传输的数据，或者对该计算机信息系统实施非法控制，情节严重的，处三年以下有期徒刑或者拘役，并处或者单处罚金；情节特别严重的，处三年以上七年以下有期徒刑，并处罚金。

提供侵入、非法控制计算机信息系统程序、工具罪

提供专门用于侵入、非法控制计算机信息系统的程序、工具，或者明知他人实施侵入、非法控制计算机信息系统的违法犯罪行为而为其提供程序、工具，情节严重的，依照前款的规定处罚。

单位犯前三款罪的，对单位判处罚金，并对其直接负责的主管人员和其他直接责任人员，依照各该款的规定处罚。

第二百八十六条　破坏计算机信息系统罪

违反国家规定，对计算机信息系统功能进行删除、修改、增加、干扰，造成计算机信息系统不能正常运行，后果严重的，处五年以下有期徒刑或者拘役；后果特别严重的，处五年以上有期徒刑。

违反国家规定，对计算机信息系统中存储、处理或者传输的数据和应用程序进行删除、修改、增加的操作，后果严重的，依照前款的规定处罚。

故意制作、传播计算机病毒等破坏性程序，影响计算机系统正常运行，后果严重的，依照第一款的规定处罚。

单位犯前三款罪的，对单位判处罚金，并对其直接负责的主管人员和其他直接责任人员，依照第一款的规定处罚。

2.《中华人民共和国网络安全法》相关规定

《中华人民共和国网络安全法》相关规定节选如下。

第二十一条　国家实行网络安全等级保护制度。

第二十七条　任何个人和组织不得从事非法侵入他人网络、干扰他人网络正常功能、窃取网络数据等危害网络安全的活动；不得提供专门用于从事侵入网络、干扰网络正常功能及防护措施、窃取网络数据等危害网络安全活动的程序、工具；明知他人从事危害网络安全的活动的，不得为其提供技术支持、广告推广、支付结算等帮助。

第四十四条　任何个人和组织不得窃取或者以其他非法方式获取个人信息，不得非法出售或者非法向他人提供个人信息。

第四十六条　任何个人和组织应当对其使用网络的行为负责，不得设立用于实施诈骗，传授犯罪方法，制作或者销售违禁物品、管制物品等违法犯罪活动的网站、通信群组，不得利用网络发布涉及实施诈骗，制作或者销售违禁物品、管制物品以及其他违法犯罪活动的信息。

第四十八条　任何个人和组织发送的电子信息、提供的应用软件，不得设置恶意程序，不得含有法律、行政法规禁止发布或者传输的信息。

3.《中华人民共和国计算机信息系统安全保护条例》相关规定

《中华人民共和国计算机信息系统安全保护条例》相关规定节选如下。

第七条　任何组织或者个人，不得利用计算机信息系统从事危害国家利益、集体利益和公民合法利益的活动，不得危害计算机信息系统的安全。

4.《计算机信息网络国际联网安全保护管理办法》相关规定

《计算机信息网络国际联网安全保护管理办法》相关规定节选如下。

第六条　任何单位和个人不得从事下列危害计算机信息网络安全的活动：

（一）未经允许，进入计算机信息网络或者使用计算机信息网络资源的；

（二）未经允许，对计算机信息网络功能进行删除、修改或者增加的；

（三）未经允许，对计算机信息网络中存储、处理或者传输的数据和应用程序进行删除、修改或者增加的；

（四）故意制作、传播计算机病毒等破坏性程序的；

（五）其他危害计算机信息网络安全的。

5. 其他相关法律法规

《中华人民共和国密码法》已由中华人民共和国第十三届全国人民代表大会常务委员会第十四次会议于 2019 年 10 月 26 日通过，自 2020 年 1 月 1 日起施行。

《中华人民共和国数据安全法》已由中华人民共和国第十三届全国人民代表大会常务委员会第二十九次会议于 2021 年 6 月 10 日通过，自 2021 年 9 月 1 日起施行。

《中华人民共和国个人信息保护法》已由中华人民共和国第十三届全国人民代表大会

常务委员会第三十次会议于 2021 年 8 月 20 日通过,自 2021 年 11 月 1 日起施行。

16.5 总结与提高

本项目主要介绍了信息素养、信息技术发展史、信息安全、信息伦理与职业行为自律等内容。

信息素养是个体恰当利用信息技术来获取、整合、管理和评价信息、理解、建构和创造新知识,发现、分析和解决问题的意识、能力、思维及修养。信息素养包括四个方面,即信息意识、信息知识、信息能力和信息道德。

信息技术的发展经历了 5 次信息技术革命,这 5 次信息技术革命的标志分别是语言的产生和使用,文字的出现和使用,印刷术的发明和使用,电话、电视、广播信息传递技术的发明和使用,计算机技术和现代通信技术的普及应用。

信息安全的目标是保护和维持信息的六大安全属性,即保密性、完整性、可用性、可控性、真实性和不可否认性。信息安全的威胁主要有被动攻击、主动攻击、重现、修改、破坏、伪装等。主动防御保护技术包括数据加密、身份鉴别、访问控制、权限设置和虚拟专用网络等,被动防御保护技术包括防火墙技术、入侵检测系统、安全扫描器、口令验证、审计跟踪、物理保护及安全管理等。

信息伦理是信息活动中的规范和准则,主要涉及信息隐私权、信息准确性权利、信息产权、信息资源存取权等方面的问题。职业行为自律是一个行业自我规范、自我协调的行为机制,同时也是维护市场秩序,保持公平竞争,促进行业健康发展,维护行业利益的重要措施。

16.6 拓展知识:网络安全清单

网络安全既关乎国家安全,也与我们的日常生活息息相关。以下是一份网络安全清单,读者可对照自查一下。

(1) 在处理快递单等含有个人信息资料的文件时,先抹掉个人信息再丢弃。
(2) 在外使用公共网络,下线要先清理痕迹,或者开启隐私模式。
(3) 在使用互联网的过程中,不要随意留下个人信息。
(4) 网上留电话号码,数字间用"-"隔开,避免被搜索到。
(5) 注册各类社交平台、网购平台等尽量使用较复杂的密码。
(6) 及时关闭手机的 Wi-Fi 功能,在公共场所不要随便使用免费 Wi-Fi。
(7) 操作系统应及时更新安全补丁。
(8) 定期备份重要数据,关闭系统中不需要的服务。
(9) 离开座位时应设置计算机为退出状态或锁屏状态,建议设置自动锁屏。
(10) 网络购物谨防钓鱼网站,尽量到正规的大型网站,并仔细检查网站域名是否正确,不轻易接收和安装不明软件,不随便单击聊天中对方所发来的链接。

(11) 身份证等证件复印时一定要写明用途,在含有身份信息区域注明"本复印件仅供××用途,他用无效"和日期。

(12) 不要随意扔弃或出售未经处理包含个人信息的手机、计算机等电子设备。

(13) 大型正规支付平台不会因为系统的升级导致支付失败;对于自称是平台客服的人员,需要与官方客服进行电话联系并确认;在网上对任何人都不能透露自己的密码和短信认证信息。

(14) 理性上网不造谣。通过正当、合法的途径去寻求解决办法,不能通过互联网策划制造网络事件,恶意散布谣言。

(15) 识谣辟谣不信谣。查看信息来源是否权威,是否存在偷换概念、以偏概全、标题党等迹象,是否符合常识、科学原理。

(16) 心有法度不传谣。发言或转发前考虑是否有确凿根据,是否会给他人和社会造成不良影响,以及应承担的相应责任和后果。

16.7 习 题

一、选择题

1. 以下_____不是保证信息安全的要素。
  A. 信息的保密性   B. 发送信息的不可否认性
  C. 数据交换的完整性   D. 数据存储的唯一性
2. 以下选项中,不属于信息伦理涉及的问题是_____。
  A. 信息私有权   B. 信息隐私权
  C. 信息产权   D. 信息资源存取权
3. 以下_____是信息素养的四个要素之一。
  A. 信息意识   B. 信息社会   C. 科学技术   D. 信息安全

二、简答题

1. 什么是信息素养?信息素养的主要要素有哪些?
2. 信息安全哪些常见威胁?

参 考 文 献

[1] 张爱民.信息技术基础[M].北京:电子工业出版社,2021.
[2] 王仕杰.信息技术[M].北京:清华大学出版社,2022.
[3] 赵艳莉.信息技术基础[M].北京:电子工业出版社,2021.
[4] 眭碧霞.信息技术基础[M].2版.北京:高等教育出版社,2021.
[5] 田启明.信息技术基础[M].北京:电子工业出版社,2022.
[6] 张敏华.信息技术基础模块[M].北京:人民邮电出版社,2021.
[7] 张爱民.信息技术基础[M].北京:电子工业出版社,2021.
[8] 岳修志.信息素养与信息检索[M].北京:清华大学出版社,2021.
[9] 曾爱林.计算机应用基础项目化教程(Windows 10+Office 2016)[M].北京:高等教育出版社,2019.
[10] 贾如春.计算机应用基础项目实用教程(Windows 10+Office 2016)[M].北京:清华大学出版社,2018.
[11] 段红.计算机应用基础(Windows 10+Office 2016)[M].北京:清华大学出版社,2018.